高等院校理工类规划教材

简明计算机绘图实训教程

主　编　王永泉　金　晶
副主编　曹占龙

本书资源使用说明

北京邮电大学出版社
·北京·

内容简介

本书根据应用型大学的办学需求和办学特点，并结合多年来编者在计算机绘图课程中的教学经验及工程实际编写修订而成。书中采用了当前机械制图最新国家标准，在编写内容的取舍上注重结合实际、侧重实用、力求简明。本书既阐述了计算机绘图的基本知识及发展趋势，又分别以AutoCAD和SolidWorks软件为例讲授了二、三维软件绘图的基本方法，并通过典型机械图样和实际工程图样习题的强化训练，能快速提高读者的绘图技能和绘图技巧。

本书内容包括计算机绘图简介、AutoCAD简明教程、SolidWorks简明教程、AutoCAD二维绘图基本训练、SolidWorks三维绘图基本训练、拓展与综合训练题、附录（含高级绘图、建模技巧）及参考文献。

本书中附有章节上机绘图实验报告，便于在校学生的上机作业提交和成绩评定。本书可作为高等院校机械类、近机类各专业本课程的教材，也可作为相关或相近专业工程技术人员的参考用书。

图书在版编目(CIP)数据

简明计算机绘图实训教程 / 王永泉，金晶主编. -- 北京 ：北京邮电大学出版社，2016.8(2025.8重印)

ISBN 978-7-5635-4729-6

Ⅰ. ①简… Ⅱ. ①王… ②金… Ⅲ. ①计算机制图—教材 Ⅳ. ①TP391.41

中国版本图书馆CIP数据核字(2016)第067736号

书　　名	简明计算机绘图实训教程
主　　编	王永泉　金　晶
责任编辑	韩　霞
出版发行	北京邮电大学出版社
社　　址	北京市海淀区西土城路10号(100876)
电话传真	010-82333010　62282185(发行部)　010-82333009　62283578(传真)
网　　址	www.buptpress3.com
电子信箱	buptpress3@163.com
经　　销	各地新华书店
印　　刷	三河市骏杰印刷有限公司
开　　本	787 mm×1 092 mm　1/16
印　　张	12
字　　数	287千字
版　　次	2025年8月第1版第9次印刷

ISBN 978-7-5635-4729-6　　　　**定价：** 45.00元

前　言

本书是由湖北汽车工业学院工程图学教学部讨论编写方案，在多年计算机绘图课程教学，结合工程实际、总结指导学生参加“全国大学生先进成图技术与产品信息建模创新大赛”经验的基础上编写而成的。

本书编写的宗旨是：结合实际、体现特色；注重实用、力求简明。因此，教材中摒弃了软件工具、命令等基本操作的长篇介绍，而是以实例体现软件工具、命令的应用。

全书分为“简明教程”和“实训指导”两部分共 6 章，包括：计算机绘图简介（简明介绍计算机绘图发展史、应用及发展趋势，常见二、三维软件简介等）、AutoCAD 简明教程、SolidWorks 简明教程、AutoCAD 二维绘图基本训练、SolidWorks 三维绘图基本训练以及拓展与综合训练题等，书后还附有 AutoCAD 高级绘图技巧和 SolidWorks 建模技巧。

参与本书编写的有王永泉（第 1 章、第 6 章的 6.1 节）、任柏林（第 2 章）、曹占龙（第 3 章）、金晶（第 4 章、第 6 章的 6.2 节）、邓群林（第 5 章）、孙海明（附录 A、附录 B），孙海明负责全书的统稿与编辑排版。在本书的编写过程中，得到了工程图学教学部全体教师的大力支持，并给出了许多好的意见和建议，在此一并致谢。

在党的二十大报告提出的“加强教材建设和管理”精神的指引下，本次重印前，编者再次对全书进行了检查和梳理。

由于编者水平有限，书中难免还存在问题和错误，恳请读者批评指正。

编　者

目　　录

第1章 计算机绘图简介

1.1 计算机绘图的概述

工程图一般指工程技术应用中，用图形来表达所设计物体的图样。而计算机辅助绘图CAD(Computer Aided Drawing / Computer Aided Drafting)是使用计算机技术及数据处理系统，对物体进行图形表示与表达。CAD能对物体三维模型及其图形、图像进行生成、储存和编辑，用户通过与计算机的交互操作来创建图形、图样，图可通过显示器直观显示，也可由绘图机或打印机绘制打印出图。

目前，有很多能在微型计算机上使用的独立的计算机绘图软件，这些绘图软件包括一整套绘图、编辑功能，用户一般称之为创成图样、图像的应用程序。AutoCAD就是一款国际上知名的、用于微型计算机绘图的CAD软件。交互式的图形、图像软件能将现实生活中一些涉及危险和生命安全的系统变为虚拟现实的仿真模型，例如，航空飞行仿真系统可以在飞行员驾驶真实飞机训练前进行虚拟操作训练。AutoCAD软件在制图应用中是最著名的软件之一，其创建的产品图样文件为应用最广泛的DWG格式文件，这种文件可在网络上进行转换传输。

20世纪70年代，2D工程图软件包具有了画直线、画圆及文字输入的功能，但其运行速度很慢。随着计算机技术的突飞猛进，这些绘图软件也得到了快速发展。计算机产业正以前所未有的发展速度驱使计算机绘图软件在技术上、使用规模上和应用程序的数量上迅速发展。对于高度复杂的研究项目和先进的设计、建模技术，计算机技术的发展至关重要。设计团队成员之间只需通过计算机屏幕就可实现文件的传递和信息交流，互联网已经能让信息在数秒内全球传播。20世纪90年代初，出现了能在微型计算机上运行的三维建模软件，建立3D实体模型再通过三维动画的制作可直观地展示产品的设计细节，尤其对于不具备技术知识的客户，通过演示产品的装配顺序和改进的技术细节，可实现快速的沟通与交流。

对于绘图工作非常重要的一点是，计算机绘图的编辑和修订功能。在对产品进行编辑修改时，与其关联的零部件图纸会随之自动修改，这样可大大节省图纸的编辑修改时间。另外，一个设计协作团队之间进行信息的快速瞬间传递也是CAD软件的一大优势，这已经引起汽车厂及其他装备制造企业负责人的广泛关注。有很多异国、异地多品种零部件制造商已经采用这一设计制造模式，最终让这些零部件顺利地集中在一起，完成最后的装配及检测。航空工业就是典型案例之一。利用 CAD 软件，产品可按不同尺度设计，细小结构在绘图软件缩放功能下观察都会变得非常容易。另外，可用 CAD 软件快速地按不同比例绘图以及将不同方位的视图在一张图纸上排布，帮助看图人轻松读懂设计图样。利用计算机上的观察窗口，通过缩放、移动图样可让看图人快速看懂整个图样，所以说计算机辅助绘图的出现及快速发展不但让人类从繁重的手工绘图工作中解放出来，而且在推动科技与经济快速发展中起着非常重要的作用。

除了表达形体，CAD 所输出的产品模型还要按技术及工程制图手册，根据不同专业标准包含其他信息，如材料、工艺、尺寸、公差等。CAD 可在二维空间设计曲线及其他图形，也可在三维空间设计曲线、曲面及实体。CAD 已广泛应用于众多工业领域，包括汽车、船舶、航空航天工业及建筑设计等，同时也广泛应用于电影的动画特效及广告行业中。由于其在经济中的重要地位，CAD 已成为计算机几何学、计算机图学（硬件及软件）、微分几何学发展的主要驱动力。在工程界，CAD 是一项革命性的技术，它使绘图员、设计师和工程师的角色融为一体，也将各对应的部门单位融为一体。目前 CAD 的应用所涉及的领域有产品的概念设计、详细设计、装配体的干涉检查、零部件的刚度强度、动力学分析、零部件的制造过程、产品的装配工艺等，其发展趋势为面向产品全生命周期的协同化、并行化设计解决方案、智能化、网络化、大数据管理云计算等。如今国内外开发的 CAD 软件种类众多，每一种软件都需要用户以不同的思路及操作方式进行零部件的建模。不少软件有许多免费的开放性的源程序，让工程师们根据行业需求进行自由的开发应用。工程上较流行的计算机绘图软件有 AutoCAD、Pro/E（CREO）、SolidWorks、CATIA、UG、SolidEdge、Inventor、CAXA、中望 CAD 等。

1.2 常见二维绘图软件简介

1.2.1 AutoCAD 简介

AutoCAD(Auto Computer Aided Design)是美国 Autodesk（欧特克）公司首次于 1982 年为微型计算机上应用 CAD 技术而开发的自动计算机辅助设计软件，用于二维绘图、详细绘制、设计文档和基本三维设计。该软件开发了大量绘图程序软件包，经过不断地完善，现已经成为国际上广为流行的绘图工具。

CAD(Computer Aided Design)诞生于 20 世纪 60 年代，美国麻省理工大学提出了交互式图形学的研究计划，由于当时硬件设施的昂贵，只有美国通用汽车公司和美国波音航空公司使用自行开发的交互式绘图系统。

20 世纪 70 年代，小型计算机费用下降，美国工业界才开始广泛使用交互式绘图系统。

80年代，由于个人计算机的应用，CAD得以迅速发展，出现了专门从事CAD系统开发的公司。当时VersaCAD是专业的CAD制作公司，所开发的CAD软件功能强大，但由于其价格昂贵，故不能普遍应用。而当时的Autodesk公司是一个仅有员工数人的小公司，其开发的CAD系统虽然功能有限，但因其可免费复制，故在社会上得以广泛应用。同时，由于该系统的开放性，因此该CAD软件升级迅速。

AutoCAD的发展过程如下。

(1)AutoCAD V(Version)1.0:1982年11月正式出版，容量为一张360 KB的软盘，无菜单，命令需要背，其执行方式类似DOS命令。

(2)AutoCAD V1.2:1983年4月出版，具备尺寸标注功能。

(3)AutoCAD V1.3:1983年8月出版，具备文字对齐及颜色定义功能，图形输出功能。

(4)AutoCAD V1.4:1983年10月出版，图形编辑功能加强。

(5)AutoCAD V2.0:1984年10月出版，图形绘制及编辑功能增加，如MSLIDE、VSLIDE、DXFIN、DXFOUT、VIEW、SCRIPT等。至此，在美国许多工厂和学校都有AutoCAD拷贝。

(6)AutoCAD V2.17～V2.18:1985年出版，出现了Screen Menu，命令不需要背，Autolisp初具雏形，两张360 KB软盘。

(7)AutoCAD V2.5:1986年7月出版，Autolisp有了系统化语法，使用者可改进和推广，出现了第三开发商的新兴行业，五张360 KB软盘。

(8)AutoCAD V2.6:1986年11月出版，新增3D功能，AutoCAD已成为美国高校的修读课程。

(9)AutoCAD R(Release)9.0:1988年2月出版，出现了状态栏(下拉式菜单)。至此，AutoCAD开始在国外加密销售。

(10)AutoCAD R10.0:1988年10月出版，进一步完善R9.0，Autodesk公司已成为千人企业。

(11) AutoCAD R11.0: 1990年8月出版，增加了AME(Advanced Modeling Extension)，但与AutoCAD分开销售 。

(12)AutoCAD R12.0:1992年8月出版，采用DOS与Windows两种操作环境，出现了工具栏。

(13)AutoCAD R13.0:1994年11月出版，AME纳入AutoCAD之中。

(14)AutoCAD R14.0:1997年4月出版，适应Pentium机型及Windows95/NT操作环境，实现与Internet网络连接，操作更方便，运行更快捷，无所不到的工具栏，实现中文操作。

(15)AutoCAD 2000(AutoCAD R15.0):1999年出版，提供了更开放的二次开发环境，出现了Vlisp独立编程环境。同时，3D绘图及编辑更方便。

自AutoCAD 2000版本发布之后，AutoCAD的版本迅速升级，每年都有新版本出现，使用AutoCAD软件也让设计更加得心应手，从近年来的AutoCAD 2010—2015直到最新的AutoCAD 2016版本。更丰富的设计关联环境让用户能更清楚地查看图形，更加智能的工具(如智能标注、协调BIM模型和实景计算)让图形精度变得更高、更好。要对AutoCAD软件进行更详细的了解,可访问其官方网站"http://www.autodesk.com.cn"。

AutoCAD具有良好的用户界面,通过交互菜单或命令行方式便可以进行各种操作。它的多文档设计环境,让非计算机专业人员也能很快地学会使用,在不断实践的过程中更好地掌握它的各种应用和开发技巧,从而不断提高工作效率。AutoCAD具有广泛的适应性,它可以在各种操作系统支持的微型计算机和工作站上运行,并支持多种分辨率的各种图形显示设备40多种,以及数字仪和鼠标器30多种,绘图仪和打印机数十种。

AutoCAD软件的特点如下。

(1)具有完善的图形绘制功能。

(2)具有强大的图形编辑功能。

(3)可以采用多种方式进行二次开发或用户定制。

(4)可以进行多种图形格式的转换,具有较强的数据交换能力。

(5)支持多种硬件设备。

(6)支持多种操作平台。

(7)具有通用性、易用性,适用于各类用户。此外,从AutoCAD 2000开始,该系统又增添了许多强大的功能,如AutoCAD设计中心(ADC)、多文档设计环境(MDE)、Internet驱动、新的对象捕捉功能、增强的标注功能以及局部打开和局部加载的功能,从而使AutoCAD系统更加完善。

如今AutoCAD软件的功能更加强劲、特性更加丰富,目前最先进的版本AutoCAD 2016,能使用户以更快的速度、更高的准确性制作出具有丰富视觉精准度的设计详图和文档。该版本中包含了多项可加速2D与3D设计、创建文件和协同工作流程的新特性,并能为创作任何形状提供丰富的屏幕体验。此外,使用者还能方便地使用TrustedDWG技术与他人分享作品,储存和交换设计资料。通过欧特克2016版套件所提供的互联桌面和云端体验,用户可以超前掌控"设计到制造"全过程。欧特克设计与创作套件为客户提供了更丰富的工具集、强大的兼容性以及统一的用户体验。各款套件均包含AutoCAD 2016、ReCap和3ds Max产品。

1.2.2 CAXA电子图板简介

北京数码大方科技有限公司(CAXA)是中国领先的CAD和PLM软件供应商,拥有完全自主知识产权的系列化的CAD、CAPP、CAM、DNC、PDM、MPM等软件产品和解决方案,覆盖了设计、工艺、制造和管理四大领域,产品广泛应用在装备制造、电子电器、汽车及零部件、国防军工、工程建设、教育等各个行业,有超过2.5万家企业用户和2 000所院校用户。CAXA成立于2003年,始终致力于为制造业提供信息化解决方案,已成为中国制造业信息化解决方案的主要提供商。公司发展大致经历了以下4个发展阶段。

2003年公司成立后,针对市场需求,与北航海尔、美国IRONCAD等公司合作开发了CAD/CAM产品线(包括电子图板、实体设计、制造工程师等),并在市场上大力推广,获得用户的广泛欢迎。

2003 年年底，CAXA 与美国 IRONCAD、台湾华夏科技、金叶西工大、南京新模式等 5 家单位联盟，宣布与合作伙伴一起迈进 PLM 领域。2004 年，CAXA 合并再组 IRONCAD，与达索公司 DS 建立了策略联盟，先后推出了 CAXA 协同管理、CAXA V5 等 PLM 方案。

2006 年 9 月，CAXA 正式宣布全线进入 PLM，并推出 A5 PLM、V5 PLM 和 PLM 扩展应用等全面的 PLM 方案。CAXA 图文档获得“金软件”奖，CAXA 也进入了中国 PLM TOP5 的行列。

2007 年 12 月，CAXA 获得 IDG 公司 1 000 万美金融资，扩充服务体系和加强产品研发，扩大 CAXA 在中国 PLM 行业的领先优势，进入快速发展阶段。

公司产品主要有：电子图板（二维 CAD）[全面兼容 AutoCAD 实体设计（三维 CAD）]、制造工程师（CAM）、产品数据管理（PDM）、工艺规划（CAPP）、工艺汇总表（BOM）、网络 DNC 等。

CAXA 电子图板机械版 2009 打造了全新软件开发平台，在多文档、多标准以及交互方式上带来全新体验，而且在系统综合性能方面进行了充分改进和优化，对于文件特别是大图的打开、存储、显示、拾取等操作的运行速度均有大幅提升，动态导航、智能捕捉、编辑修改等处理速度的提升，让用户的设计绘图工作流畅、自如。而且依据中国机械设计的国家标准和使用习惯，提供专业绘图工具盒辅助设计工具，通过简单的绘图操作将新品研发、改型设计等工作迅速完成，提升工程师专业设计能力。

CAXA 软件的特点：秉承“软件服务制造业”的理念，多年来致力于将工程师从纷繁复杂的机械工程图绘制工作中解脱出来，全身心投入开发工作，将创意转化为实际工作所需，提高企业研发创新能力。机械版专为制造业工程师打造，CAXA 电子图板在界面交互、操控效率、用户体验和数据兼容等方面均有大幅提高，能够更专业、智能和高效地满足用户的需求。基于全新平台开发的电子图板能进行多窗口、多语言、动态输入、尺寸关联等底层平台应用；其文字编辑更加便捷，支持多行文字和弧形文字编辑；支持最新标准的智能标注工具、双击编辑实体、夹点编辑关联、开放图纸幅面管理工具以及国标图库、构件库和排版打印工具等实用功能，工程标注、转图工具、序号与明细表关联等诸多机械行业专业辅助工具可以大幅提高设计效率，已成为国内市场上广泛采用的二维绘图软件。

1.3　常见三维绘图软件简介

1.3.1　SolidWorks 简介

美国 SolidWorks 公司是一家专门从事开发三维机械设计软件的高科技公司，公司宗旨是使每位设计工程师都能在自己的微型计算机上使用功能强大的世界最新 CAD/CAE/CAM/PDM 系统，公司主导产品是世界领先水平的 SolidWorks 软件。

20世纪90年代初，为了开发世界空白的基于微型计算机平台的三维CAD系统，1993年PTC公司的技术副总裁与CV公司的副总裁成立SolidWorks公司，并于1995年成功推出了SolidWorks软件，获得了世界相关领域用户的认可。SolidWorks软件是世界上第一个基于Windows开发的三维CAD系统，并创造了FeatureManager特征管理员的设计思想，实现了在Windows平台下实现的自顶向下的设计方法、动态装配干涉检查功能、智能化装配，能基于Internet的电子图板发布工具（eDrawing）的CAD系统。由达索并购后的SolidWorks以原来的品牌和管理技术队伍继续独立运作，成为CAD行业一家高素质的专业化公司。

该软件具有以下几个特点。

1）Top Down（自顶向下）的设计

自顶向下的设计是指在装配环境下进行相关设计子部件的能力，不仅做到尺寸参数全相关，而且实现几何形状、零部件之间全自动完全相关，并且为设计者提供完全一致的界面和命令进行全自动的相关设计环境。用户可以在装配布局图做好的情况下，进行设计其他零部件，并保证布局图、零部件之间全自动完全相关，一旦修改其中一部分，其他与之相关的模型、尺寸等自动更新，不需要人工参与。

2）Down Top（自下向上）的设计

自下向上的设计是指在用户先设计好产品的各个零部件后，运用装配关系把各个零部件组合成产品的设计能力，在装配关系定制好之后，不仅做到尺寸参数全相关，而且实现几何形状、零部件之间全自动完全相关，并且为设计者提供完全一致的界面和命令进行全自动的相关设计环境。

3）配置管理

在SolidWorks中，用户可利用配置功能在单一的零件和装配体文档内创建零件或装配体的多个变种（系列零件和装配体族），而其多个个体又可以同时显示在同一总装配体中。具体应用表现在：设计中经常需要修改和重复设计，并需要随时考查和预览同一零部件的不同设计方案和设计阶段，或者记录下零部件在不同尺寸时的状态或不同的部件组合方案，而不同的状态和方案又可同时在一张工程图或总装配体内显示出来，因而SolidWorks利用配置很好地捕捉了实际设计过程中的修改和变化，满足了各种设计需求。SolidWorks的管道设计模块就利用了配置管理的功能，工程师只要通过简单的拖曳操作即可实现自动找出与已有管接头尺寸完全配合的管道规格，而无须事先指定相应尺寸规格的管道。也正是基于配置，SolidWorks方便地实现了有孔时自动从标准件库中找到合适尺寸的螺栓与之配合，同时又找到相应规格的螺母和垫圈与螺栓配合。

4）易用性及对传统数据格式的支持

SolidWorks完全采用了微软Windows的标准技术，如标准菜单、工具栏、组件技术、结构化存取、内嵌VB（VBA）及拖放技术等。设计者进行三维产品设计的软件操作习惯可与Windows系统很好地协同起来，有很好的人机交互功能。SolidWorks完全支持dwg/dxf输入输出时的线型、线色、字体及图层，而且可以任意修改尺寸公差和精度等。SolidWorks 提供各种 3D 软件数据接口格式，其中包括 Iges、Vdafs、Step、Parasolid、Sat、STL、MDT、UGII、Pro/E、SolidEdge、Inventor 等格式输入零件和装配，还可输出 VRML、Tiff、Jpg 等文件格式。

5)零部件镜像

SolidWorks 中提供了零部件的镜像功能，不仅镜像零部件的几何外形，而且包括产品结构和配合条件，还可根据实际需要区分是作简单的复制还是自动生成零部件的对称件。这一功能将大大提高设计效率。

6)装配特征

SolidWorks 提供完善的产品级的装配特征功能，以便创建和记录特定的装配体设计过程。实际设计中，根据设计意图有许多特征是在装配环境下、在装配操作发生后才能生成的，设计零件时无须考虑。在产品的装配图作好之后，零件之间进行配合加工，比如，零件焊接、切除、打孔等功能。SolidWorks 具有干涉检查、产品的简单运动仿真、编辑零件装配体透明的功能。

7)工程图

SolidWorks 提供全相关的产品级二维工程图，现实世界中的产品可能由成千上万个零件组成，其工程图的生成至关重要，其速度和效率是 3D 软件均要面临的问题。SolidWorks 采用了生成快速工程图的手段，使得超大型装配体的工程图的生成和标注也变得快捷。SolidWorks 可以允许二维图暂时与三维模型脱离关系，所有标注可以在没有三维模型的状态下添加。同时用户又可随时将二维图与三维模型同步，加速了工程图的生成过程。SolidWorks 提供 GB 标注标准，可以生成符合国内企业需要的工程图，用于指导生产。

8)eDrawing

SolidWorks 中 eDrawing 的出现使得工程师们在交换设计信息时变得更便捷，能实现二维图纸三维看，而且以三维动画方式展现产品各个角度和剖面的细节，可让工程技术人员快速读懂复杂的产品。其所生成的电子文件体积小巧，便于传递，在一台装有 Windows 系统的 PC 机上能进行自由地浏览，而无须其他软件的支持。

9)Toolbox 工具箱

Toolbox 工具箱提供了建立企业库文件的工具，可以对轴承等一些通用的标准零件进行计算，提供了 ISO、ANSI 等标准的标准件库，并可与装配环境进行自动插入。

另外，SolidWorks 软件还具有钣金设计模块、3D 草图模块、曲面设计模块、基于 Internet 的协同工作功能、动画功能模块——Animator、渲染功能模块——PhotoWorks、管道设计模块——Piping、特征识别模块——FeatureWorks。

1.3.2　Pro/Engineer(Creo)简介

21 世纪的一个重大变革是全球市场的统一，它使市场竞争更加激烈，产品更新更快，但是有限的资源加上消费者对复杂产品的需求日益增加,使企业很难保持市场份额。在这种背景下,CAD(计算机辅助设计)/CAM(计算机辅助制造)/CAE(计算机辅助测量)技术得到迅速普及和极大发展。在为数众多的 CAD/CAM/CAE 软件中,Pro/E 的工业解决方案地位显赫,它是美国 PTC 公司(参数化技术公司)的拳头产品,技术领先,在机械、电子、航空、航天、邮电、兵工、纺织等各行各业都有应用。可运行于 Windows 和 UNIX 平台上,用 Pro/E 生成的设计建模,可以将设计、运动学仿真、静动力学仿真及加工制造过程融合在一起,让设计制造过程变得更具自动化、智能化,非常实用。Pro/Engineer 软件包的产品开发环境支持并行工作,它通过一系列完全相关的模块表述产品的外形、装配及其他功能。Pro/E 能够让多个部门同时致力于单一的产品模型,包括对大型项目的装配体管理、功能仿真、制造、数据管理等。Pro/E 共有六大主模块,下面进行逐一简要介绍。

1)工业设计 (CAID)模块

工业设计模块主要用于对产品进行几何设计。以前,在零件未制造出时,是无法观看零件形状的,只能通过二维平面图进行想象。现在,用 3DS 可以生成实体模型,但用 3DS 生成的模型在工程实际中只能直观观察。而用 Pro/E 生成的实体建模好看且好用,事实上,Pro/E 后阶段的各个工作数据的产生都要依赖于实体建模所生成的数据。包括:Pro/3Dpaint(3D 建模)、Pro/Animate(动画模拟)、Pro/Designer(概念设计)、Pro/Networkanimator(网络动画合成)、Pro/Perspecta-Sketch(图片转三维模型)、Pro/Photorender(图片渲染)等多个子模块。

2)机械设计 (CAD)模块

机械设计模块是一个高效的三维机械设计工具,它可绘制任意复杂形状的零件。在实际中存在大量形状不规则的物体表面,如常用的鼠标、汽车覆盖件等,这些称为自由曲面。随着人们生活水平的提高,对曲面产品的需求将会大大增加。用 Pro/E 生成曲面仅需两三步操作。Pro/E 生成曲面的方法有拉伸、旋转、放样、扫掠、网格、点阵等。由于生成曲面的方法较多,因此 Pro/E 可以迅速建立任何复杂曲面。它既能作为高性能系统独立使用,又能与其他实体建模模块结合起来使用,它支持 GB、ANSI、ISO 和 JIS 等标准。包括:Pro/Assembly(实体装配)、Pro/Cabling(电路设计)、Pro/Piping(弯管铺设)、Pro/Report(应用数据图形显示)、Pro/Scan-Tools(物理模型数字化)、Pro/Surface(曲面设计)、Pro/Welding(焊接设计)等。

3)功能仿真 (CAE)模块

功能仿真模块主要进行有限元分析。主要是分析工程零部件的刚度、强度、模态等内在特性,并能对初始设计进行不断地仿真优化。很多机械零部件的内部变化情况是很复杂的,难以进行理论解析,而实物实验又耗时耗力。有限元仿真使我们有了一双慧眼,能“看到”零件内部的受力状态。利用该功能,在满足零件受力要求的基础上,便可充分优化零件的设计。著名的可口可乐公司,利用有限元仿真,分析其饮料瓶,结果使瓶体质量减轻了近 20%,而其功能丝毫不受影响,仅此一项就取得了极大的经济效益。包括:Pro/Fem～post(有限元分析)、Pro/Mechanica customloads(自定义载荷输入)、Pro/Mechanica equations(第三方仿真程序连接)、Pro/Mechanica motion(指定环境下的装配体运动分析)、Pro/Mechanica thermal(热分析)、Pro/Mechanica tire model(车轮动力仿真)、Pro/Mechanica vibration(振动分析)、Pro/Mesh(有限元网格划分)等模块。

4)制造(CAM)模块

在机械行业中用到的 CAM 制造模块中的功能是 NC Machining(数控加工)。Pro/E 的数控模块包括:Pro/Casting(铸造模具设计)、Pro/MFG(电加工)、Pro/Moldesign(塑料模具设计)、Pro/NC-check(NC 仿真)、Pro/Ncpost(CNC 程序生成)、Pro/Sheetmetal(钣金设计)等。

5)数据管理(PDM)模块

Pro/E 的数据管理模块就像 Pro/E 的一个大管家,它在计算机上对产品性能进行测试仿真,找出造成产品各种故障的原因,以对症下药,排除产品故障,改进产品设计。它能自动跟踪用户创建的数据,这些数据包括存储在模型文件或库中零件的数据,通过一定的机制,保证了所有数据的安全及存取方便。它包括:Pro/PDM(数据管理)、Pro/Review(模型图纸评估)。

6)数据交换(Geometry Translator)模块

在实际中还存在一些别的 CAD 系统,如 UG Ⅱ、EUCLID、CIMATRTON、MDT 等,由于它们门户有别,所以在实际工作中,往往需要接受别的 CAD 数据。这时,几何数据交换模块就会发挥作用。Pro/E 中几何数据交换模块有好几个,如 Pro/CAT(PRO/E 和 CATIA 的数据交换)、Pro/CDT(二维工程图接口)、Pro/Data for pdgs(Pro/E 和福特汽车设计软件的接口)、Pro/Develop(Pro/E 软件开发)、Pro/Draw(二维数据库数据输入)、Pro/Interface(工业标准数据交换格式扩充)、Pro/Interface for step(STEP/ISO10303 数据和 Pro/E 交换)、Pro/Legacy(线架 / 曲面维护)、Pro/Libraryaccess(Pro/E 模型数据库进入)、Pro/Polt(HPGL/Postscripta 数据输出)。Pro/E 是一套由设计至生产的机械自动化软件,是新一代的产品造型系统,是一个参数化、基于特征的实体造型系统,并且具有单一数据库功能。

最后需要指出的是:Pro/Engineer 的参数化设计和特征造型功能。Pro/Engineer 是第一个采用参数化、基于特征设计的实体模型化系统,工程设计人员采用具有智能特性的基于特征的功能去生成模型,如腔、壳、倒角及圆角,可以随意勾画草图,通过尺寸参数和几何约束的驱动轻易改变模型。这一功能特性给工程设计者提供了在设计上从未有过的简易和灵活。近年来该软件发展迅速,Creo 是美国 PTC 公司于 2010 年 10 月推出的 CAD 设计软件包。Creo 是一个整合 Pro/Engineer、CoCreate 和 ProductView 三大软件并重新分发的新型 CAD 设计软件包,针对不同的任务应用将采用更为简单化子应用的方式,所有子应用采用统一的文件格式。Creo 的目的在于解决 CAD 系统难用及多 CAD 系统数据共用等问题。

1.3.3 UG 简介

UG(Unigraphics NX)是 Siemens PLM Software 公司出品的一个产品工程解决方案，它为用户的产品设计及加工过程提供了数字化造型和验证手段。UG 是 Unigraphics 的缩写，是一个交互式 CAD/CAM(计算机辅助设计与计算机辅助制造)系统，它功能强大，可以实现各种复杂实体及造型的建构。它在诞生之初主要基于工作站，但随着 PC 硬件的发展和个人用户的迅速增长，在 PC 上的应用取得了迅猛的增长，目前已经成为模具行业三维设计的一个主流应用软件。

UG 的开发始于 1990 年 7 月，它是基于 C 语言开发实现的。UG NX 是在二维和三维空间无结构网格上使用自适应多重网格方法开发的一个灵活的数值求解偏微分方程的软件工具，其设计思想足够灵活地支持多种离散方案。因此，软件可对许多不同的应用再利用。UG 使企业能够通过新一代数字化产品开发系统实现向产品全生命周期管理转型的目标。它包含了企业中应用最广泛的集成应用套件，用于产品设计、工程和制造全范围的开发过程。

NX 是 UGS PLM 新一代数字化产品开发系统，它可以通过过程变更来驱动产品革新，能把产品制造早期的从概念到生产的过程都集成到一个实现数字化管理和协同的框架中。NX 独特之处是其知识管理基础，它使得工程专业人员能够推动革新以创造出更大的利润。NX 可以管理生产和系统性能知识，根据已知准则来确认每一设计决策。NX 提供的解决方案是建立在成功经验基础之上，这些解决方案可以全面地改善设计过程的效率，削减成本，并缩短进入市场的时间。

UG NX 的主要功能如下。

1)工业设计和风格造型

利用 NX 建模，工业设计师能够快速建立和改进复杂的产品形状，并且使用先进的渲染和可视化工具来最大限度地满足设计概念的审美要求。

2)产品设计

NX 具有高性能的机械设计和制图功能，为制造设计提供了高性能和灵活性，以满足用户设计复杂产品的需要。NX 具有通用的设计工具，如专业的管路和线路设计系统、钣金模块、专用塑料件设计模块和其他行业设计所需的专业应用程序。

3)仿真、确认和优化

NX 允许制造商以数字化的方式仿真、确认和优化产品及其开发过程。通过在开发周期中较早地运用数字化仿真性能，制造商可以改善产品质量，同时减少或消除对于物理样机的昂贵耗时的设计、构建，以及对变更周期的依赖。

4)NC 加工

用户可以在图形方式下观测刀具沿轨迹运动的情况并可对其进行图形化修改，如对刀具轨迹进行延伸、缩短或修改等。该模块同时提供通用的点位加工编程功能，可用于钻孔、攻螺纹和镗孔等加工编程，模块的交互界面可按用户需求进行灵活修改和剪裁，并可定义标准化刀具库、加工工艺参数样板库使初加工、半精加工、精加工等操作常用参数标准化，以优化加工工艺。UG 软件所有模块都可在实体模型上直接生成加工程序，并保持与实体模型全相关。UG 的加工后置处理模块使用户可方便地建立自己的加工后置处理程序，该模块适用于 NC 机床和加工中心。

5)模具设计

UG 是当今较为流行的一种模具设计软件，主要是因为其功能强大。模具设计的流程很多，其中分模就是其中关键的一步。UG 可实现自动分模和手动分模，工作效率较高。

6)开发解决方案

NX 与 UGS PLM 的其他解决方案的完整套件无缝结合。这些对于 CAD/CAE/CAM 在可控环境下的协同、产品数据管理、数据转换、数字化实体模型和可视化都是一个补充。

UG 主要的客户包括：通用汽车、通用电气、福特、波音麦道、洛克希德、劳斯莱斯、普惠发动机、日产、克莱斯勒、美国军方等。许多飞机发动机和汽车发动机也采用了 UG 进行设计。

1.3.4　CATIA 简介

CATIA 是法国 Dassault System 公司旗下的 CAD/CAE/CAM 一体化软件。Dassault System 成立于 1981 年，CATIA 是英文 Computer Aided Tri-Dimensional Interface Application 的缩写。

在 20 世纪 70 年代，Dassault Aviation 成为了 CATIA 的第一个用户。Dassault Aviation 是世界著名的航空航天企业，其产品以幻影 2000 和阵风战斗机最为著名。从 1982 年到 1988 年，CATIA 相继发布了 1 版本、2 版本、3 版本，并于 1993 年发布了功能强大的 4 版本，现在的 CATIA 软件分为 V4 版本和 V5 版本两个系列。V4 版本应用于 UNIX 平台，V5 版本应用于 UNIX 和 Windows 两种平台作为 PLM 协同解决方案的一个重要组成部分，它可以帮助制造厂商设计他们未来的产品，并支持从项目前阶段、具体的设计、分析、模拟、组装到维护在内的全部工业设计流程。

CATIA 系列产品已经在七大领域里成为首要的 3D 设计和模拟解决方案：汽车、航空航天、船舶制造、厂房设计、电力与电子、消费品和通用机械制造。模块化的 CATIA 系列产品旨在满足客户在产品开发活动中的需要，包括风格和外形设计、机械设计、设备与系统工程、管理数字样机、机械加工、分析和模拟。因为它能让企业重用产品设计知识，大幅缩短产品开发周期，且具有强大的解决方案使企业能对市场的需求作出快速反应。所以，自 1999 年以来，市场上广泛采用它的数字样机流程，从而使之成为世界上最常用的产品开发系统之一。

CATIA 采用变量和参数化混合建模:在设计时,设计者不必考虑如何参数化设计目标,CATIA 提供了变量驱动及后参数化能力。几何和智能工程混合建模:对于一个企业,可以将企业多年的经验积累到 CATIA 的知识库中,用于指导本企业新手,或指导新车型的开发,加速新型号推向市场的时间。CATIA 具有在整个产品周期内方便修改的能力,尤其是后期修改性。无论是实体建模还是曲面造型,由于 CATIA 提供了智能化的树结构,用户可方便、快捷地对产品进行重复修改,可以在设计的最后阶段作重大的修改或者是对原有方案的更新换代。

CATIA 的各个模块基于统一的数据平台,所以 CATIA 的模块具有全相关性,三维模型的修改,能完全体现在二维以及有限元分析、模具和数控加工的程序中。CATIA 的并行工程设计环境使得设计周期大大缩短,总体设计部门只要将基本的结构尺寸发放出去,各分系统的人员便可开始工作,既可协同工作,又不互相牵连,实现了真正的并行工程设计环境。

CATIA 将机械设计、工程分析及仿真、数控加工和 CATweb 网络应用解决方案有机地结合在一起,为用户提供严密的无纸工作环境,特别是 CATIA 中的针对汽车、摩托车业的专用模块,使 CATIA 拥有了最宽广的专业覆盖面,从而帮助客户达到缩短设计生产周期、提高产品质量及降低费用的目的。

1.4 计算机绘图的发展趋势

一个计算机绘图系统可以有不同的组合方式,最简单的是由一台微型计算机加一台绘图机组成。目前所使用的人机交互工具有光笔、鼠标、图形输入板或数字化仪,以及操纵杆、轨迹球等。除硬件外,还必须配有各种软件,如操作系统、语言系统、编辑系统、绘图软件和显示软件等。计算机绘图所研究的内容,主要有图形变换的矩阵方法、立体图形的绘制和消稳技术、图形数据库、样条曲线和自由曲面、几何造型、动画技术,以及上述内容的程序设计。在动态绘图中,观察者根据需要可以控制和干预正在显示的图形,直接在二维显示屏上对图形进行修改和增补。在 CAD 设计中,图纸是否能够快速、准确地显示对于 CAD 软件的用户体验有着极其重大的影响。所以,计算机绘图及辅助设计中,交互技术非常重要,用户在使用计算机系统进行设计时,人和机器可以及时地交换信息。这样人们可以边构思、边打样、边修改,随时可从图形终端屏幕上看到每一步操作的显示结果,非常直观。

未来计算机绘图发展趋势应该仍是以用户为中心,如何能让人更便捷地与计算机交互,让计算机绘图系统更具智能化,需要系统软硬件都要有革命性的突破。目前全息立体投影技术的发展已实现让计算机图形、图像由二维到三维显示成像,让人们产生了全新的视觉体验,若能通过这种方式,让人与计算机系统产生交互,值得期待。另外,由计算机三维模型自动生成二维工程图的技术已经非常成熟,而将二维工程图由计算机自动生成三维模型是目前研究的一个方向，也就是说如何让计算机能对二维图形进行智能化理解并准确无误地生成其三维立体模型还处于起步阶段。基于特征造型的参数化绘图技术仍是未来重要的发展方向之一，面向行业的定制化自动绘图技术已得到较好的市场应用，将来有广阔的发展空间。近年来，某些 CAD 软件企业凭借各自对用户的理解，逐步开发出 CAD 设计中比较实用的创新功能，比如智能鼠标手势，设计师再也不用担心忘记操作命令，可简单快捷地通过鼠标手势就可以轻松调用所需命令，而且命令菜单还可以根据每个人的操作习惯进行自定义，非常方便。最后值得一提的是，CAD 智能语音为传统的 CAD 图纸标注提供了更简便的标注方式，简化了图纸，让 CAD 图纸更美观，也让设计师能更好地表达自己的设计理念，是能帮设计师说话的 CAD 图纸。

未来，CAD 还有哪些让用户眼前一亮的创新功能，给人们的设计工作带来便利，我们拭目以待。

第2章 AutoCAD 简明教程

AutoCAD是美国 Autodesk(欧特克)公司在1982年推出的计算机辅助设计绘图软件。经过三十多年的不断完善与改进,从第一版本 AutoCAD 1.0 发展至今的最新版本 AutoCAD 2016 已进行了多次的升级。它是一个集二维图形、三维造型、数据管理、渲染着色、国际互联网等功能于一体的辅助设计绘图软件。其功能日臻完善,被广泛应用于机械、建筑、冶金、电子、地质、气象、地理、航空、商业、轻工、纺织等各种领域。

2.1 AutoCAD 制图基础

2.1.1 AutoCAD 绘图环境

在 AutoCAD 中,绘图环境主要指的是绘图窗口的工作界面、坐标系统、图层设置、绘图单位及绘图界限设置等。此外,还有系统选项中一系列选项卡的属性参数设置。往往一个好的绘图环境能使用户有效地提高工作效率。

一、AutoCAD 工作界面

AutoCAD 2010 的工作界面是该系统提供给用户的交互式工作平台。系统为用户提供了“二维草图与注释”、“AutoCAD 经典”和“三维建模”3种工作空间。经典工作界面由标题栏、下拉菜单、工具栏、图形窗口、命令窗口、状态栏、滚动条、坐标系图标等元素组成(见图 2-1)。

1. 标题栏

出现在程序窗口的上部,专门显示 AutoCAD 的图标、正在运行的程序名及当前所操作的图形文件名。

2. 下拉菜单

这是软件提供的一种交互式工作环境,用户将鼠标指针移至菜单名上,单击左键即可打开子菜单。有“…”的菜单项表示该菜单选中后将显示一对话框。当菜单项呈灰色时,表示当前不能使用。AutoCAD 下拉菜单中共有12个一级菜单,它们分别是:①File(文件);

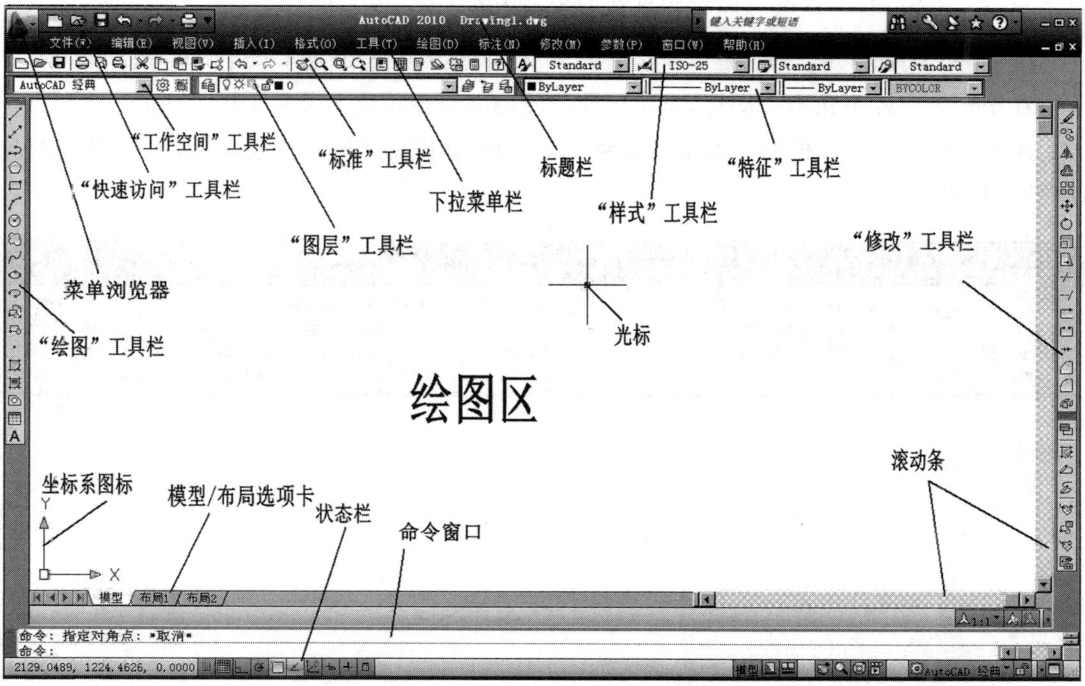

图 2-1　AutoCAD 经典工作界面

②Edit(编辑)；③View(视图)；④Insert(插入)；⑤Format(格式)；⑥Tools(工具)；⑦Draw(绘图)；⑧Dimension(标注尺寸)；⑨Modify(修改)；⑩Parameterize(参数化)；⑪Window(窗口)；⑫Help(帮助)。

AutoCAD 还提供 6 种快捷菜单。快捷菜单中的可选项随系统的状态不同而变化，智能化地提供出系统当前状态下的常用操作命令。

3. 工具栏

AutoCAD 提供 24 个工具栏，这是由图形符号组成的一个庞大的工具栏系统。用户要完成某项工作，只需用鼠标指针移至图形符号处，单击鼠标左键即可。

4. 图形窗口

图形窗口是用户进行绘图的区域，相当于手工绘图的绘图纸，用以绘图、标注尺寸等。该窗口可以被放大、缩小及平移。

5. 命令窗口

也称命令提示行，位于应用程序窗口下部，用于输入命令、参数及命令提示，也用于显示单击图标、菜单输入的命令名。命令行的文本行数默认为三行。

6. 状态栏

在屏幕的最下方，用于反映用户工作状态、光标位置及当前的作图空间等信息。

7. 滚动条

由屏幕右边的上下两箭头和屏幕右下的左右两箭头组成。可用鼠标指针单击左键拖动显示上下左右滚动，这样就可以看到显示的全部内容。

8. 坐标图标

在图形窗口左下角有一图标，显示当前所使用的坐标系统形式和坐标方向。

AutoCAD 2010 可根据个人习惯切换工作空间，如图 2-2 所示为切换后的"二维草图与注释"工作界面。

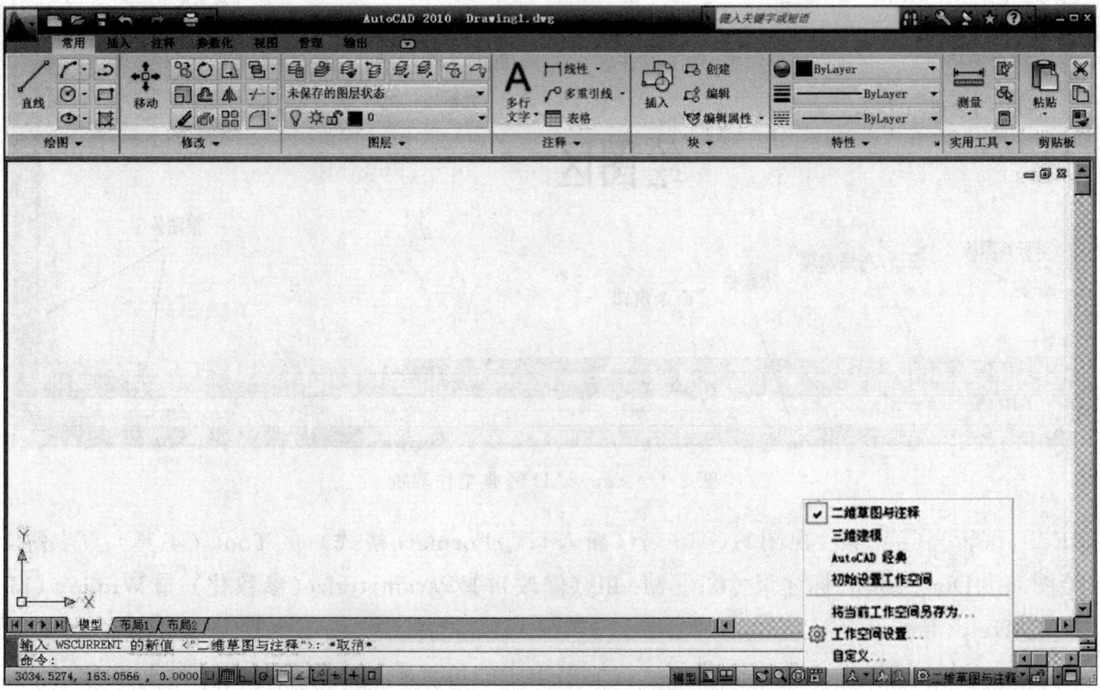

图 2-2 "二维草图与注释"工作界面

二、AutoCAD 的坐标系统

1. 两种坐标系

AutoCAD 默认的坐标系称为世界坐标系 WCS(Word Coordinate System)。它由 3 条相互垂直并相交于点(原点)的坐标轴 X、Y、Z 组成，属于三维笛卡儿坐标系统 CCS (Cartesian Coordinate System)。X 轴为水平方向自左向右，Y 轴为垂直方向自下向上，Z 轴正对操作者自屏幕向外。坐标原点在图形窗口的左下角。

AutoCAD 还提供方便用户的用户坐标系统 UCS(User Coordinate System)。用户在绘图过程中可根据自己的需要来定义坐标原点的位置及 X、Y、Z 轴的方向。三轴垂直并交于一点。

2. 坐标定点

要在屏幕上定一个点必须给出此点的坐标值，AutoCAD 提供直角坐标和极坐标两种方式，每种方式都可以有绝对坐标和相对坐标供用户选择。

(1)绝对直角坐标：直接输入一个点距原点的坐标值，中间用","分隔，即 X,Y,Z。

(2)相对直角坐标:输入相对于前一个点的直角坐标值,中间也用“,”分隔,但前面要加“@”符号,以示区别,即@$\triangle X$,$\triangle Y$,$\triangle Z$。

(3)绝对极坐标:输入一个点距原点的距离 L,中间用“<”分隔,再输入点与原点连线和 X 轴的夹角 α,如“100<30”表示与原点的距离为 100,两点连线和 X 轴正向夹角为 30°。

(4)相对极坐标:输入点与前一个点之间的距离 ΔL,但距离前要加“@”符号,以示与绝对极坐标区别,中间用“<”分隔,再输入与前一个点之间连线和 X 轴的夹角 α,如@20<45 表示相对前一个点之间的距离为 20,两点连线和 X 轴正向夹角为 45°。

三、AutoCAD 的图层

1. 图层简介

为了方便地绘制、编辑、管理图形,并且利用颜色来改善图形的清晰度,AutoCAD 可以在任何一幅图的绘制中规定任意数量的图层。图层相当于没有厚度的透明胶片,各层叠在一起就是个完整的图形,而每层都可以有自己的颜色、线型、线宽等。每个图层都是具有相同特性的实体,可以打开或关闭,关闭后该图层的实体就不显示和打印。例如,机械制图中有 4 种常用的线型即点画线、细实线、细虚线和粗实线,它们的宽度不同,作图时将这 4 种线型分别分配在 4 个图层上,便于复杂图形的绘制、编辑等处理。还可以将零件图上的尺寸标注、表面粗糙度、尺寸公差、形位公差等标注设置一标注图层,这样在用零件图拼画装配图时就可以关闭标注层。

2. 图层的操作

1)建立新图层

Command:LAYER

弹出“图层特性管理器”对话框(见图 2-3)。图标依次为新建、冻结新层、删层和置当前层,新图层被建立,其参数包括颜色、线型、线宽等,这些都可以修改。

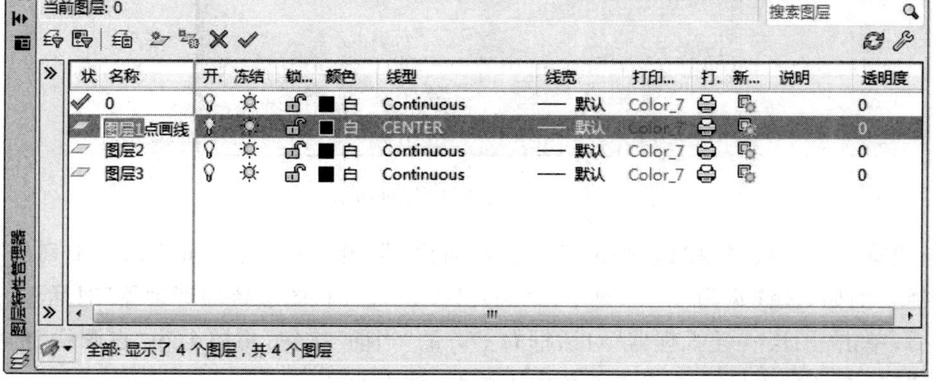

图 2-3 “图层特性管理器”对话框

(1)图层名:单击图层 1,可以更改层名。一个层名可长达 31 个字符,包括汉字、字母、数字均可(学习时可用汉字或拼音首字母缩写,在企业应根据国标或企业标准命名),输入“点画线”替换默认图层，表示该层用于画点画线（见图 2-3）。

（2）颜色：单击“颜色”按钮，弹出“选择颜色”对话框（见图 2-4），可任选一种颜色，如选红色，再单击“确定”按钮，返回“图层特性管理器”对话框。

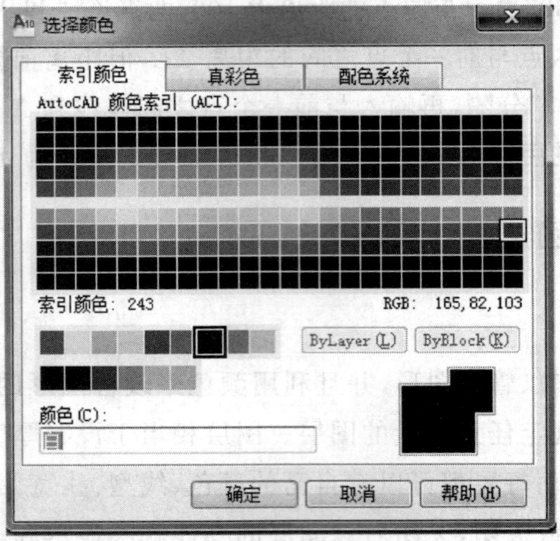

图 2-4 “选择颜色”对话框

（3）线型：单击“线型”按钮，弹出“选择线型”对话框（见图 2-5），该对话框显示在用户系统中定义和装入的线型。若没有所需的线型，单击对话框下面的“加载”按钮，弹出“加载或重载线型”对话框（见图 2-6），列出各种线型供选择。例如，选 Center，再单击“确定”按钮，返回“图层特性管理器”对话框。

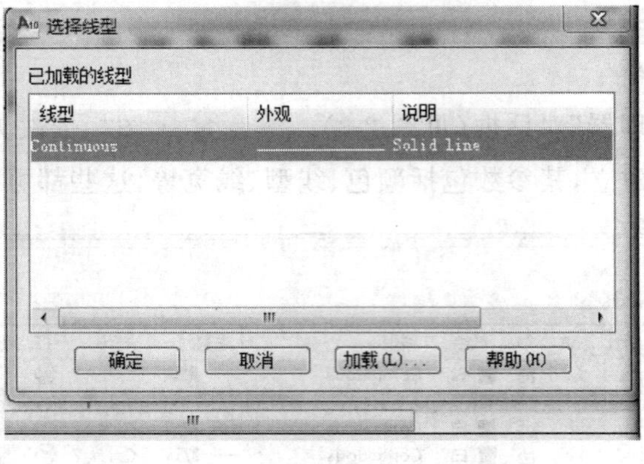

图 2-5 “选择线型”对话框

（4）线宽：单击“线宽”按钮，弹出“线宽”对话框（见图 2-7），其下面的列表中列出各种线宽供选择。例如，选线宽为 0.25，再单击“确定”按钮，返回“图层特性管理器”对话框。

最后，单击“图层特性管理器”对话框右上方的“当前”按钮，将层名为“点画线”的图层设置为当前层，在该层上所画的线为红色的点画线，线宽为 0.25。

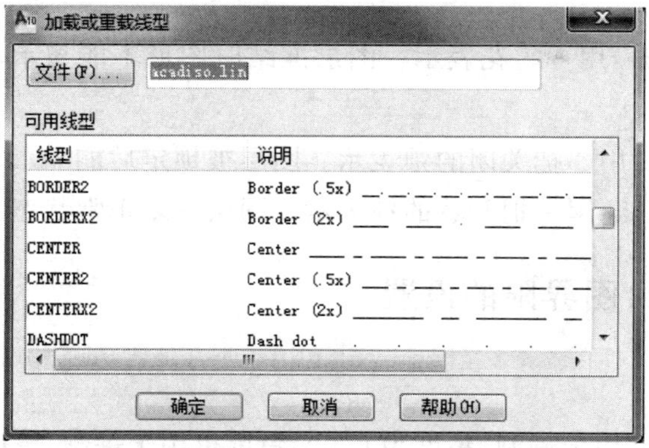

图 2-6　“加载或重载线型”对话框

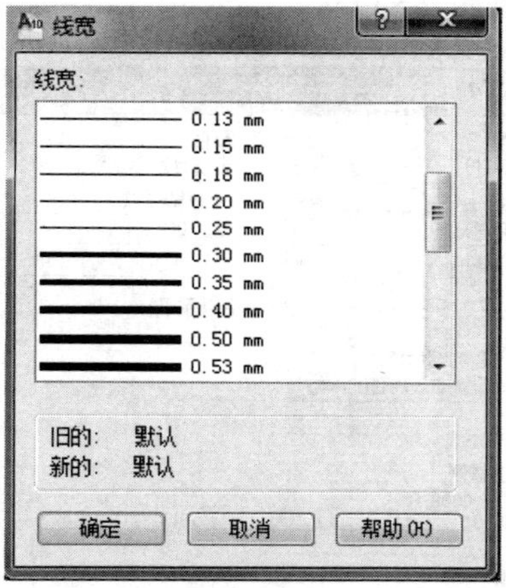

图 2-7　“线宽”对话框

2)图层的其他操作

Command:LAYER

弹出“图层特性管理器”对话框。单击命名图层过滤器下拉箭头,框中显示图中所有图层,列表将显示图中的所有图层名及各种特性。

再次单击命名图层过滤器下拉箭头,框中显示正在使用的图层,将显示正在使用的当前图层名及各种特性。

在文本框中如果要把某一图层消除则选取该图层名,使其变为高亮显示,再单击“删除”按钮,此图层即被删除。

在文本框中选取一个图层名使其变为高亮显示,然后单击“当前”按钮,此图层就成了当前图层。

在对话框的文本框中列表显示的各图层名后面还列出该图层状态属性,这些特性设置如下。

(1)图层打开 ON:用一灯泡发亮表示。该图层上的图形可在屏幕上显示和输出。

(2)图层关闭 OFF:灯灭。该图层上的实体为不可见,也不能打印和输出。

(3)图层解冻 Thaw:用一太阳表示。图层上的图形能显示并参与 Regen 图形重新生成的计算。

(4)图层冻结 Freeze:用一雪花表示。图层冻结时图形不能显示,并且不参与 Regen 图形重新生成时的计算。

(5)图层锁定 Lock:用一把关闭的锁表示。图层被锁定后能显示,但不能绘图与编辑。

(6)图层解锁 Unlock:用一把开着的锁表示。图层恢复正常状态。

四、绘图单位、绘图界限的设置

1. 绘图单位

在机械制图中,长度用十进制,精度为 0.00,角度也用十进制,精度为 0。其操作如下。

Command:Ddunits

弹出"图形单位"对话框(见图 2-8)。

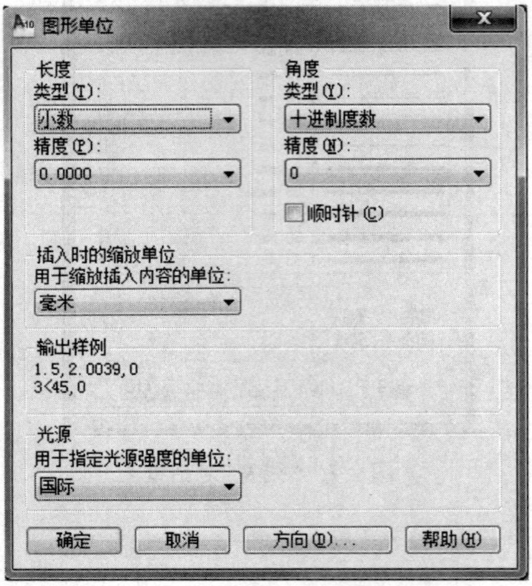

图 2-8 "图形单位"对话框

长度类型选择精度(P)十进制(系统默认单位)。单击右面的箭头,弹出下拉列表供改变类型的内容。选精度(P)为 0.00。单击右面的箭头,弹出下拉列表,有各种精度可供选择。

角度类型选择十进制度数。选精度为 0。单击"确定"按钮结束绘图单位设置。

2. 绘图界限

是指屏幕上绘图区域的相对大小。因为屏幕上的绘图窗口绝对尺寸不能扩大,所以画大图或小图都限制在同一窗口的范围内。其操作如下。

Command:Limits

根据命令行提示输入窗口左下角点的坐标和窗口右上角点的坐标,如 3 号图纸(A3),则可输入左下角(0,0),右上角(420,297)。

2.1.2 AutoCAD 的基本操作

一、AutoCAD 命令输入

AutoCAD 有 3 种命令输入方式，即使用工具栏按钮、下拉菜单和键盘将命令输入命令窗口。

1)鼠标的使用

鼠标是用来控制光标和屏幕指针的，当移动鼠标时，光标就作相应的移动。在绘图用的图形窗口，光标通常成十字形。当光标移动到对话框、工具栏、下拉菜单时，光标就成空心箭头。

对于常用的两个按键的鼠标来讲，左、右两个按键的定义如下：左键一般是拾取键，主要用于选取实体、单击对象和选择菜单项；右键一般是弹出键，主要用于在光标处弹出光标菜单。

对于有 3 个按键的鼠标来讲，左、中、右 3 个按键的定义如下：左键一般是拾取键，主要用于选取实体、单击对象和选择菜单项；右键用于弹出快捷菜单，并相当于回车；中键一般是弹出键，主要用于在光标处弹出光标菜单。

2)使用工具栏按钮输入命令

在 24 个由图形符号组成的工具栏中，其每一小格都是 AutoCAD 命令的触发器，用拾取键单击这些按钮，就执行相应的命令。这与用键盘输入相应的命令的功能完全相同，且方便快捷。

3)使用下拉菜单输入命令

把鼠标指针移到下拉菜单名上，并单击左键即可打开该菜单。菜单项中右面带“▶”符号的表示该菜单项有下一级的子菜单。右面带“…”的菜单项表示如选择该菜单项后，将显示一个对话框。单击所需的命令菜单，就可控制操作。这个方法也很方便、快捷。

4)使用键盘输入命令

在命令窗口中，用键盘输入命令。在命令窗口提示区出现“Command:”时，用键盘将命令(或缩写)字母输入到“Command:”的后面，回车后 AutoCAD 就执行该命令。有些命令需要参数，这些参数根据提示项的提示，用键盘输入在提示项的后面。这个方法较原始，速度也没有用下拉菜单或用工具栏按钮输入快捷。

二、点的捕捉

手工绘图时要用直尺、圆规等工具目测定位一个点，利用这些点来画图，如交点和切点等。绘图的精确与否，其首要条件就是要精确定下点的位置。

在 AutoCAD 屏幕上画图，已完全抛弃了三角板、丁字尺、圆规，要想用目测来确定交点和切点，这是不可能的。因此 AutoCAD 提供了对象捕捉功能(Osnap)。可通过状态栏设置自动捕捉，也可通过输入快捷命令或选择对象捕捉工具栏实现临时捕捉。

临时捕捉方式，它可在绘图的命令提示后面，输入捕捉类别的前3个字母，屏幕上就出现“□”捕捉框，用捕捉框框住目标，单击鼠标左键即可捕捉到所需要的点。其常用捕捉类别有以下一些。

(1)ENDpoint：捕捉直线或圆弧的端点。

(2)MIDpoint：捕捉直线或圆弧的中点。

(3)INTsersection：捕捉直线间或直线与圆、圆与圆的交点。

(4)APParent：捕捉视线交点。

(5)EXTersion：捕捉延伸点。

(6)CENter：捕捉圆或圆弧的中心点。

(7)QUAdrant：：捕捉圆上左、右、上、下4个象限点。

(8)TANgent：：捕捉圆弧上一点，使其与另一点连成的直线与圆弧相切。或在两圆弧上各取一点，其连线与两圆弧相切。

(9)PERpendicular：捕捉垂足，过直线或圆弧外一点，求直线的垂足或该点与圆心连线与圆弧的交点。

(10)PARallel：捕捉平行点。

(11)INSertion：捕捉文本或块的插入点。

(12)NODe：捕捉节点，即用 point 命令等画出的点。

(13)NEArest：捕捉最近点。

在 AutoCAD 中，自动追踪功能是一个非常有用的辅助绘图工具，使用它可按指定角度绘制对象，或者绘制与其他对象有特定关系的对象。自动追踪功能分极轴追踪和对象捕捉追踪两种。

极轴追踪是按事先给定的角度增量来追踪特征点，而对象捕捉追踪则按与对象的某种特定关系来追踪，这种特定的关系确定了一个用户事先并不知道的角度。也就是说，如果事先知道要追踪的方向（角度），则使用极轴追踪；如果用户事先不知道具体的追踪方向（角度），但知道与其他对象的某种关系（如相交），则用对象捕捉追踪。极轴追踪和对象捕捉追踪可以同时使用。

注意：对象追踪必须与对象捕捉同时工作。也就是在追踪对象捕捉到点之前，必须先打开对象捕捉功能。

1)极轴追踪设置

极轴追踪功能可以在系统要求指定一个点时，按预先设置的角度增量显示一条无限延伸的辅助线（这是一条虚线），这时就可以沿辅助线追踪得到光标点。

要对极轴追踪和对象捕捉追踪进行设置，可在“草图设置”对话框的“极轴追踪”选项卡中设置。

2)对象捕捉追踪设置

可以沿指定方向（称为对齐路径）按指定角度或与其他对象的指定关系绘制对象。

注意：打开正交模式，光标将被限制沿水平或垂直方向移动。因此，正交模式和极轴追踪模式不能同时打开，若一个打开，另一个将自动关闭。

三、实体(对象)选择

在画图时每条命令，例如，连续画几根直线、画圆或圆弧所产生的图形都产生各自的实体；但一个由多条命令画出的图形，我们把它看成一个整体(实体或对象)时，必须用实体选择方式处理。

在 AutoCAD 中，用户可以先输入命令，后选择要编辑的对象；也可以先选择对象，然后进行编辑，这两种方法用户可以结合自己的习惯和命令要求灵活使用。为了编辑方便，将一些对象选择组成一组，这些对象可以是一个，也可以是多个，称之为选择集。用户在进行复制、粘贴等编辑操作时，都需要选择对象，也就是构造选择集。建立了一个选择集以后，可以将这一组对象作为一个整体进行操作。需要选择对象时，在命令行有提示，比如“选择对象：”。根据命令的要求，用户选取线段、圆弧等对象，以进行后面的操作。

下面介绍构造选择集的 3 种方式：单击对象直接选择、窗口选择和交叉窗口选择。

1)单击对象直接选择

当命令行提示“选择对象：”时，绘图区出现拾取框光标，将光标移动到某个图形对象上，单击鼠标左键，则可以选择与光标有公共点的图形对象，被选中的对象呈高亮显示。单击对象直接选择方式适合构造选择集的对象较少的情况。如图 2-9 所示为用鼠标单击选择圆形。

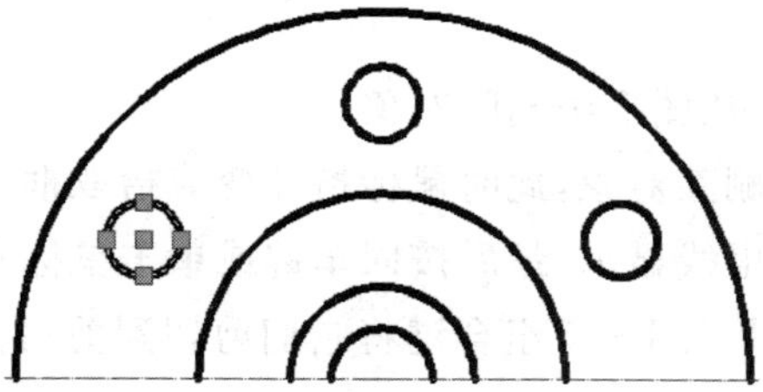

图 2-9　单击选择对象

2)窗口选择

当需要选择的对象较多时，可以使用窗口选择方式，这种选择方式与 Windows 的窗口选择类似。首先在对象左侧单击鼠标左键，将光标向右方拖动，再次单击鼠标左键，形成选择框，选择框呈实线显示，被选择框完全包含的对象将被选择。如图 2-10 所示为窗口选择两个圆形。

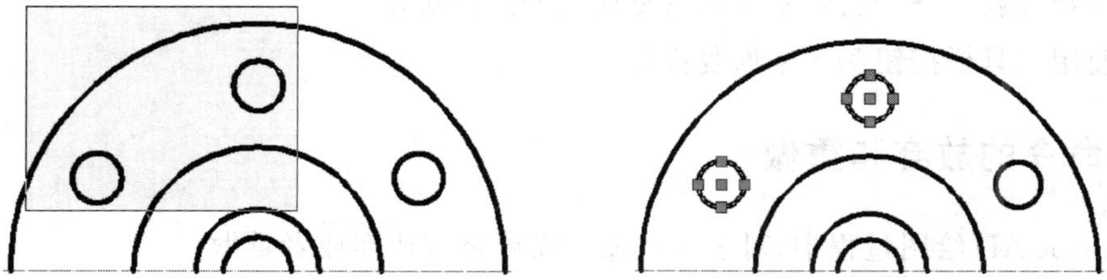

图 2-10　窗口选择

3)交叉窗口选择

交叉窗口选择与窗口选择方式类似,所不同的是光标从右往左移动形成选择框,选择框呈虚线,只要与交叉窗口相交或者被交叉窗口包含的对象,都将被选择。如图 2-11 所示为交叉窗口选择三个弧形、两个圆形。

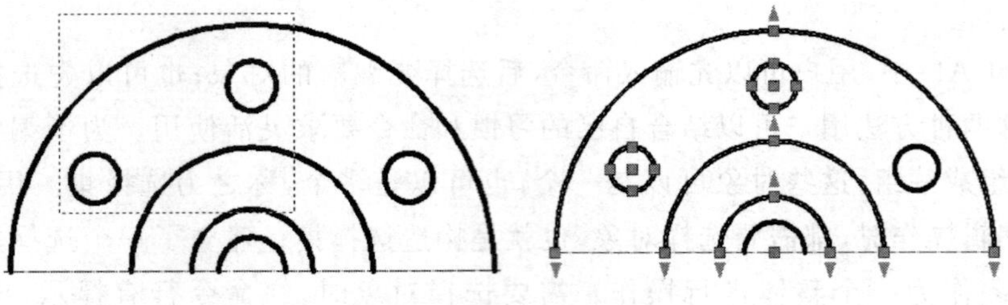

图 2-11 交叉窗口选择

选择对象的方法有很多种,当对象处于被选择状态时,该对象呈高亮显示。如果是先选择后编辑,则被选择的对象上还出现控制点。

四、图形的删除和恢复

在实际绘图的过程中,经常会出现一些失误或错误,这时就需要对图形作一些删除。有时会进行一些误删除,这时需要对图形进行恢复。在 AutoCAD 2010 中,图形的删除和恢复是很方便和简单的。

可以使用以下 5 种方法从图形中删除对象。

(1)使用 ERASE 命令删除对象,此时鼠标指针变成拾取框,移动该拾取框,依次单击要删除的对象,这些对象将以虚线显示,最后按回车键或单击鼠标右键,即可删除选中的对象。

(2)选择对象,然后使用 Ctrl+X 组合键将它们剪切到剪贴板。

(3)选择对象,然后按 Delete 键。

(4)选择对象,在面板上单击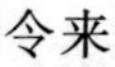按钮删除对象。

(5)选择对象,在菜单栏上依次选择“编辑”→“清除”命令删除对象。

可以使用以下 4 种方式恢复操作。

(1)使用 AutoCAD 提供的 OOPS 命令将误删除的图形对象进行恢复。但此命令只能恢复上一次删除的对象。

(2)使用 UNDO 命令恢复误删的图形对象。

(3)选择“编辑”→“放弃”命令来恢复误删的图形对象。

(4)使用工具栏按钮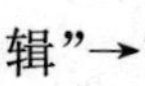来恢复操作。

五、命令的放弃和重做

在 AutoCAD 绘图过程中,对于某些命令需要将其放弃或者重做。

1.命令的放弃

在菜单栏中选择“编辑”→“放弃”命令;或者单击“编辑”工具栏中的“放弃”按钮;或

者在绘图区中单击鼠标右键，在弹出的快捷菜单中选择“放弃”命令；或者在命令窗口中输入 UNDO 命令后按回车键，均可执行“放弃”命令。

2. 命令的重做

已被撤销的命令还可以恢复重做。

常用的调用“重做”命令的方法如下。

(1)选择菜单栏中的“编辑”→“重做”命令。

(2)单击“编辑”工具栏中的“重做”按钮。

(3)绘图区中单击鼠标右键，选择“重做”命令。

(4)在命令窗口中输入 MREDO 命令后按回车键。

六、图形的显示控制

视图操作是 AutoCAD 二维制图的基础，视图决定了图形在绘图区的视觉形状和其他特征。通过视图操作，用户可以通过各种手段来观察图形对象。

1. 图形的重画和重生成

在 AutoCAD 中，“重画”、“重生成”和“全部重生成”命令可以控制视口的刷新以重画和重生成图形，从而优化图形。这 3 种方式的执行方法如下。

(1)选择“视图”→“重画”命令，可以刷新显示所有视口，清除屏幕上的临时标记。

(2)选择“视图”→“重生成”命令，或者在命令行中输入 REGEN，可以从当前视口重生成整个图形，在当前视口中重生成整个图形并重新计算所有对象的屏幕坐标，还重新创建图形数据库索引，从而优化显示和对象选择的性能。更新的是当前视口。

(3)选择“视图”→“全部重生成”命令，或者在命令行中输入 REGENALL，可以重生成图形并刷新所有视口，在所有视口中重生成整个图形并重新计算所有对象的屏幕坐标，还重新创建图形数据库索引，从而优化显示和对象选择的性能。更新的是所有视口。

2. 图形的缩放

选择“视图”→“缩放”命令，在弹出的子菜单中选择合适的命令，或单击如图 2-12 所示的“缩放”工具栏中合适的按钮，或者在命令行中输入 ZOOM 命令，都可以执行相应的视图缩放操作。

图 2-12 “缩放”工具栏

在命令行中输入 ZOOM 命令，命令行提示如下。

命令：ZOOM

指定窗口的角点，输入比例因子(nX 或 nXP)，或者

[全部(A)/中心(C)/动态(D)/范围(E)/上一个(P)/比例(S)/窗口(W)/对象(O)] <实时>：

命令行中不同的选项代表了不同的缩放方法，下面介绍几种常用的缩放方式。

1)实时

执行实时缩放有以下 3 种方式。

(1)在“缩放”子菜单中选择“实时”选项。

(2)在“标准”工具栏中单击“实时”按钮。

(3)在命令行中输入 ZOOM 命令，执行后直接按回车键。

执行上述操作后，鼠标指针将呈形状。按住鼠标左键向上拖动是放大图形，反向拖动为缩小图形。

2)上一个

在“缩放”子菜单中选择“上一步”选项，或在“标准”工具栏中单击按钮，或者在命令行里输入 P，即可恢复到上一个窗口画面。

3)窗口

在“缩放”子菜单中选择“窗口”选项，或在“标准”工具栏中单击按钮进入窗口缩放模式，或者在命令行中输入 W，命令行提示：

指定第一角点：　　　　　　　//指定缩放窗口第一角点

指定对角点：　　　　　　　　//指定缩放窗口对角点

在绘图窗口中指定另一点作为对角点，确定一个矩形。系统就会将矩形内的图形放大至整个屏幕。

4)比例

在“缩放”子菜单中选择“比例”选项，或在命令行里输入 S，命令行出现以下提示：

命令：'_zoom

指定窗口的角点，输入比例因子(nX 或 nXP)，或者

[全部(A)/中心(C)/动态(D)/范围(E)/上一个(P)/比例(S)/窗口(W)/对象(O)]＜实时＞：_s

输入比例因子(nX 或 nXP)：//输入选择项

在命令行提示下，有以下 3 种方法来进行比例缩放。

(1)相对当前视图：在输入的比例值后输入 X，例如，输入 2X 就会以 2 倍尺寸显示当前视图。

(2)相对图形界限：直接输入一个不带后缀的比例因子作为缩放比例，并适用于整个图形，例如，输入 2 就可以把原来的图形放大 2 倍显示。

(3)相对图纸空间单位：该方法适用于在布局工作中输入别的比例值后加上 XP，它指定了相对于当前图纸空间按比例缩放视图，并可以用来在打印前缩放视口。

七、图形的平移

单击“标准”工具栏或者状态栏中的“实时平移”按钮，或选择“视图”→“平移”→“实时”命令，或在命令行中输入 PAN，然后按回车键，光标都将变成手形，用户可以对图形对象进行实时平移。

2.2 AutoCAD 的基本绘图与编辑命令

2.2.1 AutoCAD 基本绘图命令

无论是简单图形，还是复杂图形，它都是由直线、圆、圆弧等组成的。只要熟练地掌握 AutoCAD 的基本绘图命令(工具)，就能绘制出机械图样。在下拉菜单“绘图”中列出所有的绘图命令，在“绘图”工具栏中也以图标形式形象地列出了绘图命令，如图 2-13 所示。

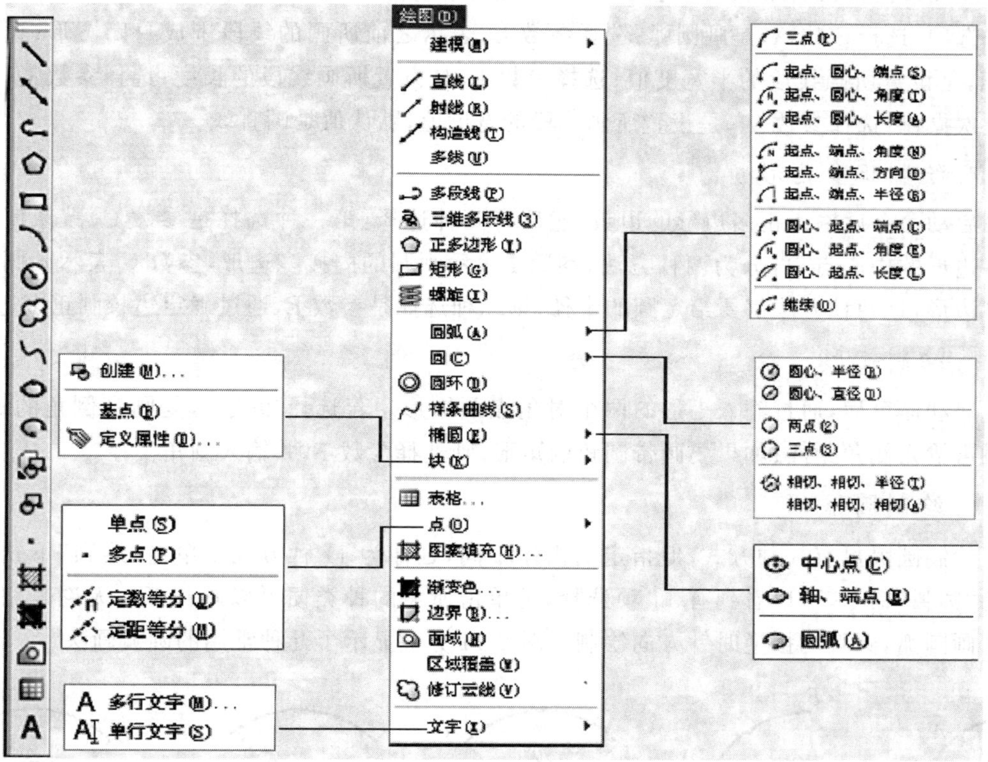

图 2-13 基本“绘图”工具栏与下拉菜单

启动命令有 3 种方法：一是直接单击工具栏中的图标(常用)；二是单击下拉菜单后再选择相应的菜单命令；三是在命令行或动态显示区中直接输入命令的英文全称或快捷键命令(需熟悉命令)。

1. 绘制直线

启动命令后首先输入直线的起始点(输入该点的绝对坐标或任意位置单击)，命令输入及显示区提示下一点后输入直线的另一端点(输入该点的绝对坐标或相对坐标)，并且该点也是下一直线的起点，依次下去直到回车后结束。更多的情况是根据直线的长度画图，确定起点后,光标拖动以确定直线的方向(需状态栏中的"极轴追踪"打开并设置其极轴的增量角),同时输入直线的长度。当选择直线命令中的参数C时,之前所画直线将形成封闭图形;选择参数U时,取消上一次操作。

2. 绘制构造线

构造线是两端无线延长的直线,用作绘图时的辅助线,如用于保证画三视图时长、宽、高的"三等"关系。启动命令后有5种选项:选择参数H,表示所画的构造线为水平线;选择参数V,表示所画的构造线为垂直线;选择参数A,表示所画的构造线是与水平方向成定角度的倾斜线;选择参数B,表示所画的构造线为指定角度的平分线;选择参数O,表示所画的构造线是与指定直线保持定距离的平行线。

3. 绘制多段线

多段线由多段直线和圆弧组合而成,但是是作为一个实体对象处理的。启动命令后有多种选项:选择参数A,是画圆弧;选择参数C,表示之前所画的线段围成封闭图形;选择参数H,是设置所画线段的半宽度值;选择参数L,是设置所画线段的长度;选择参数U,是取消上次操作;选择参数W,是设置所画线段的宽度值,默认值是画直线。

4. 绘制正多边形

启动命令后输入正多边形的边数,然后有两种选择:第一种选择是参数C(默认值),确定多边形的中心点,再分为两种方法,参数I表示画圆的内接多边形,参数C表示画圆的外切多边形,这两种方法都要给定圆的半径;第二种选择是参数E,通过确定边长画正多边形。

5. 绘制矩形

启动命令后,通过输入矩形的两个对角点画矩形。若选择参数C,是画带倒角的矩形,此时再输入倒角距离;如果要画带圆角的矩形,则选择参数F,并输入圆角半径。

6. 绘制圆弧

绘制圆弧可有8种方式,但指定的次序不同,延伸为11种方式。单击"绘圆"下拉菜单中的"圆弧"命令,可以看到有11项选择,再单击所需的种类便可以画圆弧。无论是用哪种方法画圆弧,圆弧均按逆时针方向绘制。图2-14分别显示了几种常用的圆弧画法。

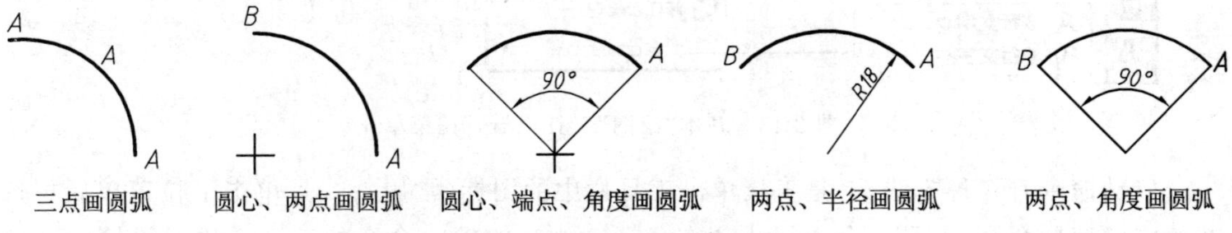

图2-14 绘制圆弧

7. 绘制圆

单击"绘圆"下拉菜单中的"圆"命令,看到子菜单中有:根据圆心及半径画圆、根据圆心及直径画圆、根据三点画圆、根据两点画圆。"相切相切半径"是已知半径画圆并与其他两直线或圆弧相切,"相切相切相切"是根据3个相切关系画圆。

8. 绘制样条曲线

样条曲线是将一系列的点连成一根光滑的曲线。机械制图中的波浪线、截交线、相贯线可以用此命令绘制。启动命令后依次输入曲线上的点，结束点的输入后回车，再确定首末点的切线方向。

9. 绘制椭圆

启动绘制椭圆命令后，通过输入椭圆一根轴的两个端点和另一根轴的半径绘制椭圆。选择参数 C，表示通过椭圆的中心点、一根轴的一个端点和另一根轴的半径绘制椭圆；选择参数 A，则通过输入角度画椭圆弧。

10. 图案填充

通过图案填充可以画剖视图中的剖面线。启动命令后，弹出“图案填充和渐变色”对话框，如图 2-15 所示。

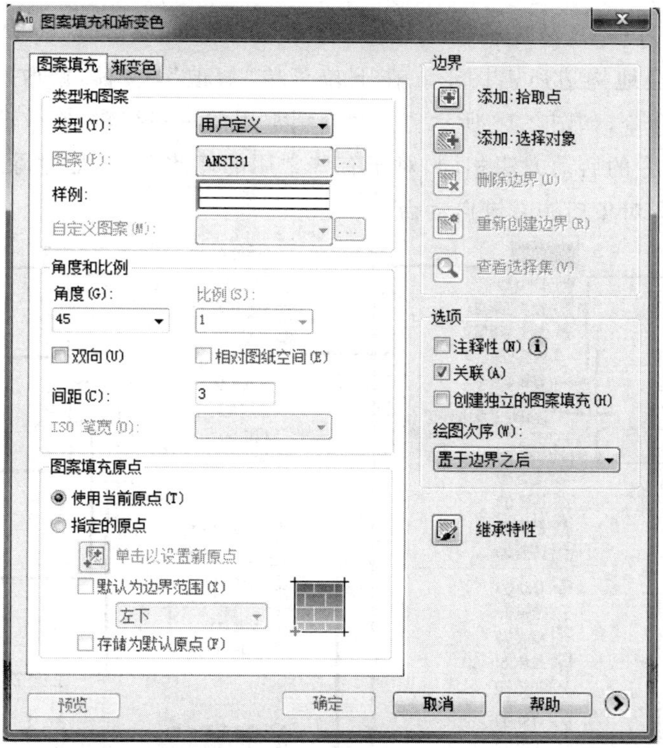

图 2-15　图案填充

单击“图案填充”选项卡，对于学习过程中使用 45°剖面线(或金属材料)，选择“类型”中的“用户定义”，并选择角度和间距；或选择“预定义”并选择图案为“ANSI31”，画右上倾斜 45°剖面线时，“角度”选择“0.00”；画左上倾斜 45°，“比例”下拉列表框中也有不同的选择，其作用是调整剖面线之间的距离。

单击对话框右面的“拾取点”按钮，回到绘图区，在需要画剖视图的区域内单击后回车，返回对话框，单击“预览”按钮，可预览填充效果，若不满意，重新调整参数。单击“确定”按钮后完成图案填充。要注意的是图案填充的区域必须是封闭的,若不封闭无法完成图案填充。

11. 输入文字

单击“绘图”下拉菜单中的“文字”命令,有两项子菜单:单行文字和多行文字。利用“单行文字”命令也可以输入多行文字,但每一行各自为独立的对象。利用“多行文字”命令输入的文字作为一个对象。启动“单行文字”命令后,要确定文字的起点、高度和旋转角度。命令中的选项 J 表示文字对正的方式,共有 12 种;选项 S 表示输入之前设置的文字样式名。

启动“多行文字”命令后,会弹出多行文字编辑器,可选择或输入文字样式、字体、字高等。

文字样式的设置在后面的尺寸标注中介绍。

2.2.2 AutoCAD 常用修改命令

在绘制图形的过程中,经常需要对图形进行修改与编辑,如修剪、移动、旋转、复制、缩放等,帮助使用者合理地构造所需图形。在下拉菜单“修改”,或者“修改”工具栏中列出了 AutoCAD 的修改命令,如图 2-16 所示。下面介绍常用的一些编辑、修改命令。启动修改命令的方法和绘图命令的启动方法相同,对于有些常用的修改命令,如删除、移动、复制、缩放等,可以在选中图形对象后按右键启动命令。

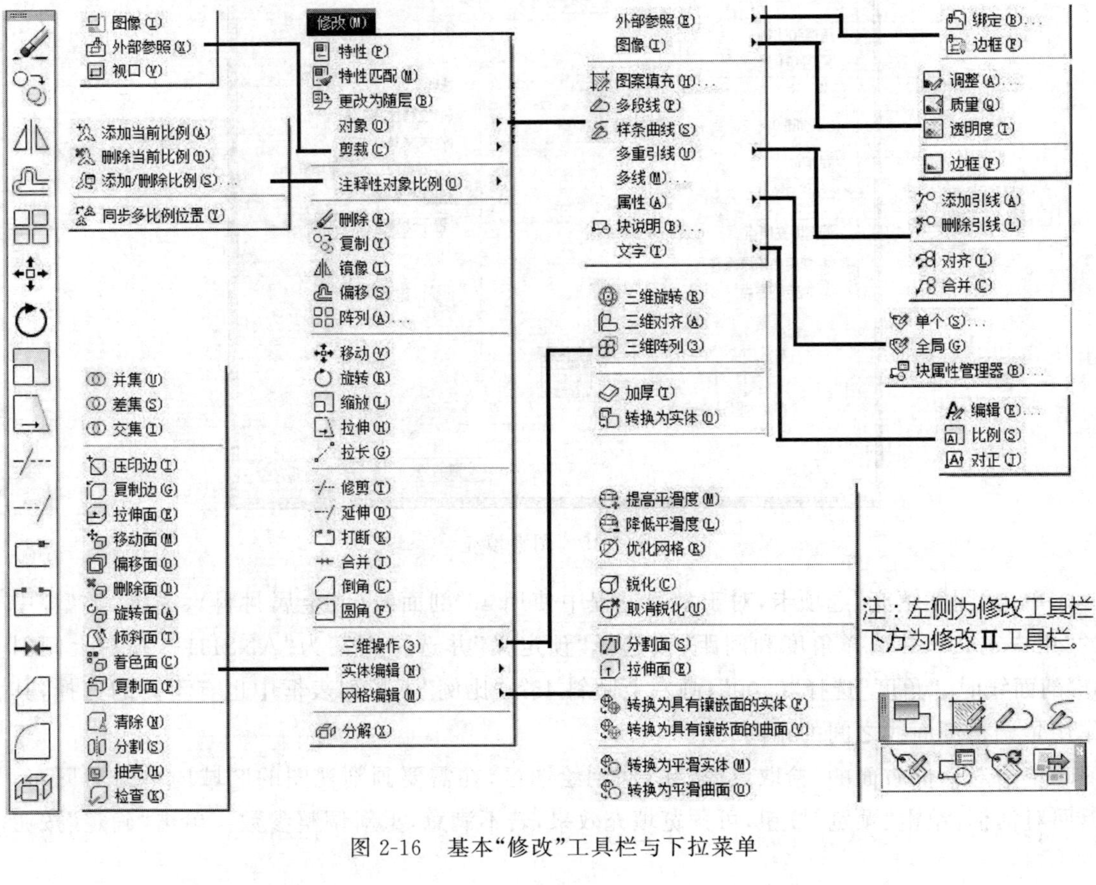

图 2-16 基本“修改”工具栏与下拉菜单

1. 移动(或复制)图形

启动移动或复制命令后，单击或框选要移动(或复制)的实体，选取结束后回车；在适当位置选取一点作为基准点，再在新的位置上单击，这样图形就移动(或复制)到了新位置。也可以在选择完要移动(或复制)的实体后，输入移动(或复制)的距离，也能使图形移动(或复制)到新位置。

2. 镜像复制图形

对于一些对称的图形，可以画一半，而另一半用镜像复制图形的方法来获得。启动命令后选择要复制的镜像实体，选取结束回车；然后确定镜像对称线上的第一个点，再确定镜像对称线上的另一个点。可以保留或删去原来的图形，输入 N(默认值)是保留，输入 Y 是删去原来的图形，只留下镜像后的图形。

3. 偏移复制图形

利用偏移命令可以画平行线、同心圆等等距图形实体。启动命令后有两种方式偏移：一种方式是输入偏移的距离(也可以单击两个点，AutoCAD 会自动测量两点距离)后，选取要偏移的图形实体，并在复制后放置图形的那一侧单击，就完成了偏移复制；另一种方式是不指定距离，而是使偏移的图形经过某个点，此时输入 T，再选取要偏移的图形实体，并单击要经过的点，也可以完成偏移复制。

4. 阵列复制图形

通过阵列复制图形，可以将对象按照矩形或环形分布，建立多个拷贝。启动命令后弹出“阵列”对话框，若选中“矩形阵列”单选按钮(见图 2-17)，则输入行数和列数，以及行距和列距，再单击“选择对象”按钮，回到绘图区，选取要阵列的对象并回车，又返回对话框，单击“确定”按钮后完成阵列。若选中“环形阵列”单选按钮，对话框会提示输入中心点、项目总数、填充角度等(见图 2-18)。例如，要画出图 2-19 中的槽轮，首先按尺寸画中心线、U 槽和圆弧，如图 2-19(a)粗线所示，启动阵列命令，在“阵列”对话框中，单击“中心点”右边的按钮，回到

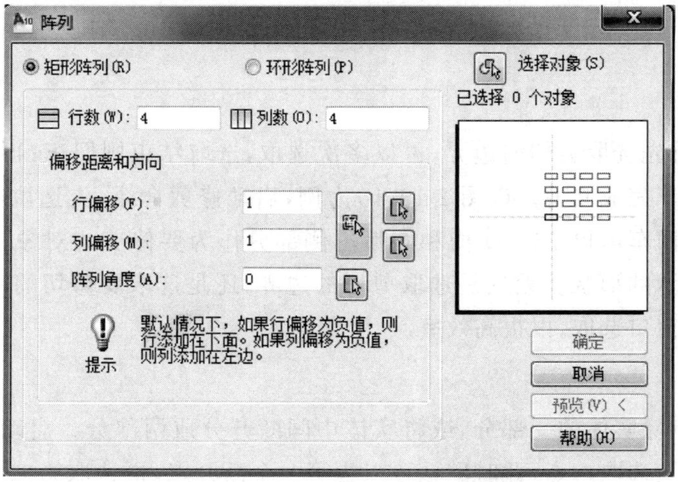

图 2-17　矩形阵列

绘图区，捕捉小圆定位圆ϕ28 的圆心，返回对话框，项目总数为 6，填充角度为 360，并将“复制时旋转项目”复选框选中，然后单击“选择对象”按钮，再回到绘图区，选取 U 槽和圆弧，确定后便画出了如图 2-19(b)所示的 6 个 U 槽和圆弧。

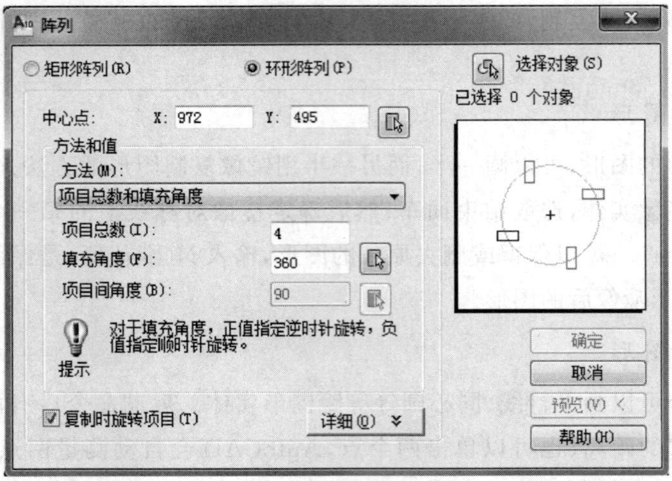

图 2-18 环行阵列

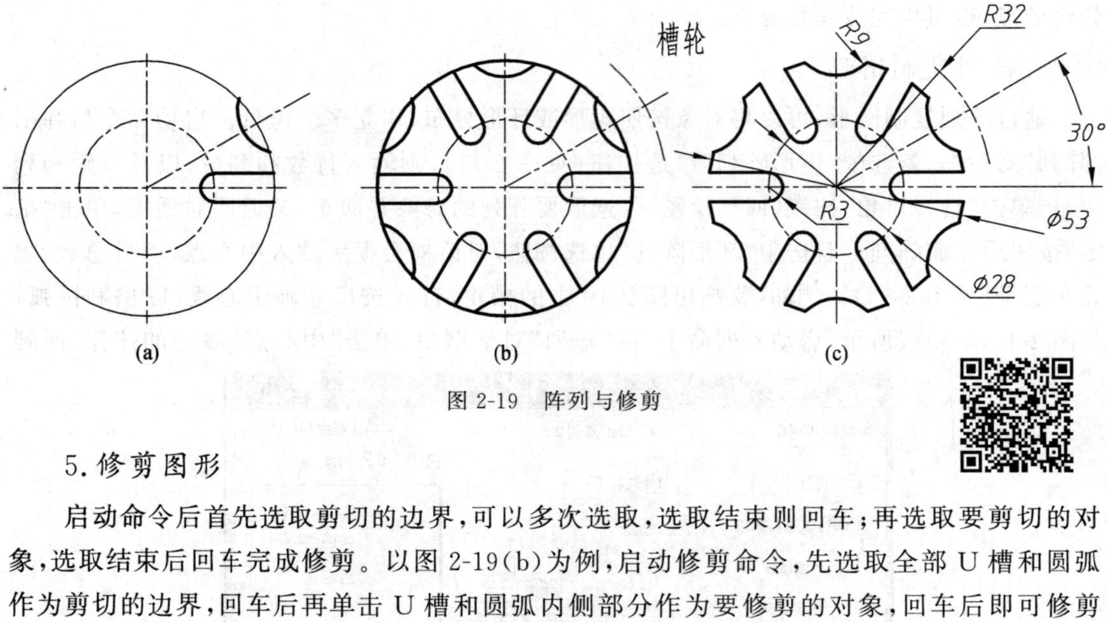

图 2-19 阵列与修剪

5. 修剪图形

启动命令后首先选取剪切的边界，可以多次选取，选取结束则回车；再选取要剪切的对象，选取结束后回车完成修剪。以图 2-19(b)为例，启动修剪命令，先选取全部 U 槽和圆弧作为剪切的边界，回车后再单击 U 槽和圆弧内侧部分作为要修剪的对象，回车后即可修剪成如图 2-19(c)所示的形状。无论是选取剪切的边界，还是选取要剪切的图线，若选取的对象较多时，可以用窗口选取，以提高效率。

6. 切断图形

该命令可以删除实体的一部分，或将实体中间断开分成两部分。启动命令后选择要切断的对象，在对象上选取一点，此时默认该点为第一个断开点，再选取第二个断开点，这样第一个点和第二个点之间断开并删除。若要另外拾取第一个断开点，则指定选项 F(选择切断的对象后输入 F),再依次选取第一个断开点和第二个断开点。如果在输入第二个断开点时输入@,对象将在第一个断开点处断开,但不删除任何部分。当切断命令用于圆时,系统将从第一个断开点按逆时针方向,至第二个断开点之间断开并删除,使圆变成了一个弧。

7. 打断于点与合并

打断于点的命令可以将一个实体变为两个实体,合并命令则将两个实体变为一个实体。用“打断于点”命令时,首先选择要打断的实体,再选择实体上的一点作为分界点。

8. 倒角与圆角

启动命令,假如倒角的尺寸之前已定好,直接选取要被倒角的实体。命令中有几个选项:选项 P 用于在多段线的所有顶点处产生倒角;选项 A 用于确定一条倒角边的长度和角度;选项 T 用于确定实体倒角后是否被裁剪。

圆角命令可以将用直线、圆或圆弧以及椭圆命令所画的两个实体光滑地连接起来;也可以在多段线或正多边形相邻线段之间产生等半径圆弧。命令中选项 P 用于在多段线的所有顶点处倒圆角;选项 R 用于确定圆角半径;选项 T 用于确定实体倒圆角后是否被裁剪。

9. 分解实体

用分解命令可以将用多段线或正多边形命令所画的图形分解开来。例如,用正多边形命令所画的一个正六边形是一个实体,使用分解命令后正六边形变为 6 个实体,即 6 条直线。分解命令还可以将面域命令组合后的图形分解。

2.3 二维图形的绘制

2.3.1 平面图形的绘制

以圆弧连接为例,按照图 2-20(h)给定的尺寸绘制平面图形,其作图步骤如下。

(1)画Φ76 圆的中心线:将“点画线”层设置为当前层。单击“绘图”工具栏中的“直线”按钮,在适当位置单击作为第一点,向右移动光标,输入 200,回车;再回车(重复“直线”命令),确定垂直中心线起点,向下移动光标,输入 150,回车。

(2)偏移中心线:单击“绘图”工具栏中的“偏移”按钮,输入 116(长圆右侧中心位置)回车,单击铅垂中心线后单击其右侧画出平行铅垂中心线;回车重复“偏移”命令,输入 68,回车,单击刚生成的铅垂中心线后单击其左侧画出长圆左侧的垂直中心线;再回车,输入 64,回车,单击水平中心线,单击其下侧画出长圆的水平中心线,如图 2-20(a)所示。

(3)画圆:切换到“粗实线”层(也可图形全部完成后再修改图线层),单击“绘图”工具栏中的“画圆”按钮,通过“捕捉”点画线交点,分别绘制出Φ48、Φ76 和长圆内径两端的 R14 圆(对半圆可先绘制成圆比较方便),如图 2-20(b)所示。

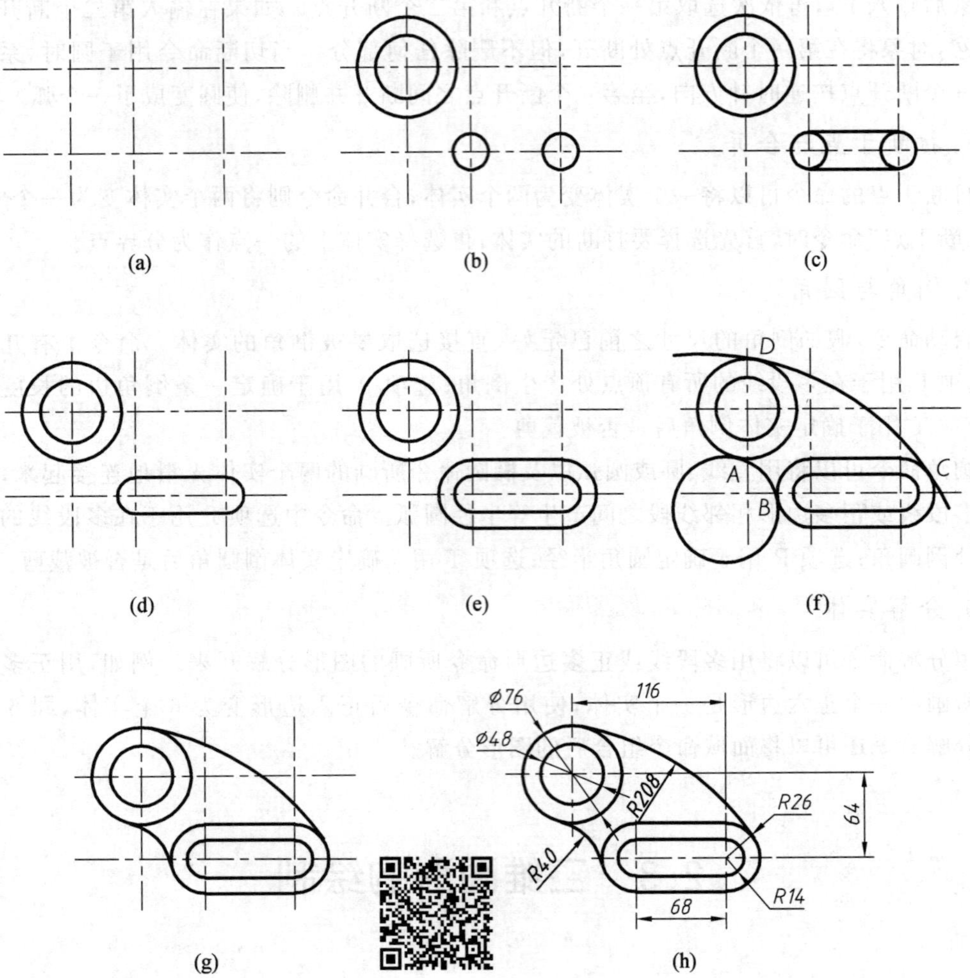

图 2-20　绘制平面图形

(4)画 $R14$ 两圆切线：单击“直线”命令，捕捉两 $R14$ 与其铅垂中心线交点画出长圆的两条水平线，如图 2-20(c)所示。

(5)剪去长圆多余线段：单击“修改”工具栏中的“修剪”按钮，选择刚绘制的两水平线为修剪边(为快速作图，可选择所有图线为修剪对象)，回车后选择 $R14$ 长圆的内侧圆弧，回车后即可剪去，如图 2-20(d)所示。

(6)画大的长圆形：单击“偏移”按钮，输入偏移值 12，选择长圆形的所有线段，单击其外侧即可画出较大的长圆形，如图 2-20(e)所示。

(7)画 $R40$ 和 $R208$ 连接弧：单击“画圆”命令，输入 T(相切、相切、半径画圆)回车，单击点 A 和点 B 并输入 40，回车完成左下角的相切圆；回车(重复画圆命令)，输入 T，回车，单击点 C 和点 D 并输入 208，回车完成右上方的相切圆，如图 2-20(f)所示。

(8)修剪多余圆弧：单击“修剪”按钮，选择所有图线为修剪对象，回车后选择要剪去的圆弧部分，回车后即可完成如图 2-20(g)所示的最终图形。

2.3.2　圆柱齿轮的绘制

以直齿圆柱齿轮为例，按照图 2-21 给定的尺寸绘制齿轮图形，其作图步骤如下。

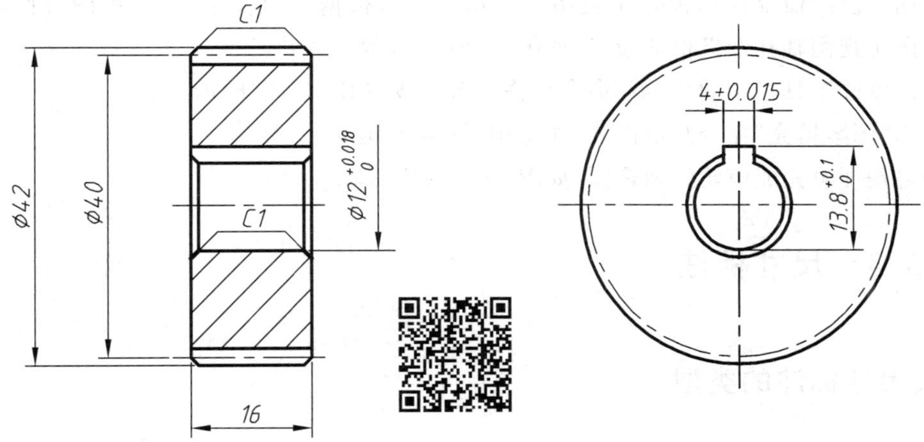

图 2-21　圆柱齿轮

(1)将“点画线”层设置为当前层，用绘图工具栏中的“直线”和“圆”命令绘制齿轮零件图中的点画线和圆，包括轴线(长度约 20)、圆中心线(长度约 46)、分度圆(φ40)。将轴线作为母线，用修改工具栏中的“复制”或“偏移”命令画分度线，如图 2-22(a)所示。

(2)另设一个层为当前层(如取名“粗实线”)。用“圆”命令绘制齿轮左视图中的齿顶圆(φ42)、轴孔圆(φ12)、倒角圆(φ14)，如图 2-22(b)所示。

(3)在已画好的轴孔圆的下端(*K* 点)，用“直线”命令画一条长度为 4 的直线，如图 2-22(c)所示。单击该直线，单击右键选“移动”，捕捉 *K* 点作为基准点，光标垂直向上移动，并输入距离 13.8，回车，完成键槽顶面投影，如图 2-22(d)所示。

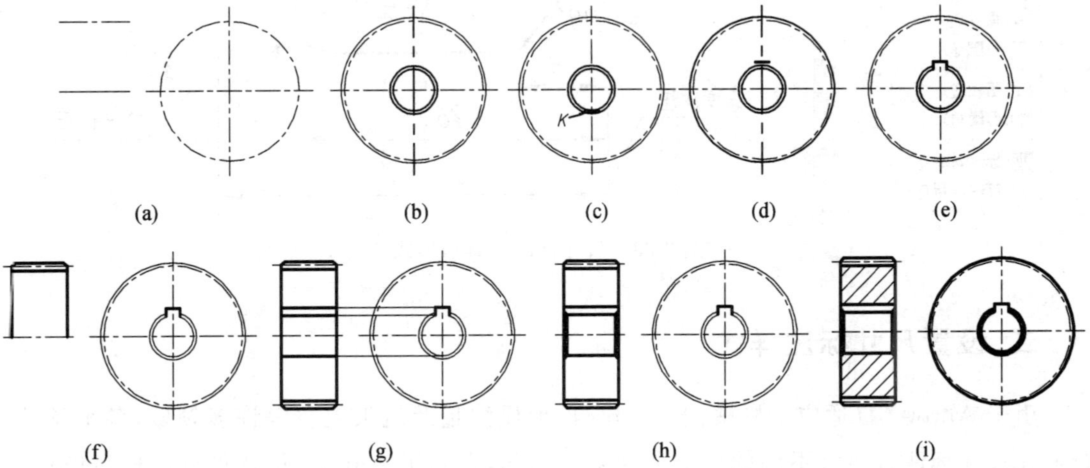

图 2-22　圆柱齿轮绘制过程

(4)用“直线”命令画键槽侧顶面投影,与轴孔圆$\phi 12$相交。用修改工具栏中的“修剪”命令剪去多余的线,如图2-22(e)所示。

(5)用“直线”命令画齿轮主视图上半部分(不包括轴孔)。用“倒角”命令画轴孔及齿顶的倒角,并用“直线”命令补全画倒角时裁剪掉的线,如图2-22(f)所示。

(6)用“镜像”命令画出齿轮主视图下半部分。再根据投影关系,从左视图开始,用“直线”命令画主视图轴孔及键槽的投影,如图2-22(g)所示。

(7)用修改工具栏中的“修剪”命令剪去多余的线,如图2-22(h)所示。

(8)用“图案填充”命令画剖面线(注意用“细实线”层)。

(9)整理即可完成齿轮的两视图,如图2-22(i)所示。

2.3.3 尺寸标注

一、尺寸标注的类型

标注尺寸是机械制图中一项重要且烦琐的工作。AutoCAD提供了许多标注尺寸的方法以适合不同形式标注。图2-23中给出了尺寸标注工具类型及常用标注形式图例。

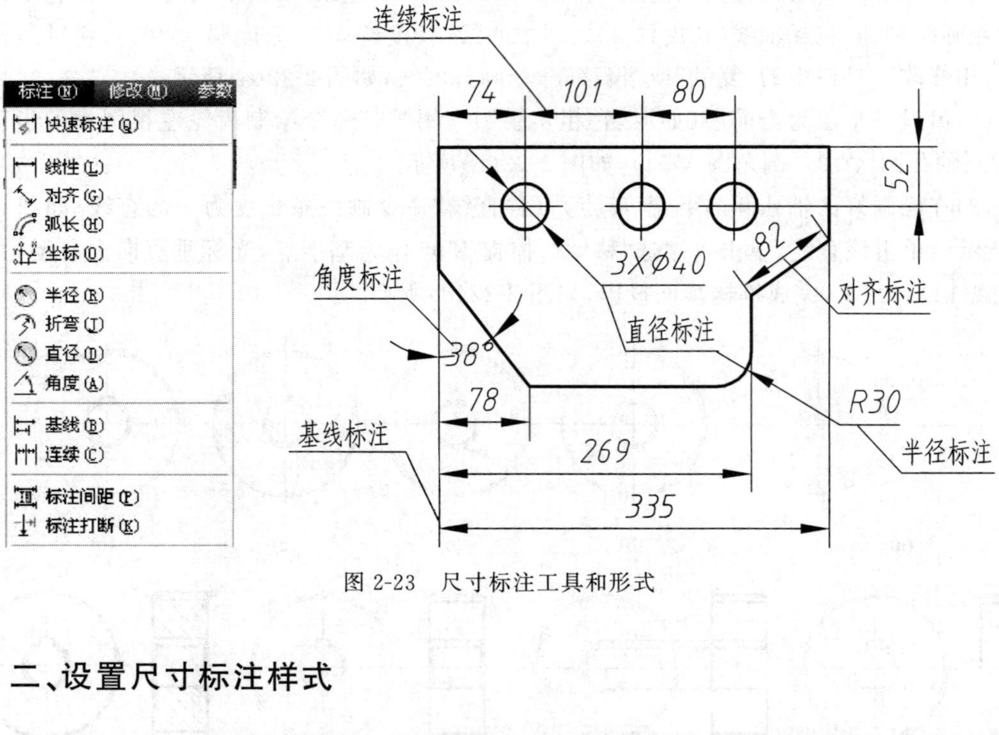

图2-23 尺寸标注工具和形式

二、设置尺寸标注样式

由于AutoCAD适应于机械、电子、建筑、地质测量及航天航空等许多领域,各个领域、行业在尺寸标注方面有不同的标准和要求。因此,在利用AutoCAD软件标注机械图样尺寸之前,必须先对尺寸标注样式进行设置,使其符合机械图样的要求。设置的内容包括:尺寸线、尺寸界线、尺寸数字、箭头等构成尺寸的几个要素。

1. 字体的设置

(1)数字与字母的设置。选择下拉菜单“格式”中的“文字样式”,弹出“文字样式”对话框(见图 2-24),单击“新建”按钮后,出现“新建文字样式”对话框(见图 2-24 中浮动框)。在“样式名”文本框中输入一个名字,如“数字与字母”,单击“确定”按钮后返回“文字样式”对话框,在这个对话框中定义标注尺寸时所用的数字与字母的样式。在“字体名”中选择择“gbeitc.shx”,并且不使用大字体。在“高度”文本框中输入 3.5,“宽度比例”文本框中输入 0.7,单击“应用”按钮。

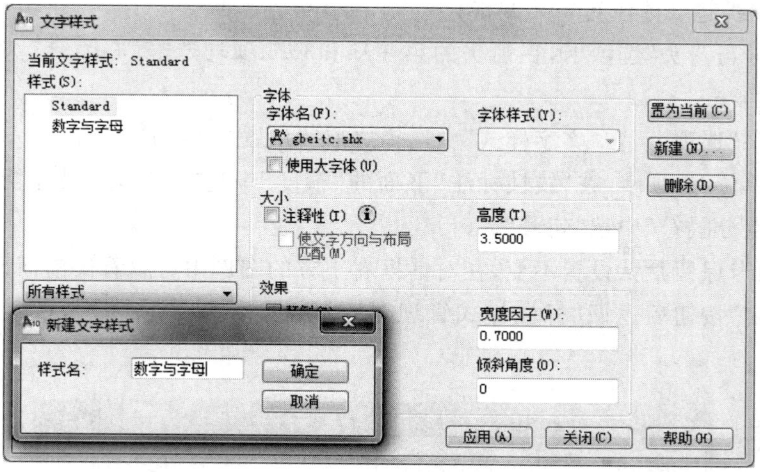

图 2-24　数字与字母设置

(2)汉字的设置。在“文字样式”对话框中,再次单击“新建”按钮,出现“新建文字样式”对话框。在“样式名”文本框中输入“汉字”(见图 2-25 中的浮动框),单击“确定”按钮后返回“文字样式”对话框,在“字体名”下拉列表中选择“仿宋体-GB2312”,在“高度”文本框中输入 5,其他选项同上,单击“应用”按钮(见图 2-25)。

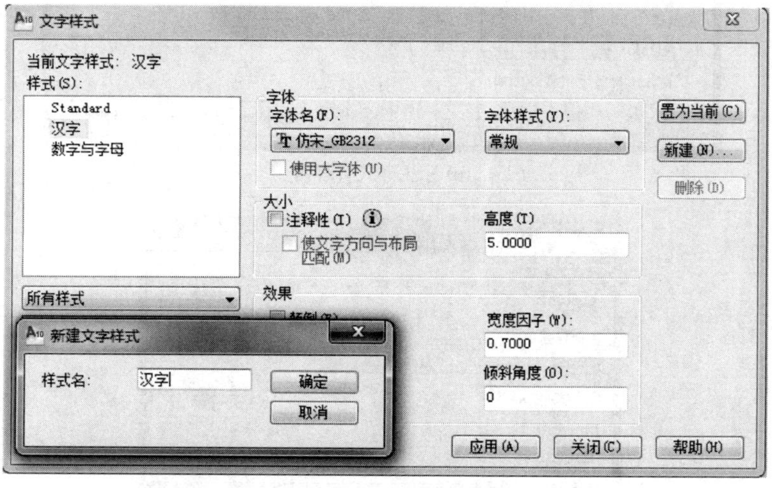

图 2-25　汉字的设置

2. 尺寸标注样式的设置

单击“标注”工具栏的单击按钮，弹出“标注样式管理器”对话框[见图 2-26(a)]，单击“新建”按钮，弹出“创建新标注样式”对话框[见图 2-26(b)]，给新标注样式取名，如“机械制图”，单击“继续”按钮后，又弹出“新建标注样式”对话框[见图 2-26(c)]，对话框上方有一排选项卡，参照机械制图的国家标准，分别对它们进行设置。

单击“线”选项卡，在“基线间距”文本框中输入 10(基线标注时尺寸线之间的距离是 10)。在“超出尺寸线”文本框中输入 2(尺寸线超出尺寸界线 2)。在“起点偏移量”文本框中输入 0(尺寸界线起点标注对象无偏移)。

单击“符号与箭头”选项卡，在箭头的第一项和第二项均选“实心闭合”。在“箭头大小”文本框中输入 4。

单击“文字”选项卡，在“文字样式”中选择之前所设置的“数字与字母”。

单击“主单位”选项卡，在“线性标注”下面的“精度”中选“0.0”，即尺寸精确到小数后一位。在“小数点分隔符”中选“句号”。

其他选项卡保留默认设置不变，在对话框右上方的图例中可以看出前面设置的结果。

单击“确定”按钮后返回“标注样式管理器”对话框[见图 2-26(d)]，在样式中已增加了“机械制图”。

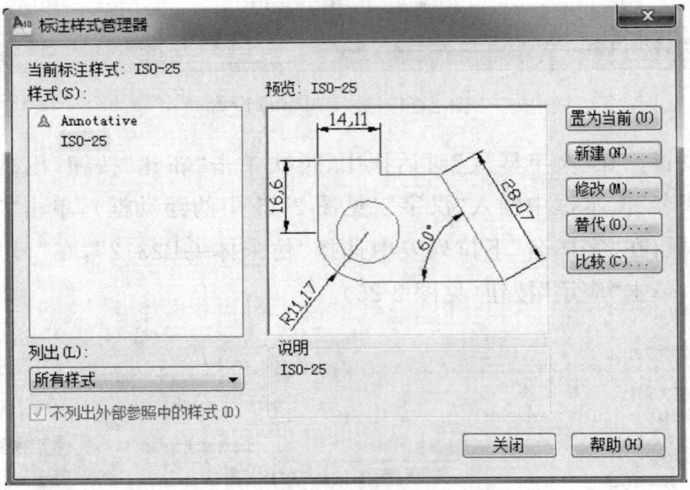

(a) 标注样式管理器

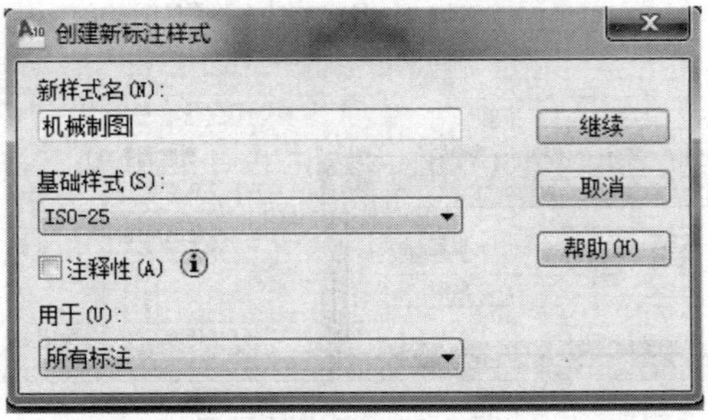

(b) 新建标注样式

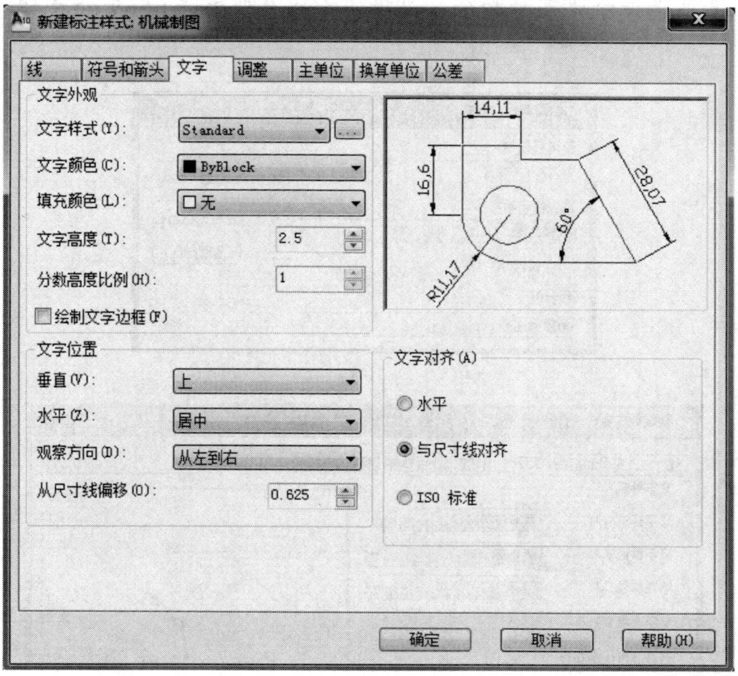

(c) 调整文字样式

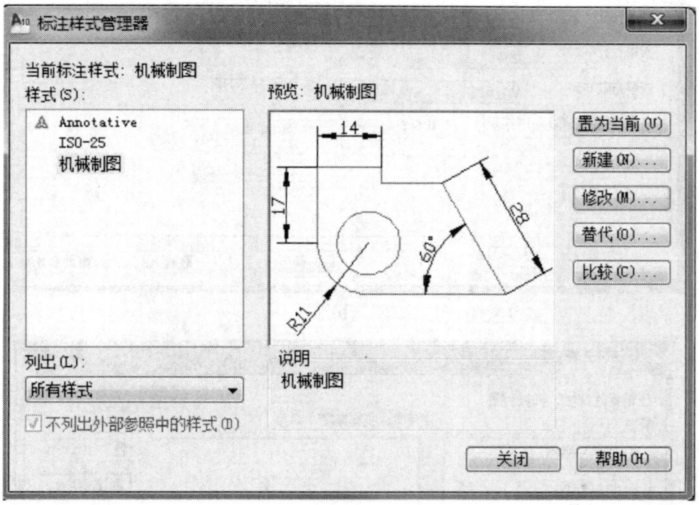

(d) 新标注样式建立完成

图 2-26　尺寸标注样式的设置

3. 标注样式的修改

在已建的“机械制图”标注样式中，角度数字的方向还不符合国家标准，为此对标注样式进行修改。单击“标注样式管理器”的“新建”按钮，弹出“创建新标注样式”对话框[见图 2-27(a)]，基础样式仍是“机械制图”，在“用于”下拉列表中选择“角度标注”，单击“继续”按钮后，又出现“新建标注样式”对话框，单击“文字”选项卡，在“文字对齐”中选择“水平”单选按钮，如图 2-27(b)所示，单击“确定”按钮，回到“标注样式”，如图 2-27(c)所示，此时角度数字的方向已作了修改。

注:以上设置可根据企业需求和个人习惯的不同有所差异;尺寸公差标注应在使用时临时设定。

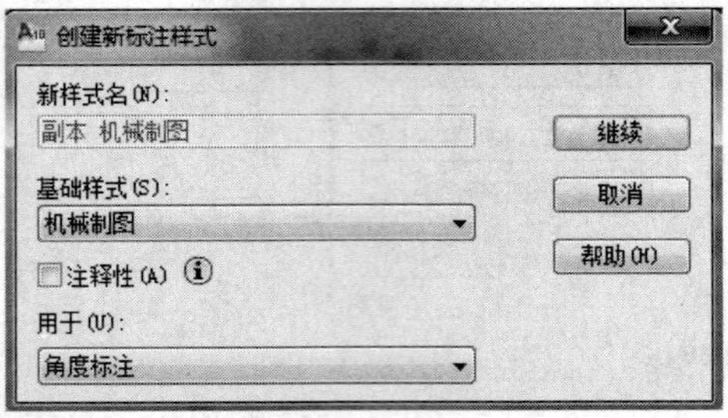

(a)

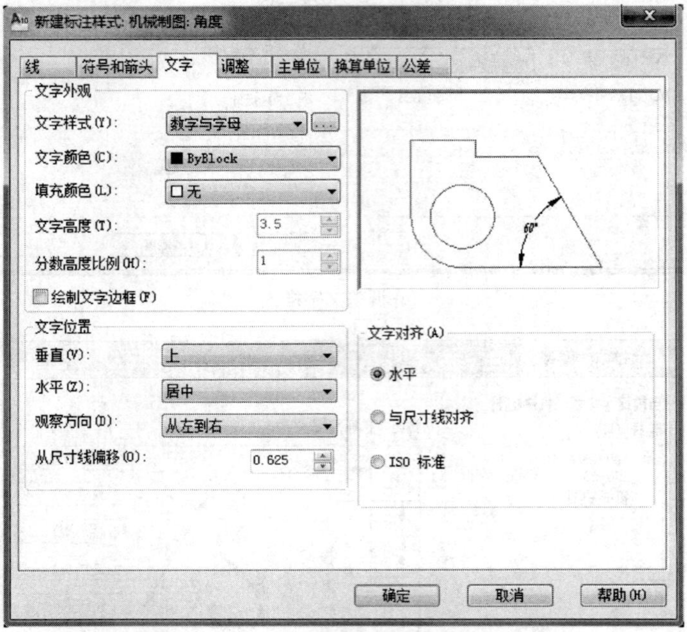

(b)

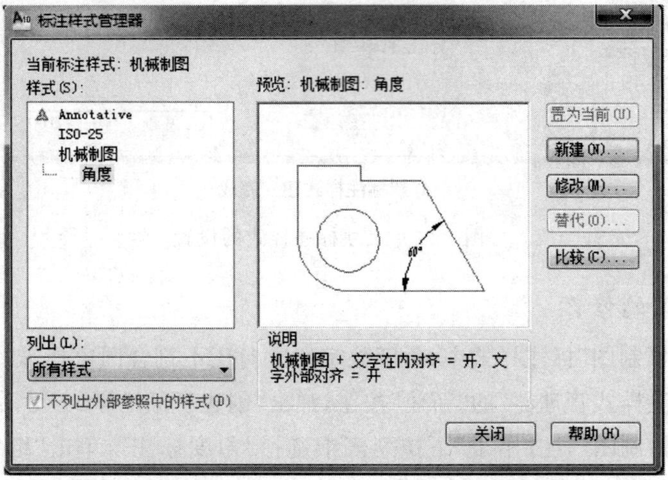

(c)

图 2-27 标注样式的修改

三、尺寸标注应用

按图 2-28 的要求，在已画好的圆柱齿轮视图中注上尺寸、形状位置公差等。

1. 线性尺寸的标注

用线性尺寸命令标注齿宽 16、分度圆直径 40、齿顶圆直径 42。单击“标注”工具栏中的“线性”，命令栏提示：指定第一条尺寸界线原点，光标捕捉主视图上左端面投影线的一个端点。命令栏又提示：指定第二条尺寸界线原点，光标捕捉右端面投影线的一个端点。命令栏提示：指定尺寸线位置或[多行文字(P)/文字(T)/角度(A)/水平(H)/垂直(V)/旋转(R)]，拖动光标在合适的位置单击，标注出尺寸 16。

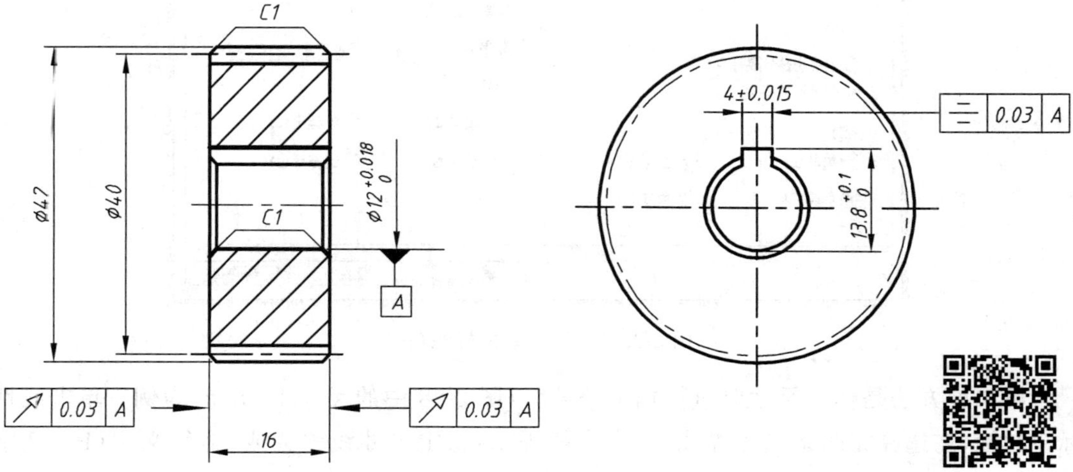

图 2-28 齿轮相关标注

再单击“标注”工具栏中的“线性”，命令栏提示：指定第一条尺寸界线原点，光标捕捉主视图上一条分度线的一个端点；命令栏又提示：指定第二条尺寸界线原点，光标捕捉主视图上另一条分度线的一个端点；命令栏提示：指定尺寸线位置或[多行文字(P)/文字(T)/角度(A)/水平(H)/垂直(V)/旋转(R)]。此时屏幕上已显示尺寸数字为 40，为了在 40 前加直径符号“Φ”，在命令栏中输入“T”，命令栏提示：输入标注文字，在命令栏中输入“%%c 40”，并拖动光标在合适的位置单击。在 AutoCAD 中直径符号“Φ”的代号是“%%c”，度数符号“°”的代号是“%%d”。

用相同方法标注齿顶圆直径Φ42。

2. 尺寸公差的标注

带偏差的尺寸的标注方法有 3 种。第一种方法是在标注样式中设定上下偏差值。单击按钮，弹出“标注样式管理器”对话框，单击“新建”按钮，给新标注样式取名，单击“继续”按钮后，又弹出“新建标注样式”对话框(见图 2-29)，在对话框中单击“公差”选项卡，在“方式”选项中选“极限尺寸”，“精度”选项中选“0.000”，“高度比例”中输入 0.7，然后在“上偏差”和“下偏差”中输入所要标注的偏差值。

注：默认的“上偏差”为“+”、“下偏差”为“-”。因此，当尺寸公差中的上偏差为负时要

在公差值前加上"一",同理,当尺寸公差中的下偏差为正时也要在公差值前加上"+"。

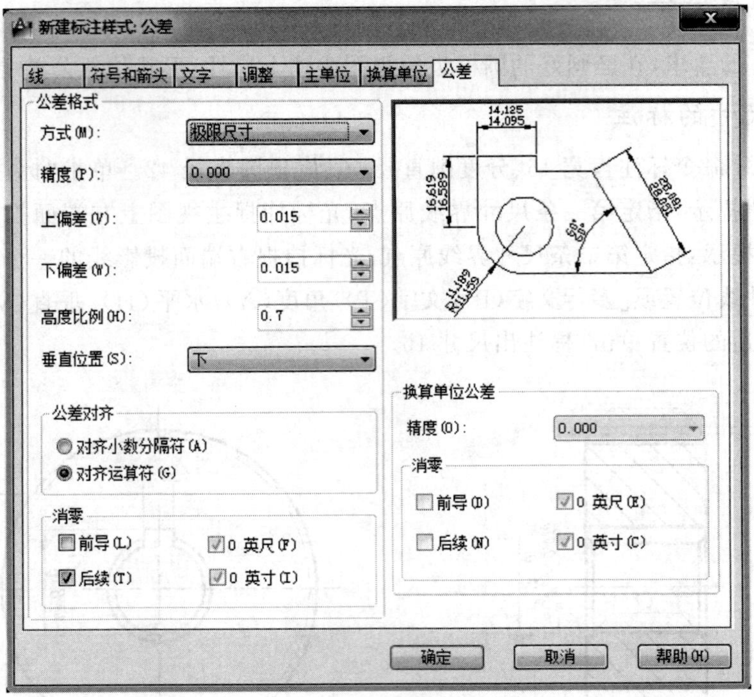

图 2-29 尺寸公差的标注(一)

第二种方法是标注尺寸时直接加上公差,以图 2-28 中的尺寸 $13.8^{+0.1}_{0}$ 为例。单击线性标注图标,在选择完两条尺寸界线后,命令栏提示:指定尺寸线位置或[多行文字(P)/文字(T)/角度(A)/水平(H)/垂直(V)/旋转(R)],输入 P,弹出多行文字编辑器,如图 2-30(a)所示。在数字 13.8 后面输入"+0.1^0",如图 2-30(b)所示,将它选中,单击"堆叠"按钮后,再单击"确定"按钮,完成标注。

(a)

13.8+0.1^0

(b)

图 2-30 尺寸公差的标注(二)

第三种方法是通过修改方式加上偏差,以图 2-28 中的尺寸 4±0.015 为例说明其操作方法。首先按"线性"标注方式注尺寸 4。选择尺寸 4,单击"修改"菜单中的"特性",弹出特性表(见图 2-31),在表的"公差"栏目下进行设置。在"显示公差"中选"对称","公差下偏差"和"公差上偏差"中输入 0.015,"公差精度"中选 0.000。关闭特性表,此时尺寸 4 后面已加上了±0.015。

图 2-31　修改特性标注公差

图 2-28 中尺寸中 $12^{+0.018}_{\ 0}$ 也可以通过修改加上偏差，并且通过单击“修改”菜单中的“分解”工具(或通过“标注样式管理器”)修改为一条尺寸界线和一个箭头。

3. 形状与位置公差的标注

在图 2-28 中选择齿轮右端面某处单击作为引线起点，引线可利用标注中的多重引线(或运用绘图中的多段线)绘制，单击“标注”菜单中的⊞按钮，回车后弹出“形位公差”对话框，如图 2-32 所示，单击“符号”，又弹出“特征符号”对话框，在图 2-32 左下，单击圆跳动符号，在“形位公差”对话框中便出现了该符号，在它后面的公差 1 中输入 0.03，基准 1 中输入 A，单击“确定”按钮即可。

标注左端面的圆跳动公差时，也采用多重引线方式，当指定两个引线点后，按 Esc 键退出，即显示只有引线，没有框格。标注键槽两侧的对称度公差时，对引线设置对话框中的“引线和箭头”进行设置，将箭头设置为“无”。形位公差基准代号可以通过图块方式标注，关于图块的内容将在下一节中讨论。

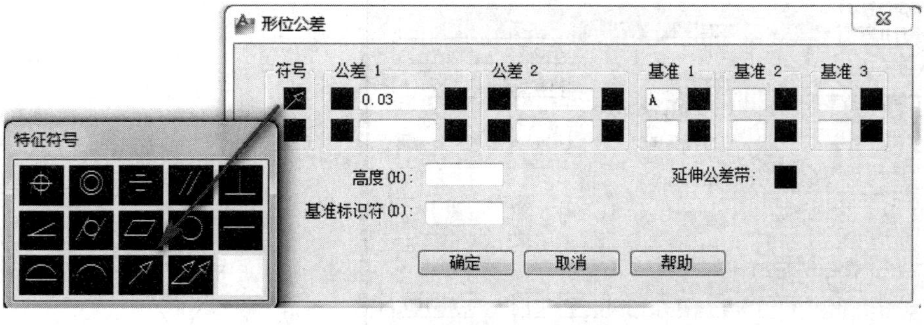

图 2-32　形状与位置公差的标注对话框

2.3.4 图块

AutoCAD 允许将一组图形组合成一个图块加以保存。在需要的时候，可以将图块作为一个整体，以任意比例和任意旋转角度，插入到当前图层上的任意位置。因此，机械制图中，零件图上的粗糙度符号，装配图上的各种标准件，都可用图块来处理。这样不仅可以避免大量的重复劳动，提高绘图速度和工作效率，并且可以大大节约存储空间。下面以粗糙度符号为例说明图块的创建和调用。

一、创建带属性的图块

1. 绘制图块的图形

按图 2-33 所示的尺寸，用直线命令绘制粗糙度(新标准为表面结构)符号的图形。

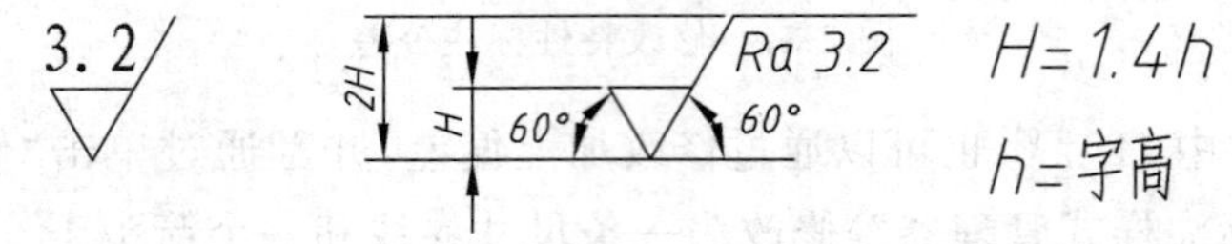

(a) 旧标准　　(b) 新标准　　(c) 符号高度

图 2-33　粗糙度符号

2. 定义图块属性

粗糙度符号，除了图形符号之外，还要配以文字，这就是块的属性。

选择菜单“绘图”→“块”→“定义属性”，弹出“属性定义”对话框，如图 2-34(a)所示。在“属性”选项中，“标记”可输入与图块有关的信息，例如，输入“Ra”；“提示”表示以后插入图块

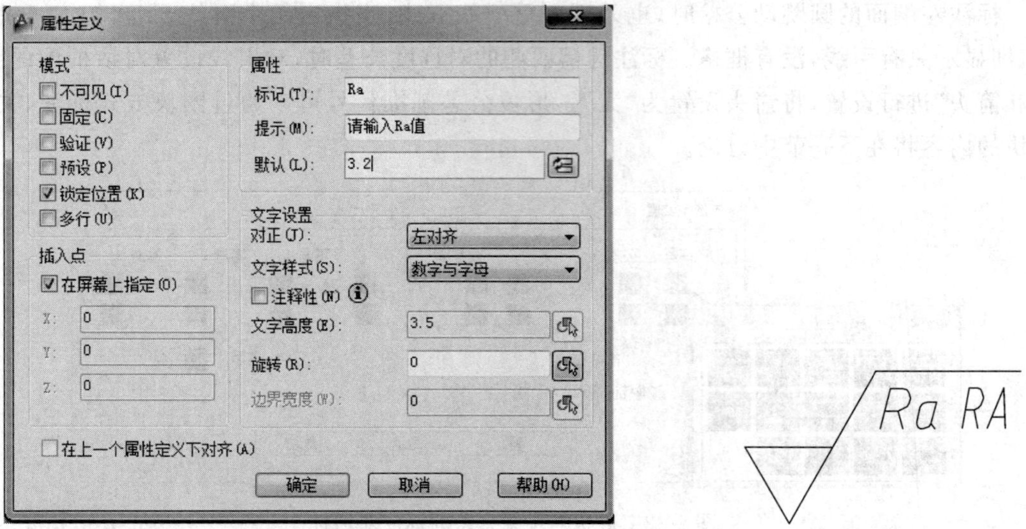

(a)　　(b)

图 2-34　定义图块属性

时命令行的提示，因此在“提示”文本框中输入“请输入 Ra 值”；在“默认”文本框中输入常用的 *Ra* 值，如“3.2”，表示真正在块上显示的属性值（插入图块时的默认值）。

在“文字设置”中，“对正”表示属性文字的对正方式，任选一种，如“左对齐”；“文字样式”可选之前定义的“数字与字母”；“插入点”勾选“在屏幕上指定”复选框。单击“确定”按钮后回到屏幕，在写 *Ra* 值的位置单击，出现如图 2-34(b)所示的粗糙度符号，“RA”即为默认值的标注位置。

3. 创建图块

选择菜单“绘图”→“块”→“创建块”，弹出“块定义”对话框，如图 2-35(a)所示。

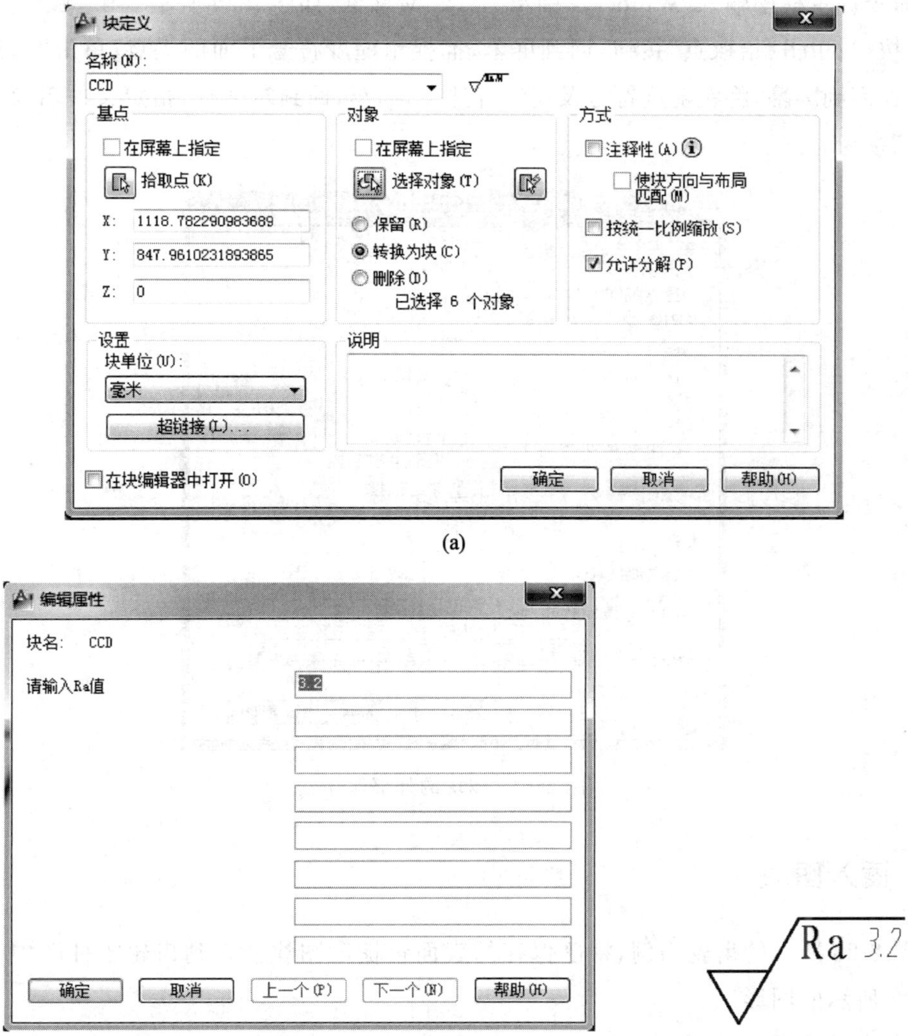

(a)　(b)　(c)

图 2-35　创建图块

在“名称”文本框中输入“表面粗糙度”；单击“基点”下面的“拾取点”按钮，返回到屏幕，捕捉粗糙度符号下面的尖点作为插入点，回到对话框。

再单击“对象”下面的“选择对象”按钮，并选中“转换为块”单选按钮，又返回到屏幕，将粗糙度符号及属性都选中，回车，回到对话框后单击“确定”按钮，弹出如图 2-35(b)所示的“编辑属性”对话框，单击“确定”按钮，完成块的定义，如图 2-35(c)所示。完成后的图块在同一图形文件中可以方便地调用，但在其他文件中不能使用。

二、外部块保存

表面粗糙度符号在任何零件图上都要标注，因此将其图块作为一个通用的图形文件保存起来，对以后的作图会很方便。此时要将图块以外部块形式保存。

在命令提示栏中输入“Wblock”，弹出“写块”对话框，如图 2-36 所示。在“源”下面选“对象”单选按钮；单击“拾取点”按钮，回到屏幕，捕捉粗糙度符号下面的尖点；单击“选择对象”按钮，又返回到屏幕，将粗糙度符号及属性都选中，回车，回到对话框，指定文件名及路径，单击“确定”按钮。

图 2-36　图块的外部保存

三、插入图块

以图 2-28 所示的齿轮为例，将已保存的表面粗糙度图块插入到齿轮零件图中去，完成如图 2-37 所示的图形。

注：新标准表面结构图块只需定义一个，只能朝上和朝左标注；而旧标准表面粗糙度图块则需定义两个(见图 2-38，命名 CCD1、CCD2)，以适应各个不同方位表面粗糙度的标注。

选择菜单“插入”→“块”，弹出“插入”对话框，如图 2-39 所示。在“名称”下拉列表中选择“CCD”。如果是以外部块，单击“浏览”按钮，从块的保存目录中打开欲插入的块文件。

注：新标准其余表面粗糙度注写在标题栏附近，用(√)表示，如图 2-37 所示的右下角；而旧标准其余表面粗糙度则注写在图纸右上角，并需注写“其余”二字。

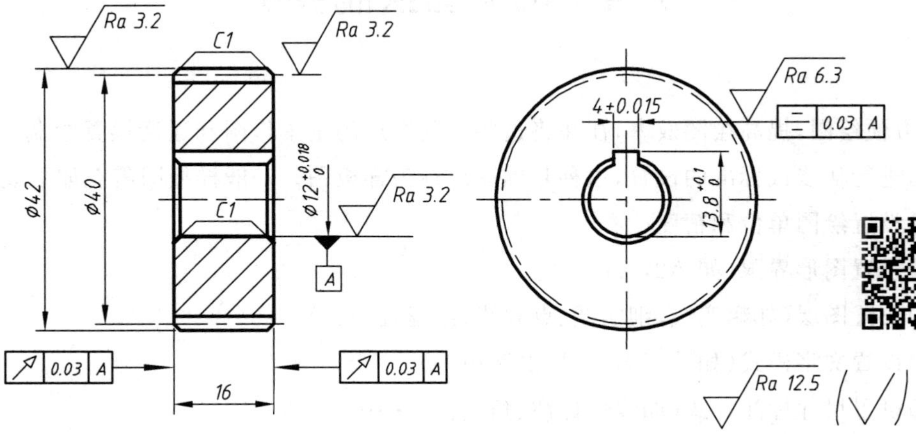

图 2-37　插入表面粗糙度图块

图 2-38　两个方向的表面粗糙度图块

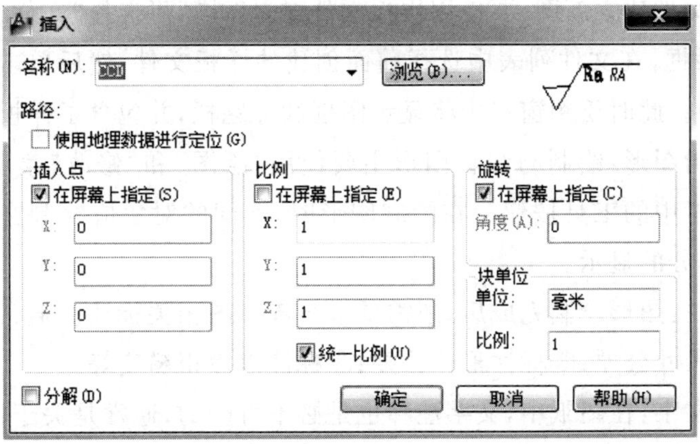

图 2-39　表面粗糙度图块对话框

说明：图块或保存的图形均可作为已有资源可直接打开或通过图块、外部参照等方式插入当前图形中，也可使用设计中心 AutoCAD 进行调用和插入。有关外部参照与设计中心限于篇幅，在此不介绍。

2.4 机械图绘制实例

为方便绘图,提高绘图效率,往往将这些绘制图形的基本作图和通用设置绘制成一张基础图形,进行初步或标准的设置,这种基础图形称为样板图。一般样板图需有如下设置。

(1)设置绘图单位和精度。

(2)设置图形界限(如 A2,A3,…)。

(3)设置图层(如粗实线、细实线、点画线、细虚线……)。

(4)设置文字样式(如数字与字母、汉字……)。

(5)设置尺寸标注样式(如线性标注、角度标注……)。

(6)绘制图框线、标题栏(可只画图框,标题栏作为属性块插入)。

(7)共享图与参数(图块、外部参照与设计中心)。

(8)保存样板图(如 A2. dwt,A3. dwt,…)。

2.4.1 零件图绘制

零件图绘制的基本步骤如下。

(1)使用样板文件建立新图:要使用样板文件建立新图,可选择"文件"→"新建"命令,打开"选择样板"对话框,在文件列表中选择前面创建的样板文件,然后单击"打开"按钮,创建一个新的图形文档。此时绘图窗口中将显示图框和标题栏,并包含了样板图中的所有设置。

(2)绘制与编辑图形:绘制与编辑图形主要使用"绘图"和"修改"菜单中的命令,或"绘图"和"修改"工具栏中的工具按钮。在绘制图形时,不同的对象应绘制在预设的图层上,以便控制图形中各部分的显示。

(3)零件图标注:图形绘制完成后,还需要进行零件图相关标注。通常标注包括:①标注基本尺寸;②标注尺寸公差;③标注形位公差;④标注表面粗糙度等。

(4)添加注释文字:在图纸中,文字注释也是必不可少的,通常是关于图纸的一些技术要求和其他相关说明,可以使用多行文字功能创建文字注释。

以千斤顶底座为例练习零件图绘制(见图 2-40),详细绘图过程(略)。

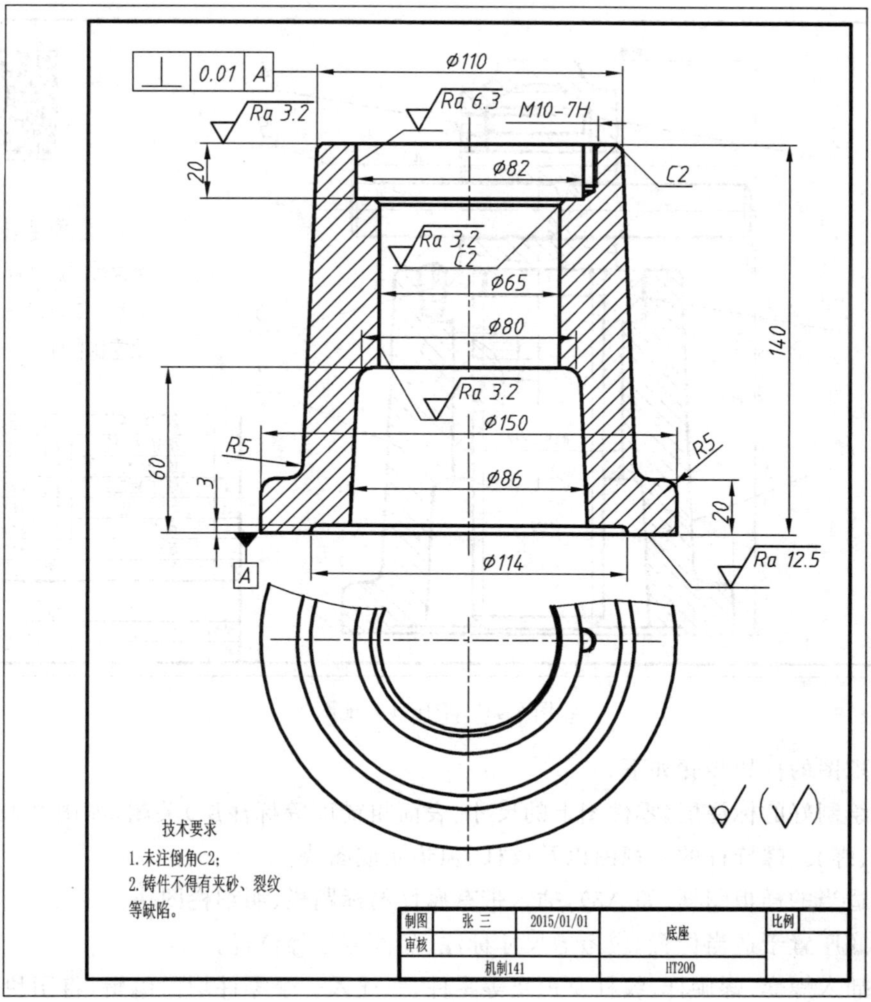

图 2-40　零件图绘制示例

2.4.2　装配图绘制

以螺旋千斤顶(见图 2-41)为例,简述装配图的绘制。

绘制装配图前,首先绘制好装配体上各零件的零件图,并存档(见图 2-42)。要注意将零件的不同投影以及尺寸、形位公差、粗糙度等设置在不同的图层上。这样在画装配图时,根据需要将零件图上的某些视图制成块(注意:要合理选择各零件的插入基点),以供拼装。有时一套复杂的装配体,需要由许多人绘制零件图。这样就有可能在绘图环境、绘图区域、绘图单位、线型、线宽、尺寸标注样式等方面,选择的不相同。这些图形文件在最后拼装配图时,就会不兼容,形成的成套图纸也会不统一。因此,在画零件图时要规定,所有的图纸应按统一的标准绘制,即使用统一的样板图。

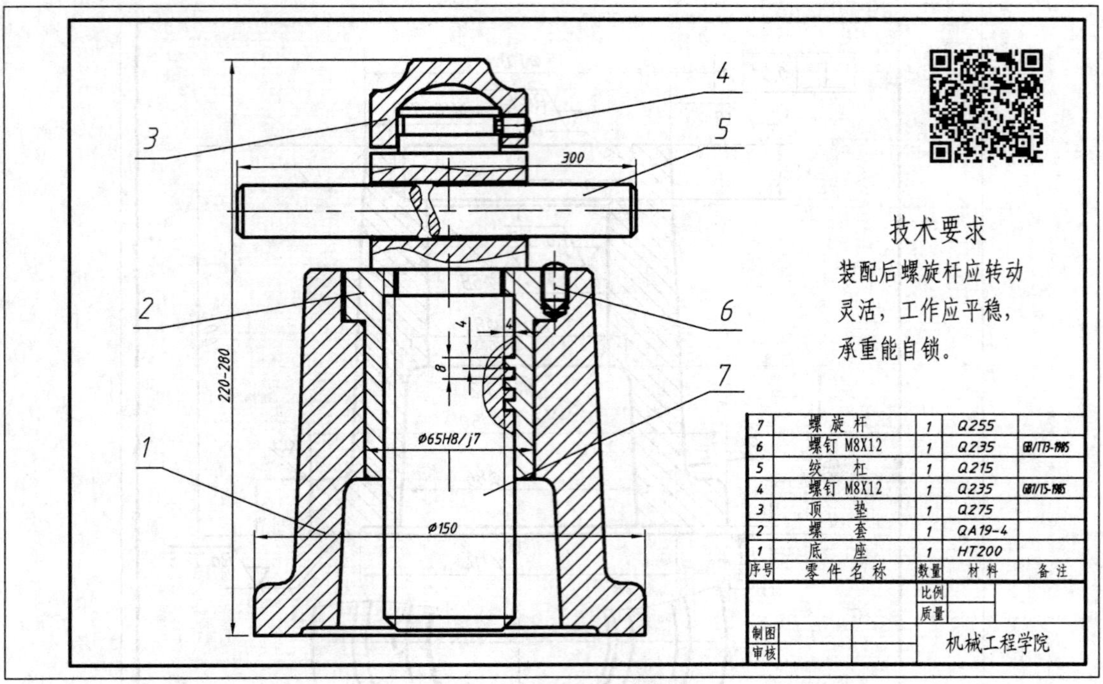

图 2-41　千斤顶装配图

画装配图的框架步骤如下。

先将绘制好的标注层(零件图上的尺寸、表面粗糙度等标注层)关闭,如图 2-43 所示,分别把底座、螺套、螺旋杆的主视图以及绞杠、顶垫制成图块。

选择适当的样板图框(如 A3),插入带有属性的标题栏、明细栏图块。

插入底座置于适当位置,应考虑尺寸标注、零件编号等位置。

依次插入螺套、螺旋杆、绞杠及顶垫等零件,每插入一个零件均需编辑,将图块分解后去掉多余图线、补上所需图线。

从系统的标准件库(或自备标准件库)调用紧定螺钉(GB/T 73)插入底座与螺套中间,调用限位螺钉(GB/T 75)插入顶垫与螺旋杆的限位槽内,然后编辑完成。

最后标注尺寸、零件序号等。

注:装配图可通过已绘制好的零件图装配编辑(自下而上设计),也可全新绘制后再拆画零件图(自上而下设计)。图形完成后还需要补充完善以下内容:

- 标注必要尺寸及配合;
- 零件序号引线并编号;
- 绘制标题栏、明细栏并填写(可制成带属性的图块);
- 添加技术要求等文字。

完成后的千斤顶装配图如图 2-41 所示。

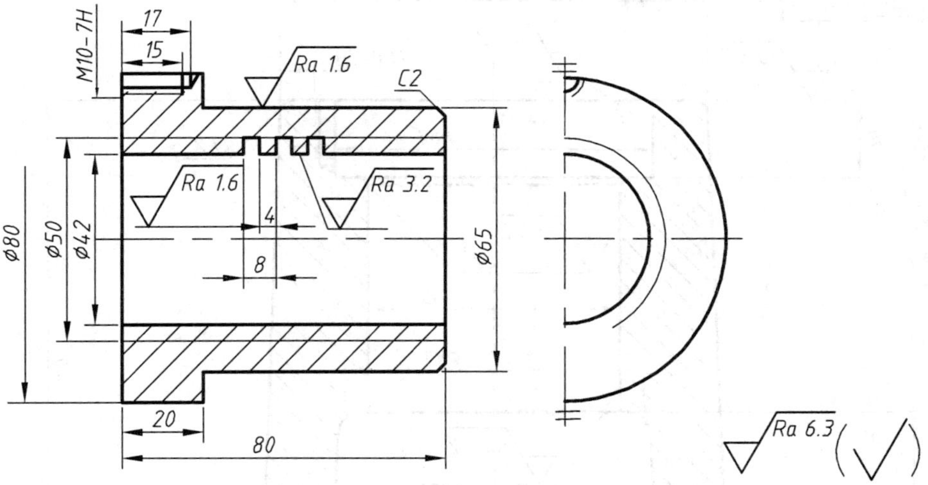

名称	螺　套	序号	6
数量	1	材料	QA19-4

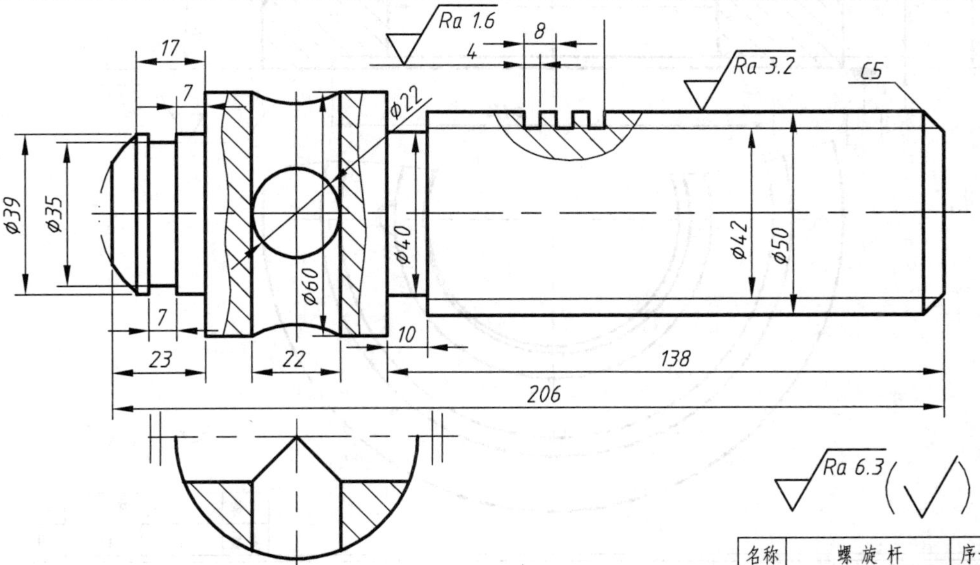

名称	螺旋杆	序号	3
数量	1	材料	Q255

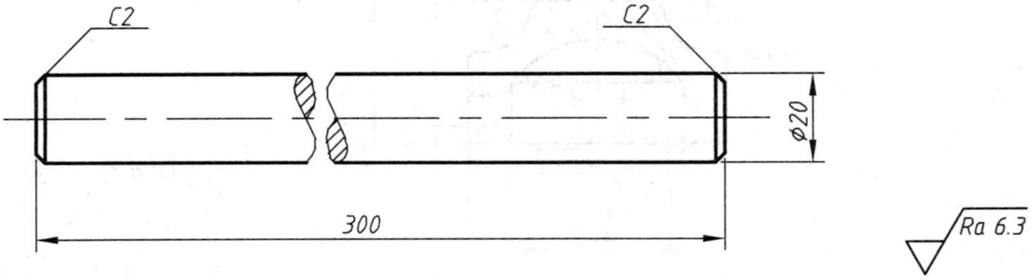

名称	绞　杠	序号	4
数量	1	材料	Q255

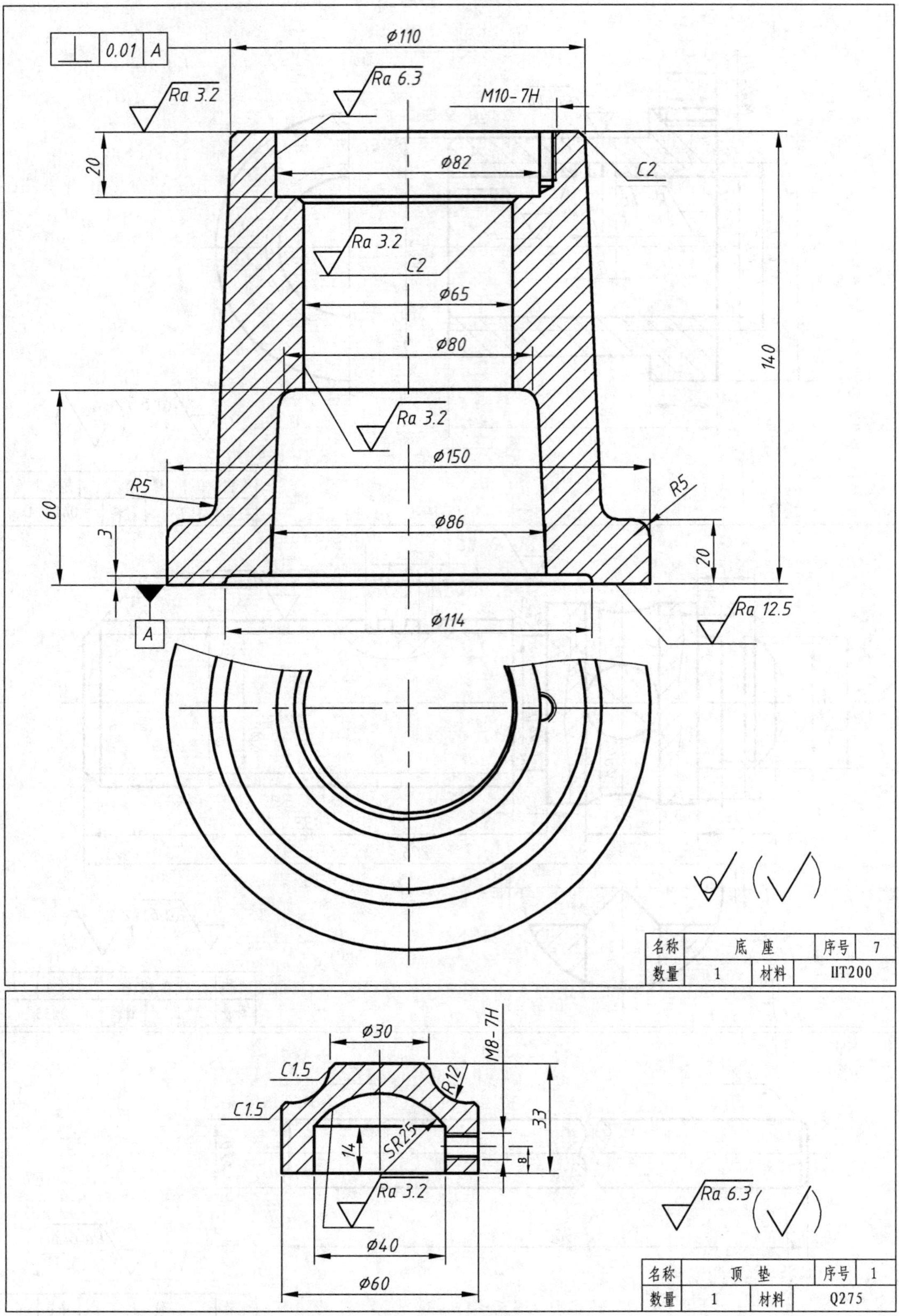
0.01 A
Ø110
Ra 6.3
Ra 3.2
M10-7H
20
Ø82
C2
Ra 3.2
C2
Ø65
Ø80
140
Ra 3.2
Ø150
R5
R5
60
3
Ø86
20
A
Ø114
Ra 12.5
名称 底 座 序号 7
数量 1 材料 HT200
Ø30
M8-7H
C1.5
R12
C1.5
33
SR25
14
8
Ra 3.2
Ra 6.3
Ø40
Ø60
名称 顶 垫 序号 1
数量 1 材料 Q275

图 2-42 千斤顶零件图

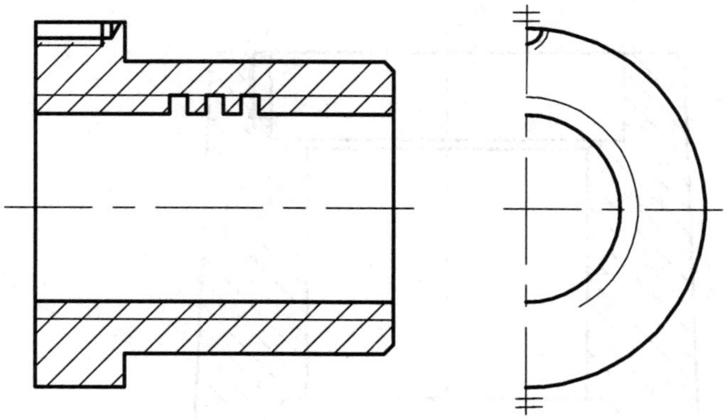

名称	螺 套		序号	6
数量	1	材料	QA19-4	

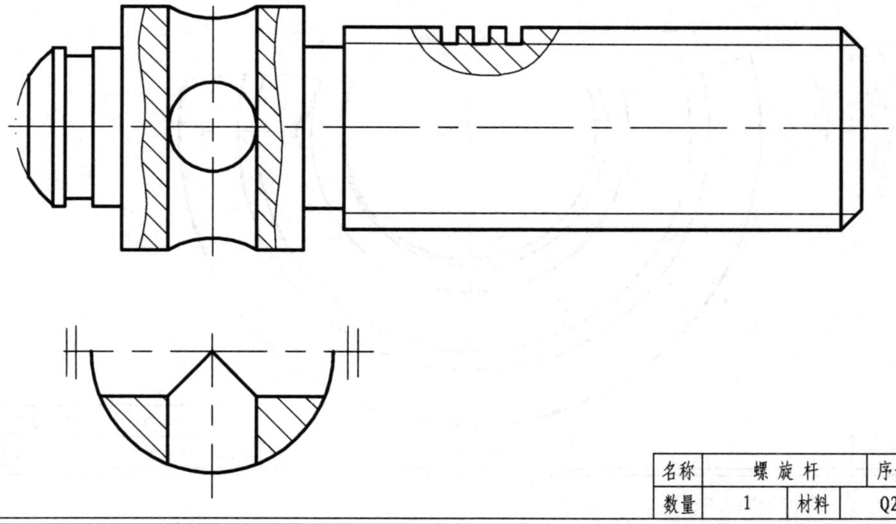

名称	螺旋杆		序号	3
数量	1	材料	Q255	

名称	绞 杠		序号	4
数量	1	材料	Q255	

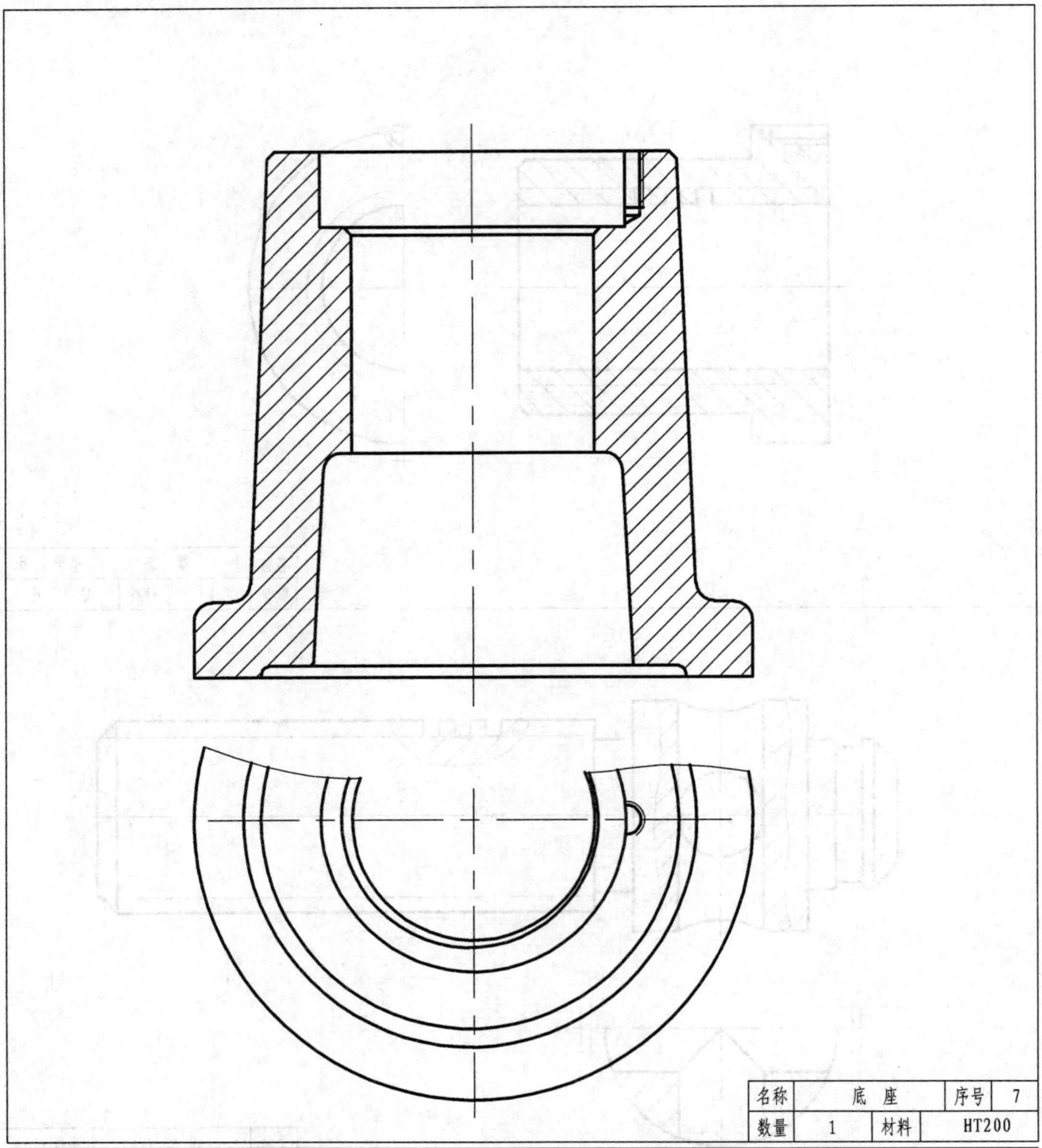

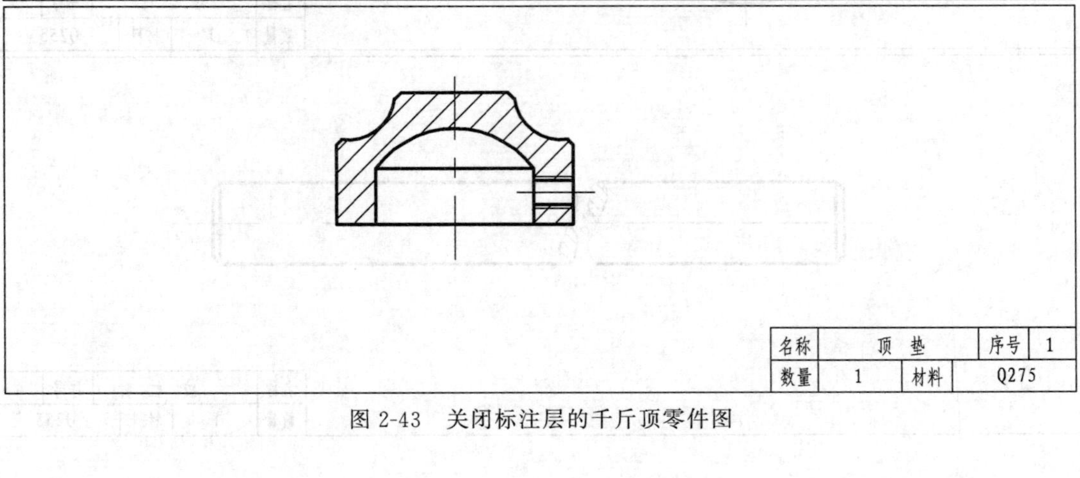

图 2-43 关闭标注层的千斤顶零件图

第3章　SolidWorks 简明教程

SolidWorks 软件是世界上第一个基于 Windows 开发的三维 CAD 系统，由于技术创新符合 CAD 技术的发展潮流和趋势，SolidWorks 公司于两年间成为 CAD/CAM 产业中获利最高的公司。SolidWorks 软件功能强大、组件繁多。SolidWorks 有功能强大、易学易用和技术创新三大特点，这使得 SolidWorks 成为领先的、主流的三维 CAD 解决方案。SolidWorks 能够提供不同的设计方案、减少设计过程中的错误以及提高产品质量。SolidWorks 不仅提供如此强大的功能，而且对每个工程师和设计者来说，操作简单方便、易学易用。

3.1　SolidWorks 三维建模概述

3.1.1　SolidWorks 主要特点

SolidWorks 采用了参数化和特征造型技术，能方便地创建任何复杂的实体，快捷地组成装配体，灵活地生成工程图，并可以进行装配体干涉检查、碰撞检查、钣金设计、生成爆炸图；利用 SolidWorks 插件还可以进行管道设计、工程分析、高级渲染、数控加工等。可见，SclidWorks 不只是一个简单的三维建模工具，而是一套高度集成的 CAD/CAE/CAM 一体化软件，是一个产品级的设计和制造系统，为工程师提供了一个功能强大的模拟工作平台。

对于习惯了操作以绘图为主的二维 CAD 软件的设计师来说，三维 SolidWorks 的主要特点有以下几个。

1. 完全参数化尺寸驱动

在二维 CAD 绘图过程中，绘制的图形形状决定了图形的尺寸，即图形控制尺寸。当尺寸需要变动时，必须返回去对图形进行修改，往往要将所有已画好的图形按照原来的绘图过程从头来画，严重影响了新产品的开发速度。而在 SolidWorks 草图绘制过程中，只需先绘制出图形的形状[见图 3-1(a)]，通过标注尺寸(智能尺寸)后即可生成草图的准确大小的形状[见图 3-1(b)]。

同理，SolidWorks 采用的是参数化尺寸驱动的特征建模技术，即尺寸控制图形。当改变尺寸时，相应的模型、装配体、工程图的形状和尺寸将随之变化，非常有利于新产品在设计阶段的反复修改。

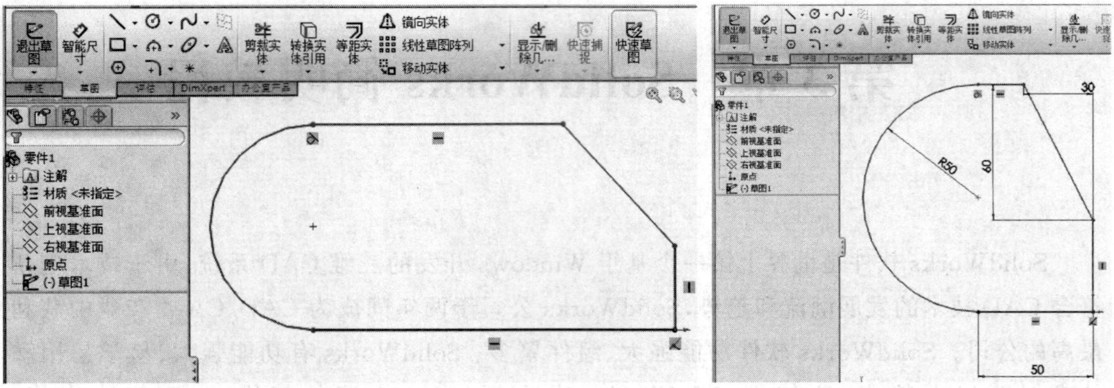

(a) 草绘图形　　(b) 尺寸驱动后图形

图 3-1　草图的参数化驱动

2. 方便的三维特征建模

在传统的二维 CAD 设计过程中，设计师欲绘制一个复杂的零件工程图，由于不可能一下子记住所有的设计细节，必须经过三维→二维→三维→二维这样一个反复不断的过程，时刻都要进行着投影关系的校正，这就使得设计师的工作十分枯燥和乏味。

而 SolidWorks 进行设计工作时直接从三维空间开始，设计师可以马上知道自己的操作会导致的零件形状。由于把大量烦琐的投影工作让计算机来完成，设计师可以专注于零件的功能和结构，工作过程轻松了许多，也增加了工作中的趣味性。实体造型模型中包含精确的几何、质量等特性信息，可以方便准确地计算零件或装配体的体积和重量，轻松地进行零件模型之间的干涉检查。

在企业招投标过程中，生动逼真的机械产品三维动画不仅便于交流与沟通，还展示了企业的研发手段与实力，宣传了企业的自身形象。

3. 实现三个基本模块联动

SolidWorks 具有三个功能强大的基本模块，即零件模块、装配体模块和工程图模块，分别用于完成零件设计、装配体设计和工程图设计。虽然这三个模块处于不同的工作环境中，但依然保持了二维与三维几何数据的全相关性。

在任意一个模块中对设计所作的任何修改，都会自动地反映到其他模块中，从而避免了对各模块的分别修改，大大提高了设计效率。

4. 特征管理器(设计树)

设计师完成的二维 CAD 图纸，表现不出线条绘制的顺序、文字标注的先后，不能反映设计师的操作过程。与之不同的是，SolidWorks 采用了特征管理器(设计树)技术，可以详细地记录零件、装配体和工程图环境下的每一个操作步骤，非常有利于设计师在设计过程中的修改与编辑。

5. 支持国标(GB)的智能化标准件库 Toolbox

Toolbox 是同三维软件 SolidWorks 完全集成的三维标准零件库。SolidWorks 2009 中的 Toolbox 支持中国国家标准(GB),包含了机械设计中常用的型材和标准件,如角钢、槽钢、紧固件、连接件、密封件、轴承等。在 Toolbox 中,还有符合国际标准(ISO)的三维零件库,包含了常用的动力件——齿轮,与中国国家标准(GB)一致,调用非常方便。Toolbox 是充分利用了 SolidWorks 的智能零件技术而开发的三维标准零件库,与 SolidWorks 的智能装配技术相配合,可以快捷地进行大量标准件的装配工作,其速度之快,令人瞠目。

有了 Toolbox,用户无须再翻阅《机械设计手册》来查找标准件的规格和尺寸,无须进行零件模型设计,无须逐个进行垫片、螺栓、螺母的装配。

6. 源于黄金伙伴的高效插件

SolidWorks 在 CAD 领域的出色表现以及在市场销售上的迅猛势头,吸引了世界上许多著名的专业软件公司成为自己的黄金合作伙伴。

SolidWorks 向黄金伙伴开放了自己软件的底层代码,使其所开发的世界顶级的专业化软件与自身无缝集成,为用户提供了高效而又具有特色的 COSMOS 系列插件:有限元分析软件 COSMOSWorks、运动与动力学动态仿真软件 COSMOSMotion、流体分析软件 COSMOSFloWorks、动画模拟软件 MotionManager、高级渲染软件 PhotoWorks、数控加工控制软件 CAMWorks 等。

以优秀插件武装起来的 SolidWorks 如虎添翼,让设计师在不脱离 SolidWorks 的环境下就可以进行三维设计、工程分析、数控加工、产品数据管理等与产品整个生命周期有关的活动,满足用户在整个产品设计和制造过程中的需求,使 SolidWorks 真正地成为 CAD/CAE/CAM/PDM 桌面集成系统。新发布的 SolidWorks 2009 版本中,COSMOS 系列更名为 Simulation 系列,功能得到了进一步的加强。

7. eDrawings——网上设计交流工具

SolidWorks 免费为用户提供 eDrawings——一个通过电子邮件传递设计信息的工具,专门用于设计师在网上进行交流,当然也可以用于设计师与客户、业务员、主管领导之间进行沟通,共享设计信息。eDrawings 可以使所传输的文件尽可能地小,极大地提高了在网上的传输速度。eDrawings 可以在网上传输二维工程图形,也可以进行零件、装配体 3D 模型的传输。eDrawings 还允许将零件、装配体文件转存为.exe 类型。用户无须安装 SolidWorks 和其他任何 CAD 软件,就可以在网上快速地浏览 eDrawings 的.exe 文件,随心所欲地旋转查看三维零件和装配体模型,轻松地接收设计信息。eDrawings 还提供了在网上进行信息反馈的功能,允许浏览者在图纸需要更改处夸张地圈红批注,并用留言的方式提出自己的建议,发回给设计者进行修改,因而是一个非常有用的设计交流工具。

8. API 开发工具接口

SolidWorks 为用户提供了自由、开放、功能完整的 API 开发工具接口,用户可以选择 Visual C++、Visual Basic、VBA 等开发程序进行二次开发。通过数据转换接口,可以很容易地将目前市场几乎所有的机械 CAD 软件集成到现在的设计环境中来。支持的数据标准有 IGES、STEP、SAT、STL、DWG、DXF、VDAFS、VRML、Parasolid 等，可直接与 Pro/E、UG 等软件的文件交换数据。

自 SolidWorks 2008 版之后，其新增功能主旨有三个方面：让设计师专注于设计，而非简单意义上的 CAD；与高速发展的时代同步，满足用户不断扩展的需求和期望；方便设计更好的产品，从功能及虚拟方法上更加仿真。

3.1.2 SolidWorks 模块功能

对于 SolidWorks 的设计与建模而言，其三大基本模块分别为零件图、装配图和工程图。根据不同产品或应用领域，SolidWorks 除了常规机械产品设计外，还具有钣金件设计、焊接件设计、铸造件设计及模具设计等专用功能。而上述功能的体现都离不开三大基本模块，基本模块的功能如图 3-2 所示。

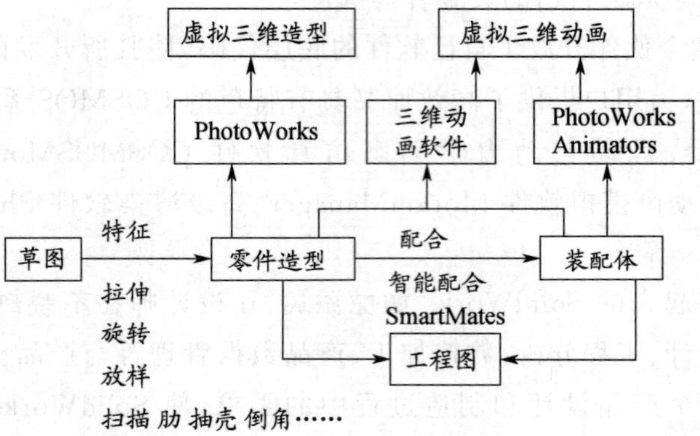

图 3-2 SolidWorks 基本模块功能

对于钣金件设计、焊接件设计、铸造件设计及模具设计等，更适合使用 SolidWorks 3D 设计。

1. 钣金件设计

使用 SolidWorks 3D 设计，可以获得快速高效地创建钣金件设计的灵活性，加快设计过程，节省时间和开发成本，并提高生产效率。SolidWorks 钣金设计功能有：

- 设计 SolidWorks 3D 实体钣金件与装配体；
- 将 SolidWorks 3D 模型或导入的 CAD 模型直接转换为 SolidWorks 钣金模型，并能方便地按要求加入折弯半径、厚度和 K 因子等；
- 可围绕装配体中的一组零件进行设计。

在设计过程中自动估计钣金制造成本。在完成时，自动展开 3D 钣金件，以生成包括折弯补偿的展开图以供制造。

由于许多行业都需要大量的钣金件来容纳或包围它们的设计，因此 SolidWorks 提供了尽可能灵活的设计方法。SolidWorks 钣金设计优势有：

- 转换 SolidWorks 或导入的 CAD 模型，创建原始零件，或者围绕一组零件进行设计；
- 生成基体、边线、斜接和扫描法兰；

- 生成折弯，包括放样的折弯、绘制的折弯等；
- 使用折弯系数表计算折弯系数/折弯扣除；
- 使用成形工具创建特征，如筋、窗、矛状器具、浮凸和拉伸法兰；
- 将糙度细节添加到模型或者工程图上的钣金件；
- 自动展开零件，以生成包括折弯补偿的展开图以供制造；
- 在设计过程中自动估计钣金件制造成本。

2. 焊接件设计

使用 SolidWorks 3D 设计，可以简化焊接结构、框架和基体的设计及制造，这些构成了许多行业产品开发的主要内容。快速创建具有拉伸效果的设计并生成制造所需的切割清单和材料明细表。

借助 SolidWorks 焊接件设计功能，可以设计作为单个多体零件的焊接件结构，绘制基本框架的草图，使用一组草图线段创建结构构件，并添加要素(如角撑板和顶端盖)来完成该结构。SolidWorks 焊接件模块功能有：

- 从一个预定义的结构形状库入手；
- 生成供结构轮廓遵循的 3D 草图直线；
- 在交叉点自动剪裁结构构件；
- 添加硬化板、角撑板和顶端盖；
- 向设计中添加可选焊缝；
- 生成工程图、材料明细表、切割清单和其他制造文档。

3. 塑料与铸造零件设计

使用 SolidWorks 3D 设计，可以快速开发能够满足产品性能和可制造性要求的塑料与铸造零件设计。借助系统的设计工具，可以创建各类的塑料和铸造零件，并确保设计可以成功注模和制造。

从消费产品到医疗和航天业，塑料和铸造零件对于成功的产品设计至关重要。SolidWorks 提供了一套完全集成的塑料零件、铸造零件和模具设计工具，因此设计师可以方便地验证他们设计的零件是否可以成功注模。设计师可以使用工具检查拔模、厚度和底切，以确保用于注模的几何体准确无误。SolidWorks 还包括基本和高级照片级逼真的渲染工具，用于创建栩栩如生的模型图像，包括适当的纹理和半透明度。

模具设计工具通过提供自动化收缩补偿、分型面和模具分割功能可加快塑料和铸造零件工模具的创建。模具始终参考零件设计——如果设计发生变化，模具将相应地更新。这意味着可以更方便快捷地合并对零件设计的更改。

此外，使用 SolidWorks Plastics 的模具填充仿真功能可显示熔化的塑料在注塑模具过程中的流动情况，以预测零件和模具上与制造相关的缺陷，确保在设计过程中快速评估零件性能和可制造性。

塑料与铸造零件设计工具包括：

- 用于确保统一壁厚的抽壳工具；
- 用于为模具提取添加适当拔模的拔模工具；

● 用于创建最复杂圆角的圆角工具；

● 用于检查拔模、底切、厚度和曲面特性(如曲率)的工具；

● 用于添加支撑筋的筋工具；

● 复杂的曲面工具，用于创建和编辑复杂的几何体，包括美观的曲率连续（C2)曲面；

● 特殊用途工具，包括包覆工具；

● 使用扣件特征的免硬件装配体设计，包括装配凸台、弹簧扣和凹槽以及唇缘/凹槽；

● 用于规划空气冷却的通风口设计工具。

4. 模具设计

使用 SolidWorks 3D 设计，产品设计师和模具制作师能够在整个开发过程中方便地合并设计更改，使更改立即在最终制造中生效。该软件可用于塑料、铸造、冲压、成形和锻造设计，与产品设计、模具设计和验证完全集成在一个软件包中，可节省时间，降低成本，加快产品开发过程和提高生产效率。

SolidWorks 关联性可以将对设计模型的更改自动更新到所有下游模型和文档，包括模具和电极，以及从这些 3D 模型创建的 2D 工程图。如果使用 SolidWorks 金牌 CAM 合作伙伴软件创建模具和电极的加工工具路径，这些工具路径也将更新。无须手动跟踪和编辑各个文件。所有设计——零件、工模具、电极、工程图，甚至 NC 数据——都保持最新和准确。

复杂模具设计会在零件开发过程中不断更改。设计师在零件和模具设计之间移动模型时，不断导入、导出和修复数据会消耗宝贵的设计时间，并由于数据转换而产生错误和不准确性。结果，模具设计师通常等到零件设计“冻结”之后才开始制造工模具。

SolidWorks 提供了在一个系统中设计和验证零件与工模具的优势。设计师可以验证零件是否可以成功注模，包括检查拔模、厚度和底切，以确保用于注模的几何体准确无误。此外，设计师还可以使用 SolidWorks Plastics 来仿真模具的填充，并确定最佳浇口位置，零件是否可以正确填充，在何处可能形成熔接痕，以及可能的缩痕位置。

关键的 SolidWorks 模具设计功能包括：

● 完整的塑料零件和高级曲面设计工具；

● 几何体导入、修复和愈合工具；

● 拔模分析、底切分析和厚度分析工具；

● 分型线与分型面工具；

● 自动化“填充曲面”功能，用于轻松创建关闭曲面；

● 型心和型腔分割工具；

● SolidWorks 3D 模具基体，可直接由主要模具供应商在线提供；

● SolidWorks 配置，用于创建可自定义的模具和模具零部件配置；

● 比较零件工具，当发生设计更改时，在 3D 中直观查看添加和删除了哪些几何体；

● 生产质量的模具工程图创建工具；

● 与许多行业领先的 CAM 产品无缝集成，使 NC 工具路径能够随零件设计和工模具更改自动更新。

3.1.3　SolidWorks 基本界面与定制

一、SolidWorks 的基本界面

安装 SolidWorks 后，启动 SolidWorks 如同所有 Windows 的操作环境下的其他软件一样，可选择新建、打开等操作。单击新建出现的界面如图 3-3(a)所示，单击界面左下角“新手”按钮，出现的界面如图 3-3(b)所示，可根据需要选择三大基本模块。

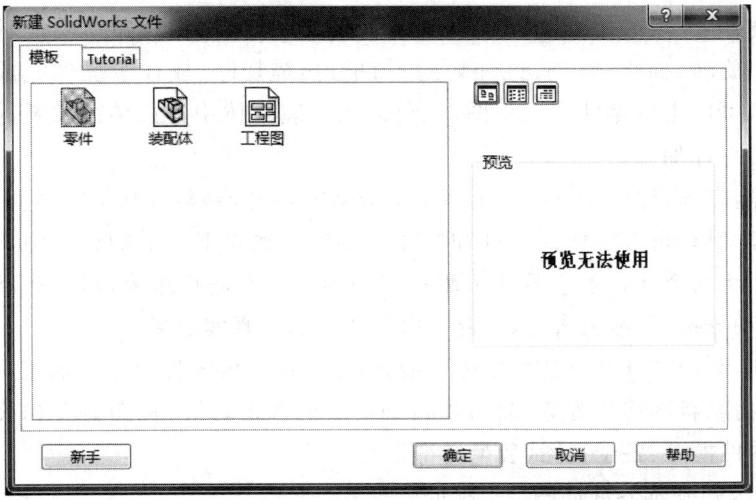

(a)

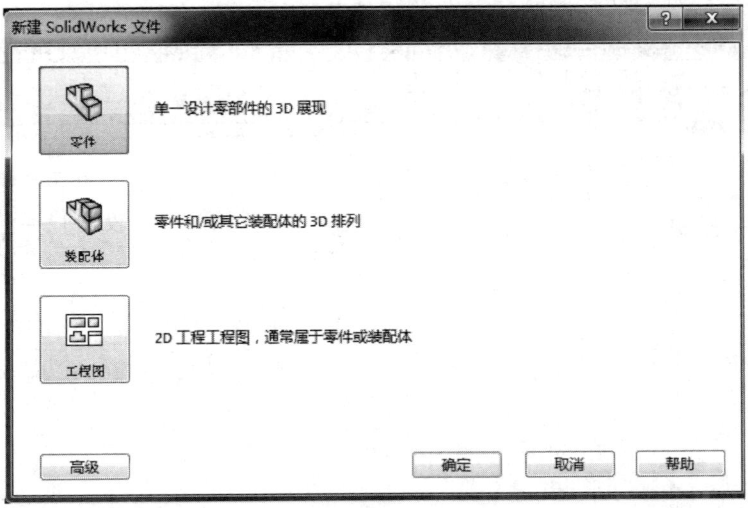

(b)

图 3-3　SolidWorks 启动新建的三大基本模块

三大基本模块包括零件建模、装配体、工程图等，因为 SolidWorks 软件是一套基于特征的、参数化的三维设计软件，符合工程设计思维，并可以与 CAMWorks 及 DesignWork 等模

块构成一套设计与制造结合的 CAD/CAM/CAE 系统，使用它可以提高设计精度和设计效率；可以用插件的形式加进其他专业模块（如工业设计、模具设计、管路设计等）。

其特征是指可以用参数驱动的实体模型，是一个实体或者零件的具体构成之一，对应一形状，具有工程上的意义；因此这里的基于特征就是零件模型是由各种特征生成的，零件的设计其实就是各种特征的叠加。参数化是指对零件上各种特征分别进行各种约束，各个特征的形状和尺寸大小用变量参数来表示，其变量可以是常数，也可以是代数式；若一个特征的变量参数发生变化，则这个零件的这一个特征的几何形状或者尺寸大小将发生变化，与这个参数有关的内容都自动改变，用户不需要自己修改。零件建模、装配体、工程图等基本模块的特点如下。

（1）零件建模：SolidWorks 提供了基于特征的、参数化的实体建模功能，可以通过特征工具进行拉伸、旋转、抽壳、阵列、拉伸切除、扫描、扫描切除、放样等操作完成零件的建模。建模后的零件，可以生成零件的工程图，还可以插入装配体中形成装配关系，并且生成数控代码，直接进行零件加工。

（2）装配体：在 SolidWorks 中自上而下生成新零件时，要参考其他零件并保持这种参数关系，在装配环境里，可以方便地设计和修改零部件。在自下而上的设计中，可利用已有的三维零件模型，将两个或者多个零件按照一定的约束关系进行组装，形成产品的虚拟装配，还可以进行运动分析、干涉检查等，因此可以形成产品的真实效果图。

（3）工程图：利用零件及其装配实体模型，可以自动生成零件及装配的工程图，需要指定模型的投影方向或者剖切位置等，就可以得到需要的图形，且工程图是全相关的，当修改图纸的尺寸时，零件模型、各个视图、装配体都自动更新。

SolidWorks 的基本界面如图 3-4 所示。

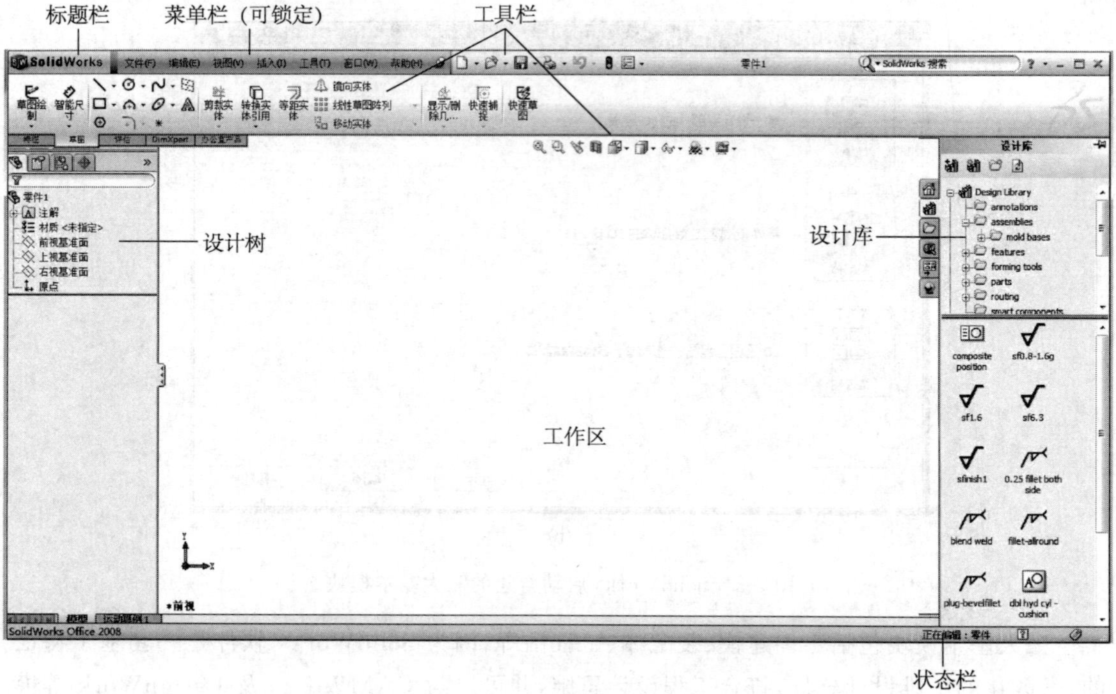

图 3-4　SolidWorks 的基本界面

菜单栏：自 SolidWorks 2008 开始菜单栏为浮动式（可锁定），这里包含 SolidWorks 所有的操作命令。

工具栏：工具栏包括标准工具栏（可移动位置）、专用工具栏（由其下方的选项卡切换）和显示控制工具栏（在工作区上方）。专用工具栏可以工具需求或习惯进行定制，可以在制图区的边缘引入工具栏或者拉到制图区里，随时可以移动。

设计树：设计树对于不同的操作类型（零件设计、工程图、虚拟装配）其内容是不同的。但基本上在这里设计树都真实地记录了我们在操作中做的每一步（如添加一个特征、加入一个视图或插入一个零件等）；在设计树中还可以利用退回控制棒（回溯棒）在中间增加新的特征或编辑某一特征。

工作区：是进行零件设计（特征建模）、虚拟装配、工程图制作的主要操作窗口。以后提到的草绘等操作均在这个区域中完成。

状态栏：显示当前系统的操作状态。

二、SolidWorks 工具栏的个性化定制

如同大多数 Windows 平台的应用软件一样，工具栏是可以根据自己的使用情况进行定制的，主要有如下几种操作方法。

(1)工具栏显示/隐藏：将鼠标定位于空白的工具栏旁边，单击右键弹出浮动窗，选择自定义，在“工具栏”选项卡中打“√”的工具表示显示，否则为隐藏（见图 3-5）。

图 3-5　工具栏显示/隐藏定制

(2)使用菜单：单击“工具”菜单，选择自定义，在“工具栏”选项卡（标签）选中需要显示的工具栏。还可以定义工具栏图标的大小。

(3)工具栏的移动：按住工具栏的竖线拖动，可以移动工具栏，可以定位于顶端、底端、左边、右边，或浮动于屏幕上。

(4)工具栏内容的增减：使用菜单“工具”→“自定义”，选中命令选项卡，如图 3-6 所示。

- 拖动一图标移动到某工具栏；
- 从某工具栏中拖回到按钮栏中，取消在该工具栏的显示；

● 拖动工具栏中的一图标到前后位置，可以改变图标位置。

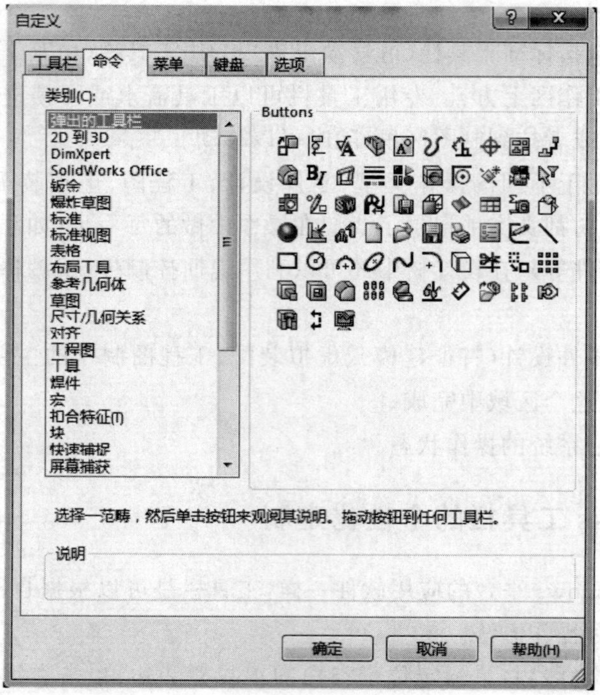

图 3-6　工具栏内容的增减

3.2　SolidWorks 零件特征建模

零件特征建模需要先绘制草图然后再由特征造型生成零件模型。草图绘制一般为零件特征实体在某一截面的轮廓，可为轮廓线、独立的或嵌套的封闭几何图形等。本节以汽车空压机活塞、连杆（见图 3-7）为例，简要介绍 SolidWorks 零件特征建模。

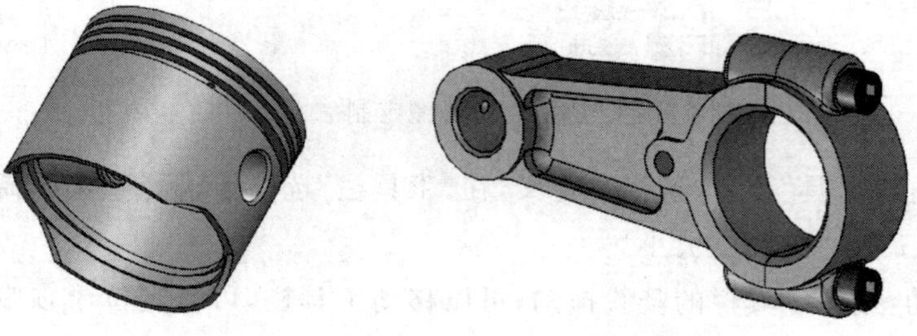

(a) 活塞　　(b) 连杆

图 3-7　活塞、连杆特征模型

3.2.1　草图绘制的流程

1. 确定草图绘制的基准面

在特征管理器中，系统提供了 3 个标准的基准面供用户选择，另外还可添加其他的基准面或选择已完成的特征平面作为基准面。添加基准面的方法如下。

(1)通过菜单添加基准面：插入→参考几何体→基准面[见图 3-8(a)]；

(2)复制现有基准面：选择已有基准面→按住 Ctrl 键→用鼠标拖动到大致位置→在左侧对话框中调整基准面相关参数[见图 3-8(b)]。

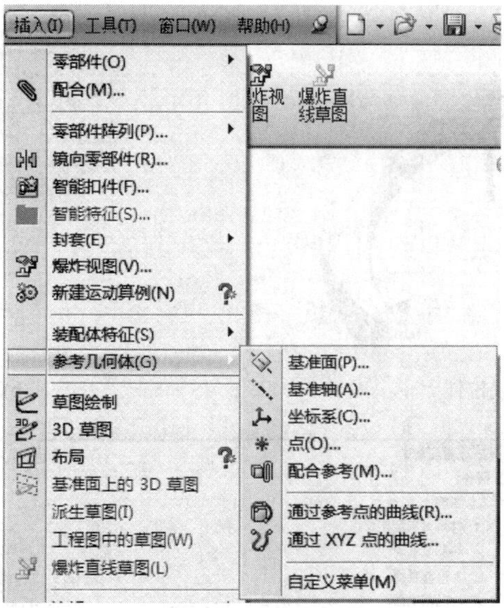

(a) 插入基准面

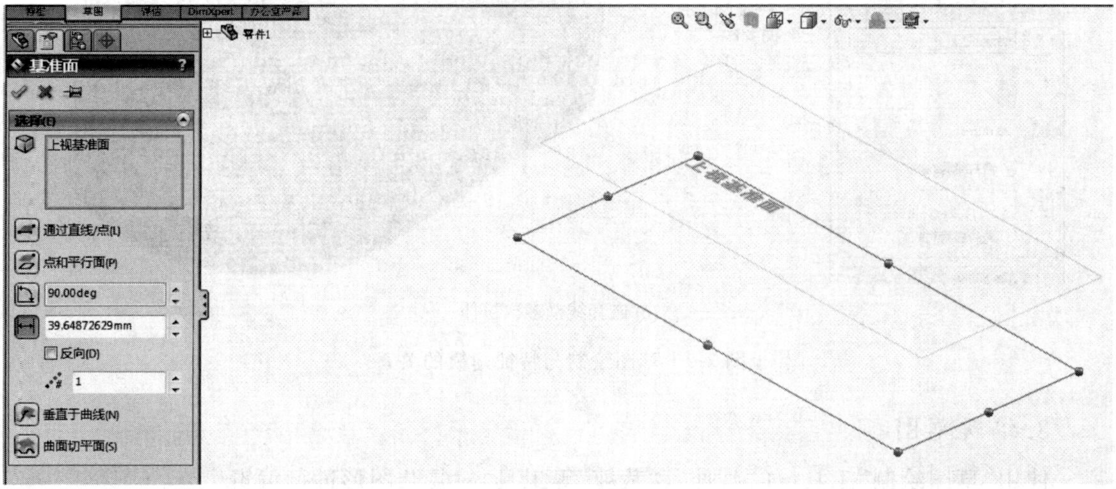

(b) 复制基准面

图 3-8　基准面添加方法

2. 草图绘制

利用“草图绘制”工具栏进行草图的绘制。其常用的草图绘制与特征的关系如图 3-9 所示。

(1)草图为轮廓线的拉伸特征，如图 3-9(a)所示；

(2)草图为独立封闭轮廓的旋转特征，如图 3-9(b)所示；

注：旋转特征草图最少要有一条直线边。

(3)草图为嵌套封闭轮廓的多次拉伸特征，如图 3-9(c)所示。

注：嵌套封闭轮廓拉伸适用于在同一方向不同高度的特征建模，在第一次拉伸后，再次拉伸的轮廓要在第一次拉伸的草图中取。

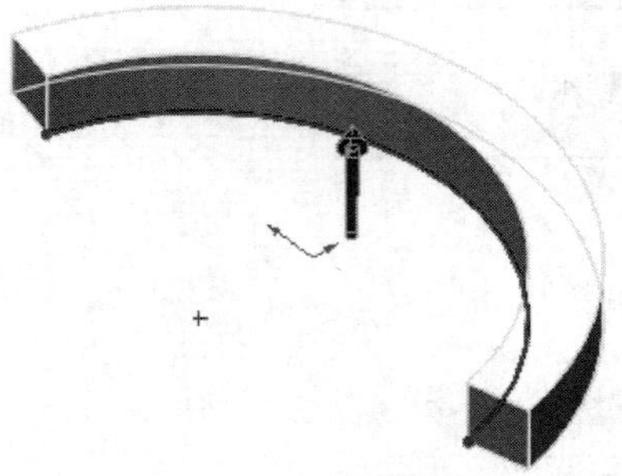

(a) 轮廓线拉伸

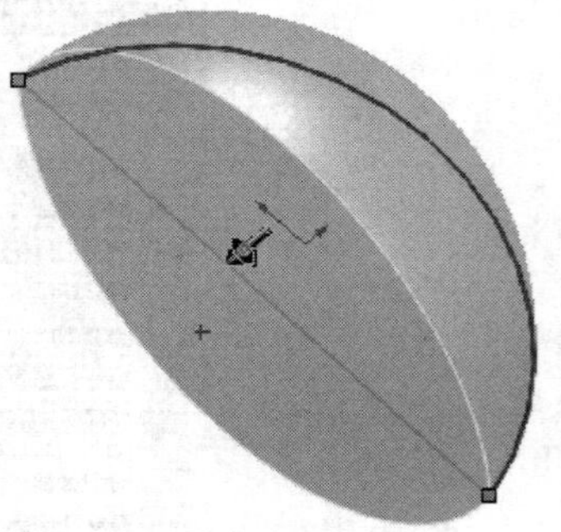

(b) 封闭线框旋转

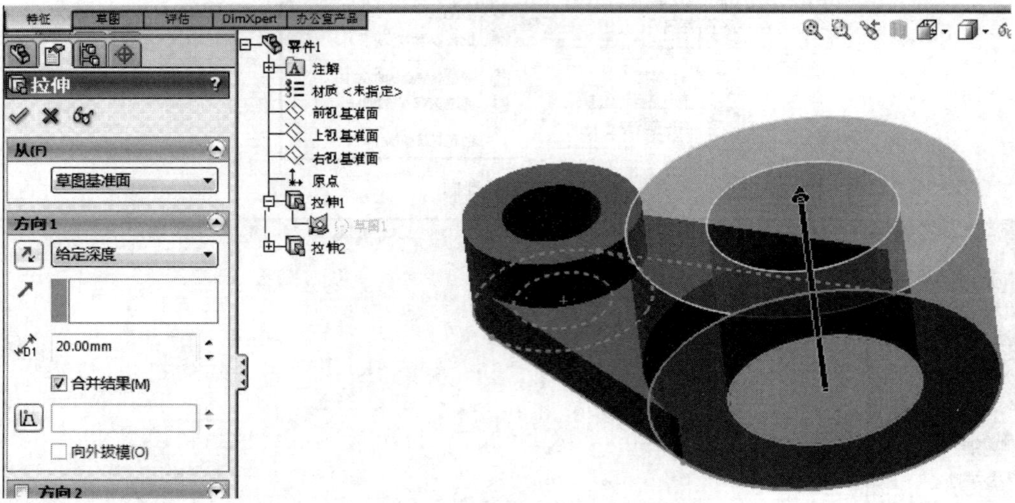

(c) 嵌套线框多次拉伸

图 3-9 草图绘制与特征建模的关系

3. 编辑草图

使用“草图绘制”工具(如“延伸”、“裁剪”等工具)对复杂图形进行编辑。

4. 尺寸标注

使用“智能尺寸”工具确定草图各图元的尺寸。

5. 编辑或添加约束

对复杂的图形需编辑或添加约束(几何关系),使草图完全定义。

6. 结束草图

退出草图绘制,准备进行特征造型的准备工作。

3.2.2　零件特征建模的简单流程

零件特征建模的简单流程如下。

(1)完成草图的绘制后,需要进行草图绘制的合理性检查(**注**:不合理的草图可能会导致错误的特征建模或无法完成特征建模),选择不同特征造型工具。不同的草图图形将激活不同的特征造型工具,包括:

①草图仅为单个草图形体而无中心线(或直线)时,系统只允许使用“拉伸”工具;

②如果草图具有中心线(或直线)元素时,系统允许使用“拉伸”和“旋转”工具;

③如果绘制了两个以上的不同基准面上的草图,系统将允许使用“扫描”、“放样”等工具。

(2)用“选择”工具选取特征实体的一个面,作为新的基准面,绘制新的草图实体。

(3)使用“拉伸”、“旋转”、“扫描”、“放样”、“切除”等工具进行更为复杂的特征造型(基于草图)。

(4)使用“圆角”、“倒角”、“阵列”、“镜像”、“抽壳”、“筋(肋)”等工具对实体进行辅助特征建模(基于特征实体)。

(5)通过鼠标右键单击设计树或实体特征,可实时对草图或特征进行编辑修改。

3.2.3　汽车活塞、连杆零件建模实例

活塞、连杆是汽车典型零件之一。下面将以汽车空气压缩机(简称空压机)活塞、连杆零件建模为例简要介绍其建模方法(**注**:建模方法因人而异,但应以方便的特征、简洁的流程为佳)。

空气压缩机有很多种类,活塞式空压机属于最早的压缩机设计之一,但它仍然是最通用和非常高效的一种压缩机。活塞式压缩机通过连杆和曲轴使活塞在气缸内向前运动。如果只用活塞的一侧进行压缩,则称为单动式。如果活塞的上、下两侧都用,则称为双动式。它可以压缩空气,也可以压缩气体,用途非常广泛。

建模前须认真分析零件的结构特点,初步设计其建模流程(**注**:下例建模流程均为描述圆角、倒角等工艺结构的特征建模)。

1. 活塞建模

(1)结构分析。活塞结构相对比较复杂,其结构主要包括:活塞顶(球面)、活塞头部、活塞裙部、活塞销孔、活塞销座、连接销挡圈槽、活塞环槽及加强肋板等结构(见图 3-10)。

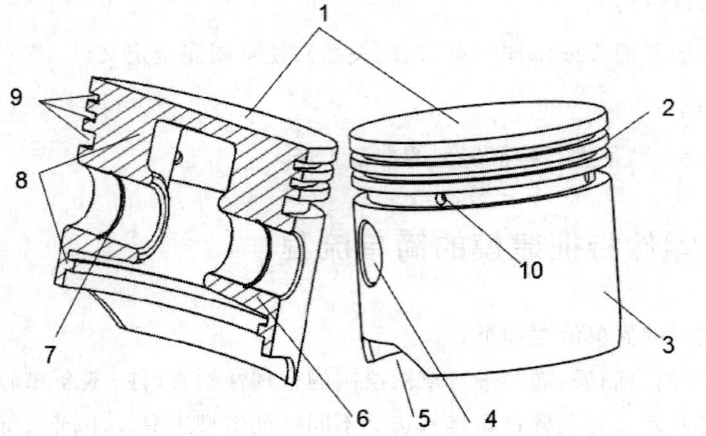

图 3-10 活塞结构示意图

1—活塞顶(球面);2—活塞头部;3—活塞裙部;4—活塞销孔;5—活塞裙部缺口;
6—活塞销座;7—连接销挡圈槽;8—加强肋板;9—活塞环槽;10—油孔

(2)建模流程。旋转内外结构主体(含活塞顶球面结构,见图 3-11(a))→ 拉伸活塞销座及加强肋板(一侧)→ 镜像活塞销座及加强肋板 → 切除-拉伸销孔[见图 3-11(b)]→ 切除-旋转活塞环槽和连接销挡圈槽[见图 3-11(c)]→ 镜像连接销挡圈槽 → 切除-拉伸活塞裙部缺口[见图 3-11(d)]→ 拉伸活塞裙部加强肋板 → 切除-拉伸油环槽底油孔 → 镜像油环槽底油孔[见图 3-11(e)]。建模流程及建模完成后剖视图如图 3-12 所示。

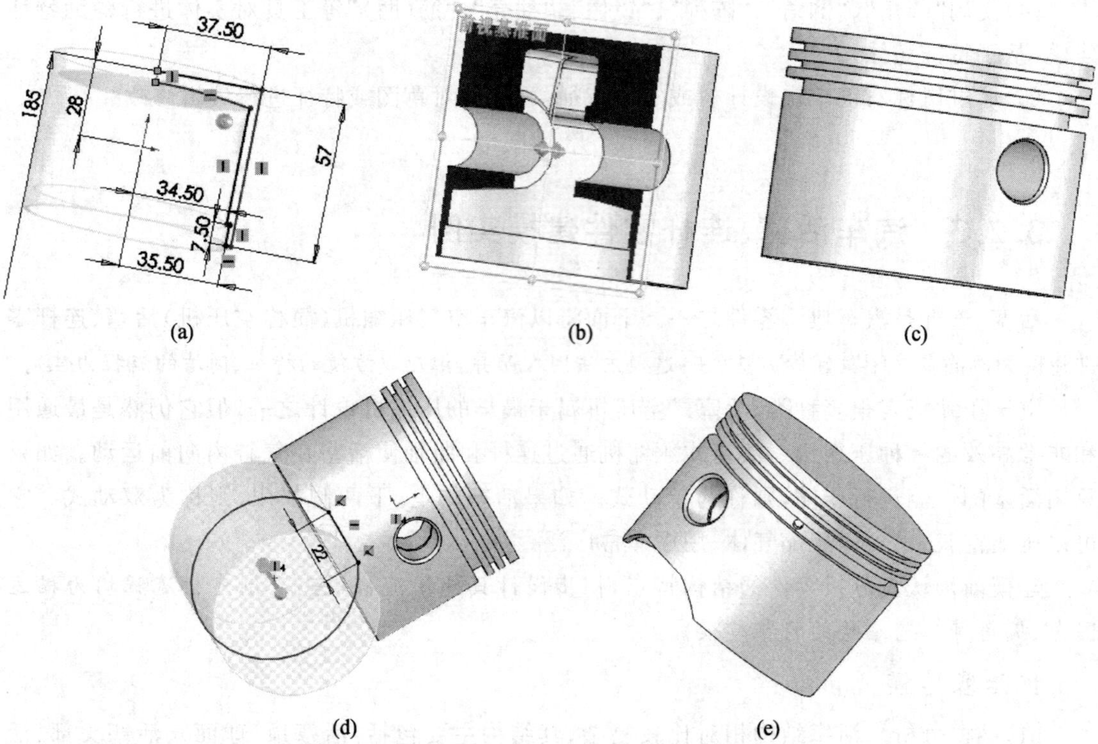

图 3-11 活塞建模主要流程图

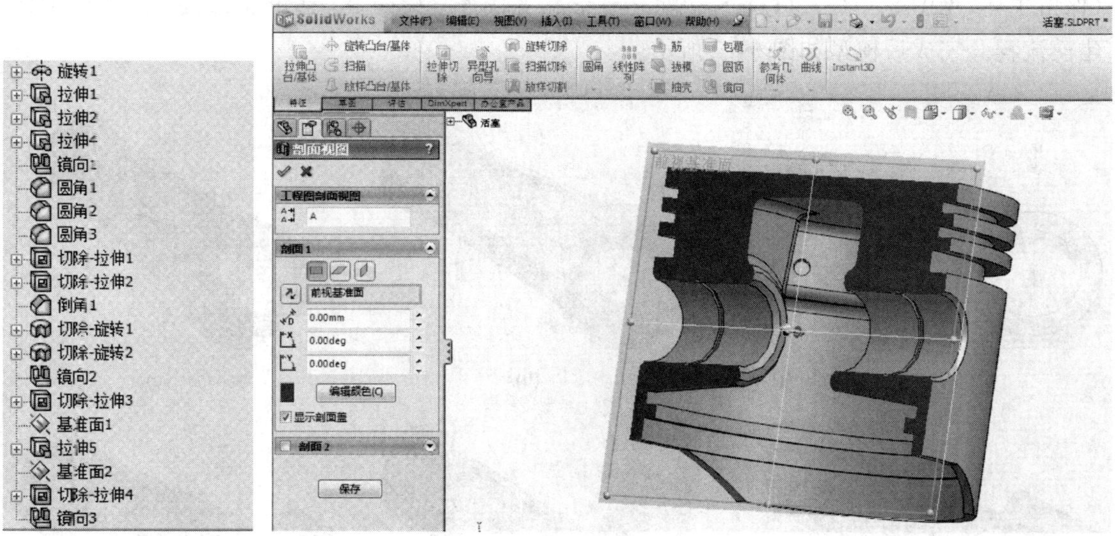

(a) 建模流程 (b) 完成建模后剖视图

图 3-12 建模流程及建模完成后剖视图

2. 连杆建模

(1)结构分析。连杆大端(与曲轴连接端)属剖分结构,为便于建模,应将连杆整体建模完成后剖分为连杆主体和连杆轴瓦端盖两部分。其结构包括:连杆小端(连接活塞)、连杆大端(剖分端,连接曲轴)、连接螺钉孔凸台、工艺孔、剖分面、杆身及杆身加强肋等结构(见图 3-13)。

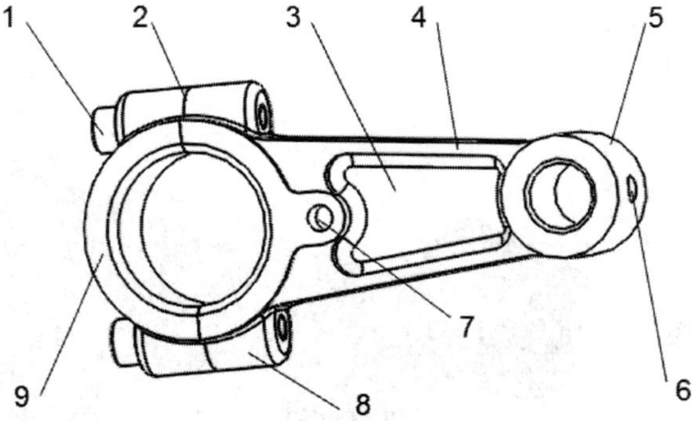

图 3-13 连杆结构示意图

1—连接螺钉(选标准件或单独建模);2—剖分面;3—杆身加强肋;
4—杆身;5—连杆小端;6—油孔;7—工艺孔;
8—连接螺钉孔凸台;9—连杆大端

(2)建模流程。

①连杆主体建模。拉伸连杆大小端圆筒(两侧对称拉伸见图 3-14(a))→ 拉伸杆身连接板 → 拉伸工艺孔凸台(单侧)→ 切除－拉伸工艺孔(单侧)→ 切除－拉伸形成杆身加强肋(两侧结构不同,分别切除－拉伸,见图 3-14(b)、(c))→ 切除－旋转连杆小端油孔 → 拉伸螺钉连接孔凸台(一侧)→镜像螺钉连接孔凸台[见图 3-14(d)]→ 切除－拉伸剖分连杆大端

(保留主体,见图 3-14(e)、(f))→ 切除一异形孔完成连接螺钉孔[见图 3-14(f)]。连杆主体建模流程及完成后模型如图 3-15 所示。

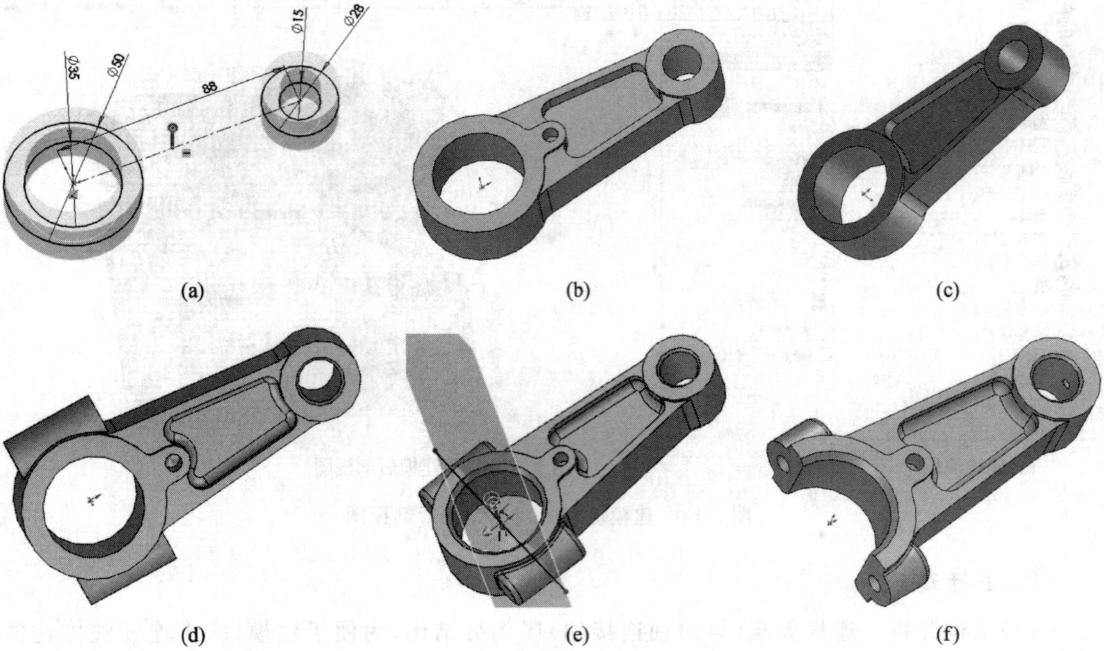

图 3-14 连杆主体建模主要流程图

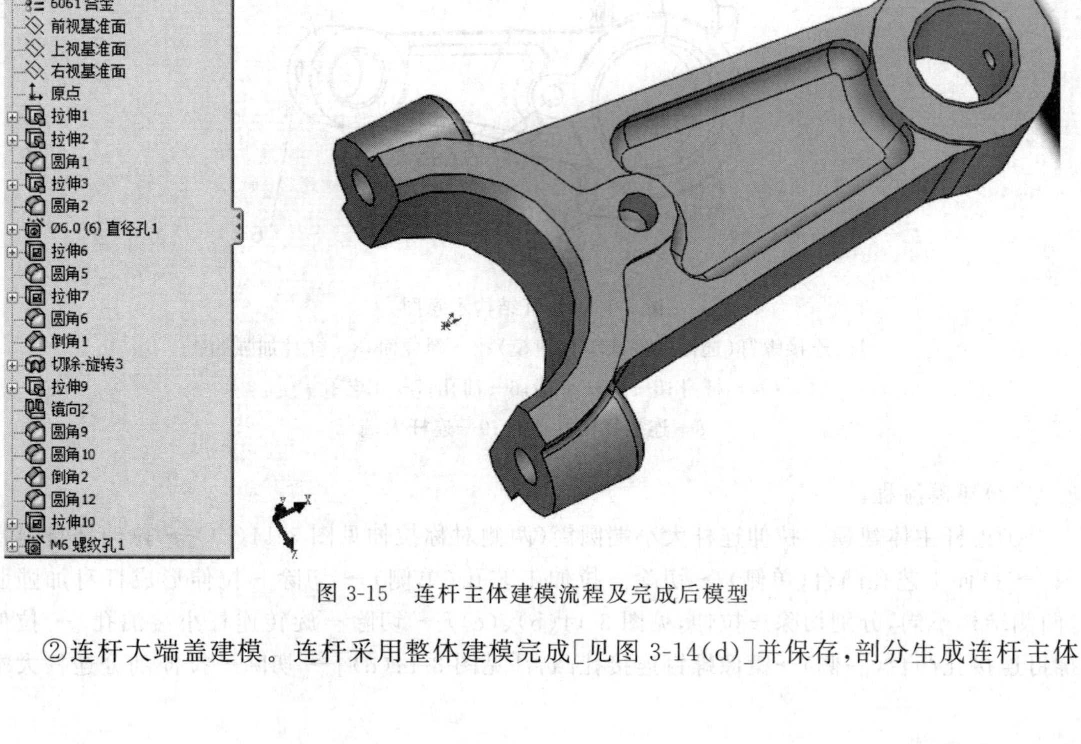

图 3-15 连杆主体建模流程及完成后模型

②连杆大端盖建模。连杆采用整体建模完成[见图 3-14(d)]并保存,剖分生成连杆主体

模型，反侧切除则可生成连杆大端盖[见图 3-16(a)、(b)]，切除一拉伸出螺钉连接孔即完成连杆大端盖建模[见图 3-16(c)]。

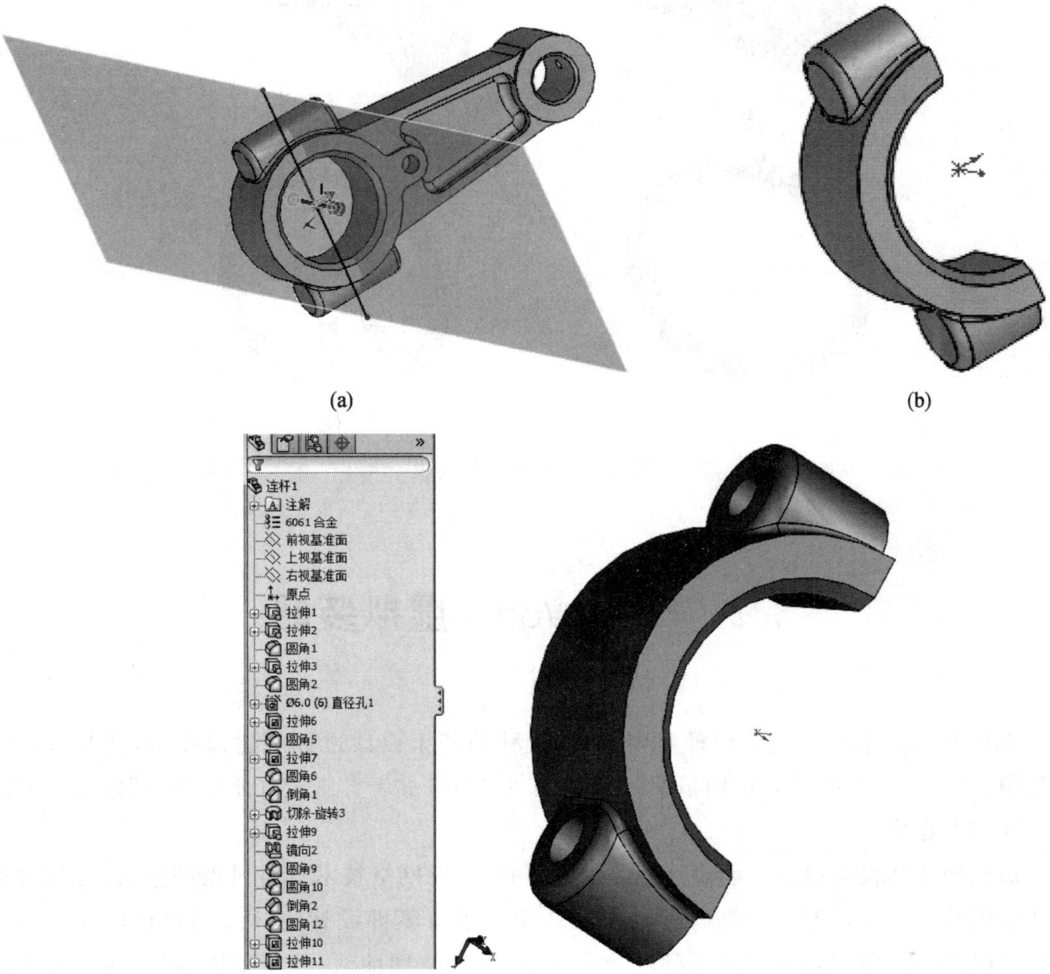

(a) (b) (c)

图 3-16 连杆大端盖建模流程及完成后模型

3. 其他连接建模

(1)结构分析。其他零件主要包括连接销、螺钉及连接销挡圈（可有两种结构，见图 3-17(c)、(d)）组成。其结构均非常简单，多为回转体。

(2)建模流程。

连接销[见图 3-17(a)]，可采用拉伸或旋转均可，切出两端倒角即完成建模。

螺钉[见图 3-17(b)]，可直接建模（拉伸或旋转均可），切除一拉伸螺钉头部内六角孔，螺纹一般采用装饰螺纹线；也可调用系统标准件库中的内六角螺钉直接生成。

挡圈[见图 3-17(c)、(d)]，孔用开口挡圈[见图 3-17(c)]可一次拉伸成形，也可调用系统标准件；孔用簧丝挡圈[见图 3-17(d)]则需要扫描成形。

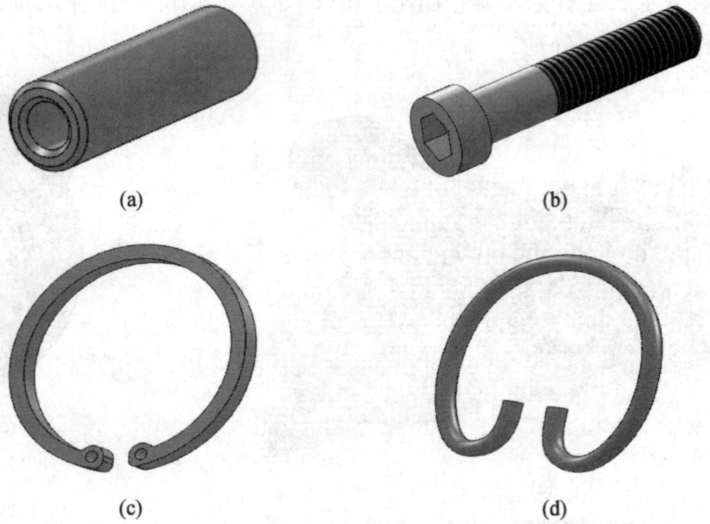

图 3-17 其他零件建模

3.3 SolidWorks 虚拟装配

SolidWorks 软件提供了两种建模技术：一种是基于设计过程的建模技术，就是自顶向下建模；另一种是根据实际应用情况，一般三维 CAD 开始于详细设计阶段的，其建模技术就是自底向上建模。

自顶向下建模是符合一般设计思路的建模技术，在网络技术日益发展的今天，使用这种方式建模逐渐趋于成熟。它是一种在装配环境下进行零件设计的，可以利用“转换实体引用”工具按钮，将已经生成的零件的边、环、面、外部草图曲线、外部草图轮廓、一组边线或者一组外部草图曲线等投影到草图基准面中，在草图上生成一个或者多个实体，这样可以避免单独进行零件设计可能造成的尺寸等各方面的冲突。

根据产品研制开发的三个阶段，SolidWorks 软件提供了两种建模技术。

一种是基于设计过程的建模技术，这是一个比较彻底的自顶向下的建模方法。首先在装配环境下绘制一个描述各个零件轮廓和位置关系的装配草图，然后在这个装配环境下进入零件编辑状态，绘制草图轮廓，草图轮廓要同装配草图尺寸一致，利用“转换实体引用”工具按钮操作，这样零件草图同装配草图形成父子关系，改变装配草图，就会改变零件的尺寸，在装配环境下，其过程如下：

装配草图 → 零件草图 → 零件 → 装配体

另一种比较实用的自顶向下的建模方式，在实际应用中也比较多，首先选择一些在装配体中关联关系少的零件，建立零件草图，生成零件模型，然后在装配环境下，插入这些零件，并设置它们之间的装配关系，参照这些已有的零件尺寸，生成新的零件模型，完成装配体。

这样也可以避免零件间的冲突。在装配环境下,其过程如下:

零件草图→零件(部分)→装配(部分)→生成新零件草图→生成新零件→装配(完整)

自顶向下建模是符合一般设计思路的建模方法,但是在目前环境下,实现这种建模方式还不是很理想。方案设计阶段主要是由工程技术人员根据经验来进行设计的,目前的三维 CAD 软件一般都是在详细设计阶段介入的,SolidWorks 常用在以零件为基础进行建模的,这就是**自底向上建模**,也就是建立零件,再装配。SolidWorks 的参数化功能,可以根据情况随时改变零件的尺寸,而且其零件、装配体和工程图之间是相互关联的,可以在其中任何一个模块进行尺寸的修改,所有模块的尺寸都改变,这样可以大大地减少设计人员的工作量。在建立零件模型后,可以在装配环境下直接装配,生成装配体;然后单击"干涉检查"按钮,进行检查,若有干涉,可以直接在装配环境下编辑零件,完成设计。**自底向上建模**的过程如下:

零件草图 → 零件 → 装配体

本节所介绍的 SolidWorks 虚拟装配就是**自底向上建模**的一种演练。装配前须创建组成装配体的全部零部件(标准件可调用标准件库),对共享资源可创建设计库。

3.3.1　装配体的设计步骤

装配体设计仍以活塞连杆装配设计为例,在进行活塞连杆装配前,应先将连杆的主体与端盖用内六角螺钉装配成连杆合件(子装配体),再将活塞、连杆通过连接销和挡圈进行装配。其基本步骤如下。

(1)将零部件载入装配环境(见图 3-18)。

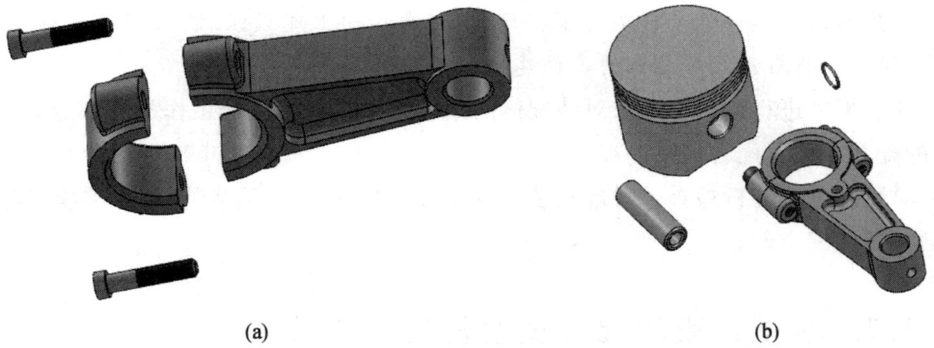

(a)　　(b)

图 3-18　装配体零件载入

图 3-18(a)为连杆子装配体零件载入;图 3-18(b)为活塞、连杆装配体零部件载入。

注:装配体零部件载入的第一件一般默认为固定件,可在设计树中选择相应零件,单击鼠标右键修改为浮动或固定;虚拟装配时,零部件可全部载入后进行装配,也可载入一件装配一件;相同零件载入一件后可复制零件(按住 Ctrl 键鼠标拖动),也可装配后进行零部件阵列或镜像零部件等操作。

(2)对零部件施加相应约束(配合)关系进行定位(见图 3-19)。

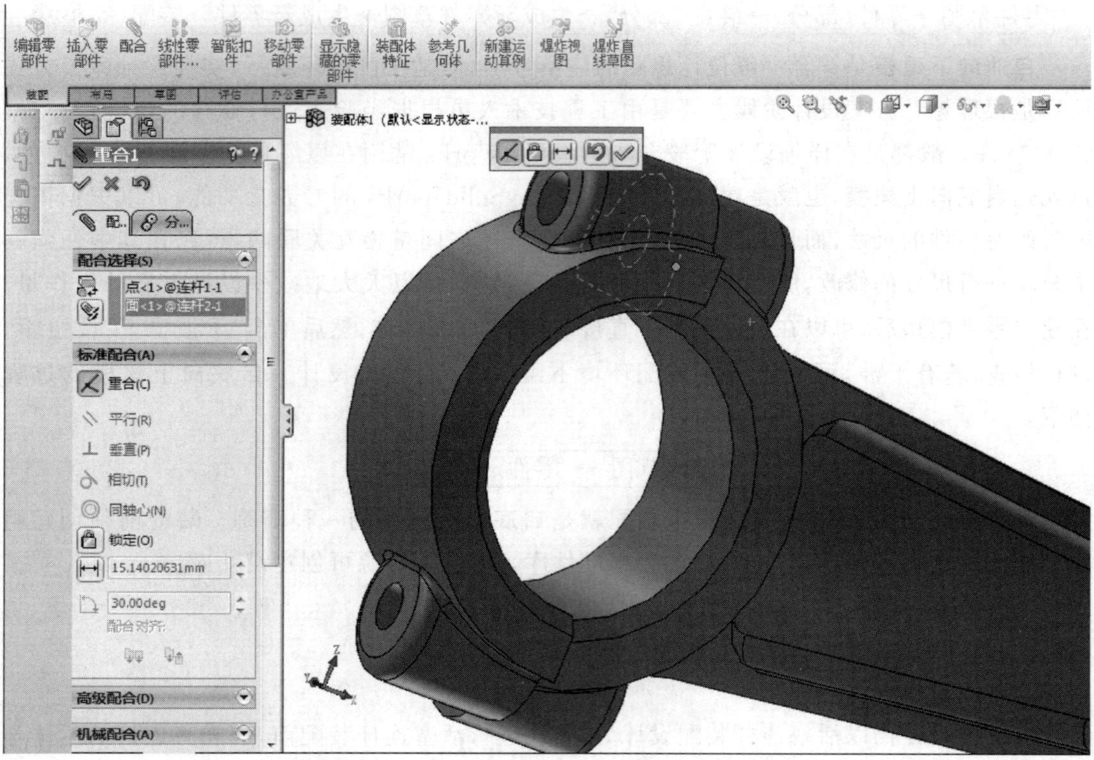

图 3-19 添加装配体约束(配合)关系

注:装配约束的配合类型及配合关系在 3.3.2 小节中介绍。

(3)根据需要创建新的零部件,并可以在装配环境下对零件进行设计修改。

注:创建新的零部件既可自顶向下建模,也可自底向上建模;在装配环境下对零件进行设计修改保存后将自动修改相应的零件建模和工程图。

(4)对装配体进行编辑修改。对装配体的编辑修改是虚拟装配工作的一部分,包括装配体约束的配合类型及配合关系的编辑修改。

(5)对装配进行分析检查。对虚拟装配进行分析检查包括:质量特性、干涉检查等。

(6)存储装配文件。

3.3.2 装配约束的配合类型及配合关系

装配约束的配合类型及配合关系主要有以下几个。

(1)重合:指几何平面、直线或点相互重合。如图 3-20 所示,连杆主体与连杆大端盖剖分面的重合。

注:重合又分为同向重合与反向重合(图 3-20 属反向重合)。

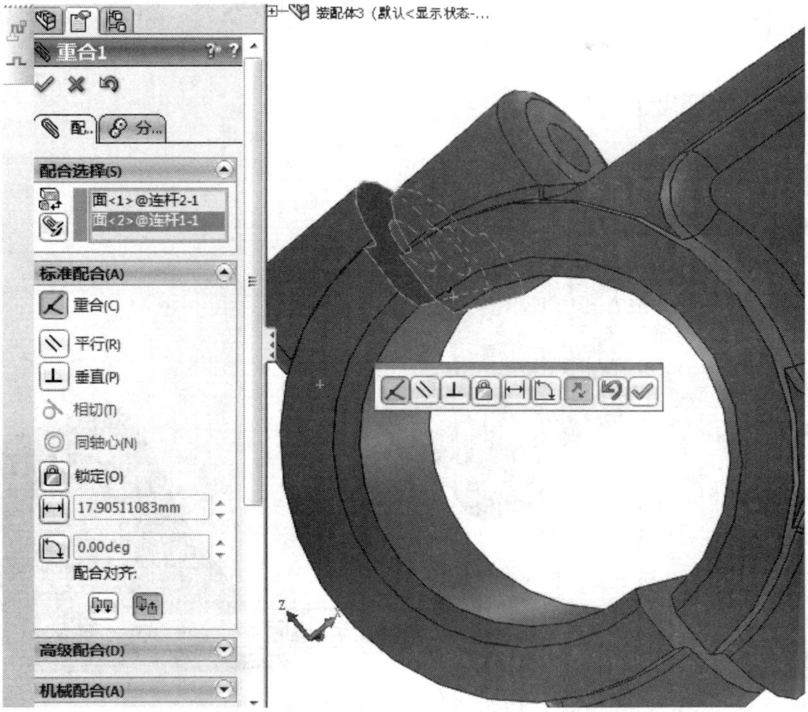

图 3-20　连杆主体与连杆大端盖剖分面的重合

(2)垂直:指几何平面或直线(轴线)相互垂直。如图 3-21 所示,螺钉轴线与端面垂直。

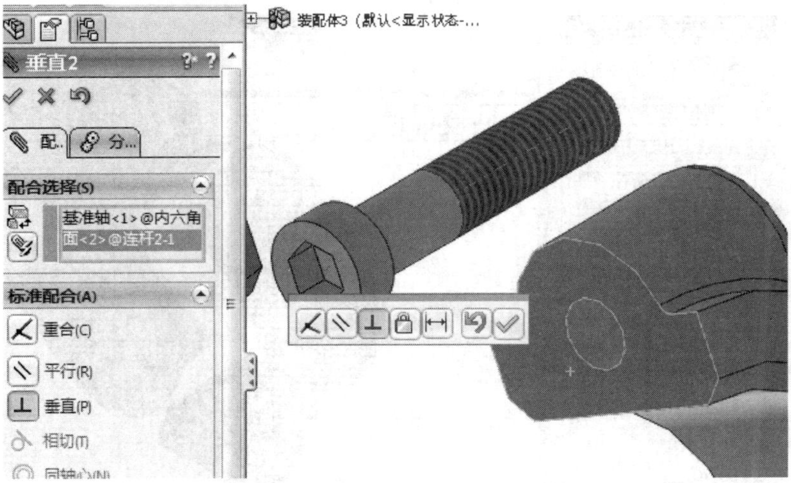

图 3-21　螺钉轴线与端面垂直

注:图中装配约束的配合类型及配合关系仅为几何约束,不是实际装配。以下(3)、(5)、(6)亦是。

(3)相切:指两圆柱面之间或圆柱面与平面之间呈相切关系。如图 3-22 所示,两圆柱面的相切。

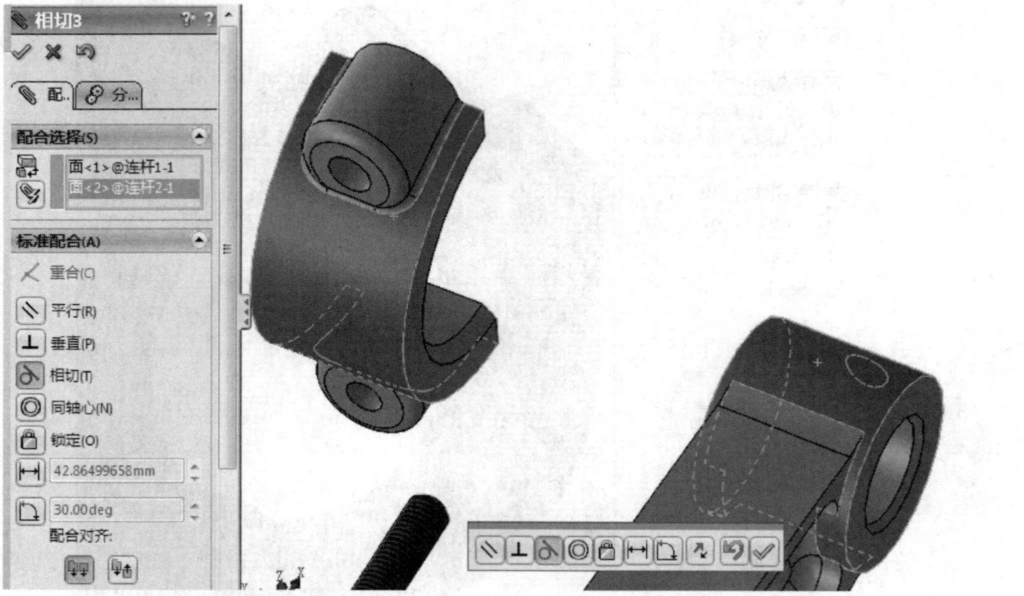

图 3-22　两圆柱面相切

(4)同轴:指两回转体之间轴线的同心关系。如图 3-23 所示,连杆与大端盖螺钉连接孔同心。

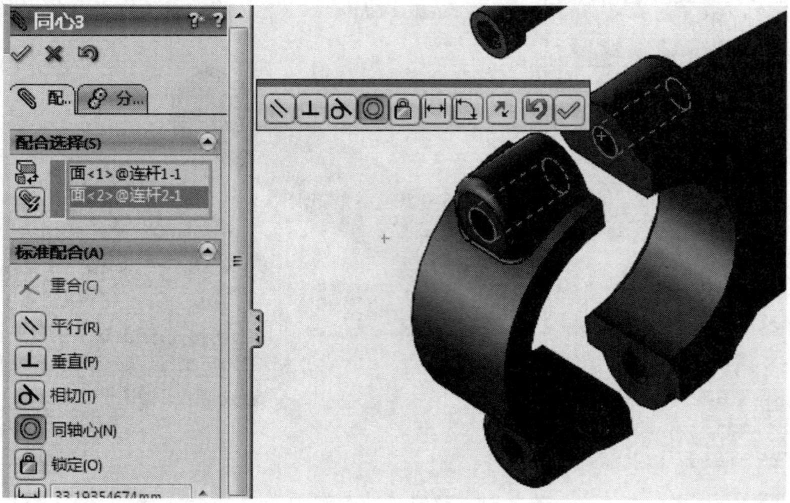

图 3-23　连杆与大端盖螺钉连接孔同心

(5)距离:指几何平面、直线或点平行并且相距指定的距离,如图 3-24(a)所示。

(6)角度:两几何平面之间或直线之间在空间的夹角,如图 3-24(b)所示。

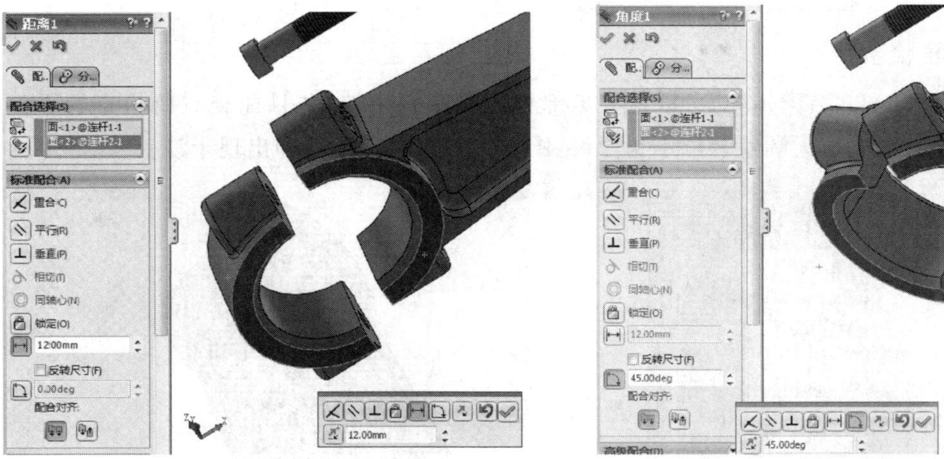

(a)　　　　　　　　　　　　(b)

图 3-24　连杆主体与大端盖半圆平面的距离与角度

3.3.3　装配体分析

1. 质量特性

在 SolidWorks 装配体中，可以计算整个装配体或其中部分零部件的质量特性，包括模型的质量、体积、表面积、重心、惯性矩等(见图 3-25)，并且可以打印、复制计算结果。操作时，只需单击“工具”菜单中选择“质量特性”即可。

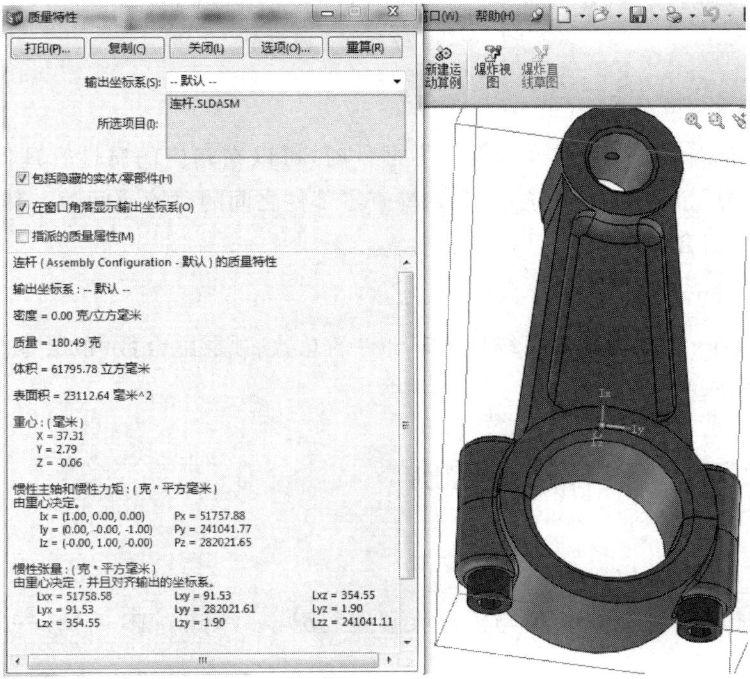

图 3-25　连杆的质量特性

注:如果有轻化或压缩零件,则需要还原后才能计算出其特性。

2. 干涉检查

在 SolidWorks 装配体中,可以检查零部件之间是否干涉,并且能查看所检查的干涉体积。假设连杆主体与大端盖装配不到位(见图 3-26),螺钉装配后即出现干涉。

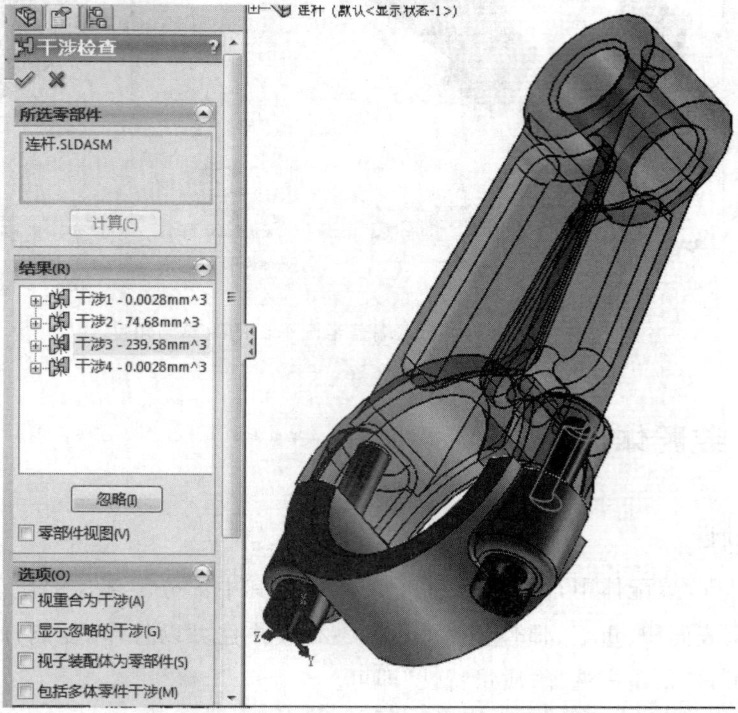

图 3-26　连杆的干涉检查

3. 碰撞检查、物质动力和动态间隙

在 SolidWorks 装配体中移动或旋转零部件时,可以在相应的属性管理器中选择"碰撞检查"、"物质动力"、"动态间隙"选项,分别检查零部件之间的碰撞或间隙。其中"碰撞检查"和"动态间隙"可组合使用。

4. 装配体统计

在 SolidWorks 装配体中可以统计出零部件的总数、顶层配合数、顶层零部件数、装配体层次关系的最大深度等。

3.3.4 活塞、连杆装配实例

1. 连杆子装配顺序及配合关系

连杆子装配顺序为:连杆主体与连杆大端盖装配 → 螺钉装配(一侧)→ 镜像螺钉装配(见图 3-27)。

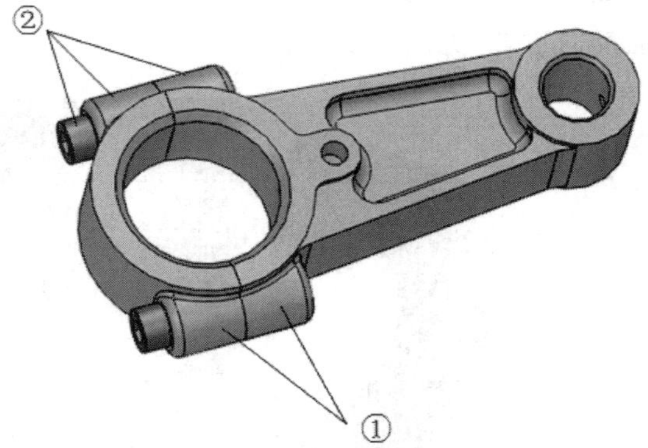

图 3-27　连杆子装配顺序

连杆子装配约束的配合关系如下。

①连杆主体与大端盖配合有：剖分面反向对齐重合[见图 3-28(a)]、半圆孔同心[见图 3-28(b)]以及一侧端面同向对齐重合[见图 3-28(c)]。

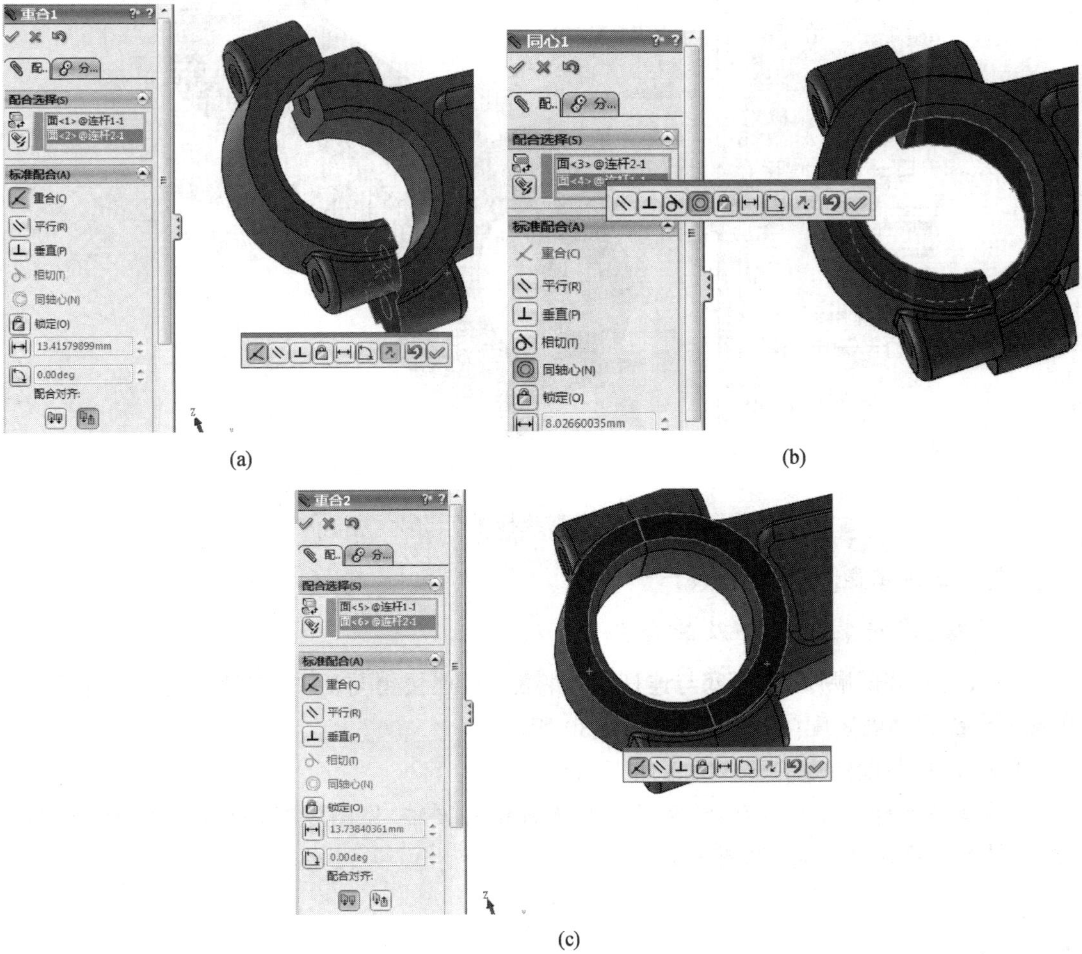

图 3-28　连杆主体与大端盖配合

②螺钉与连杆螺钉孔配合有：螺钉与连杆螺钉孔同轴[见图 3-29(a)]、螺钉头内端面与连杆大端螺钉连接孔端面反向重合[见图 3-29(b)]。

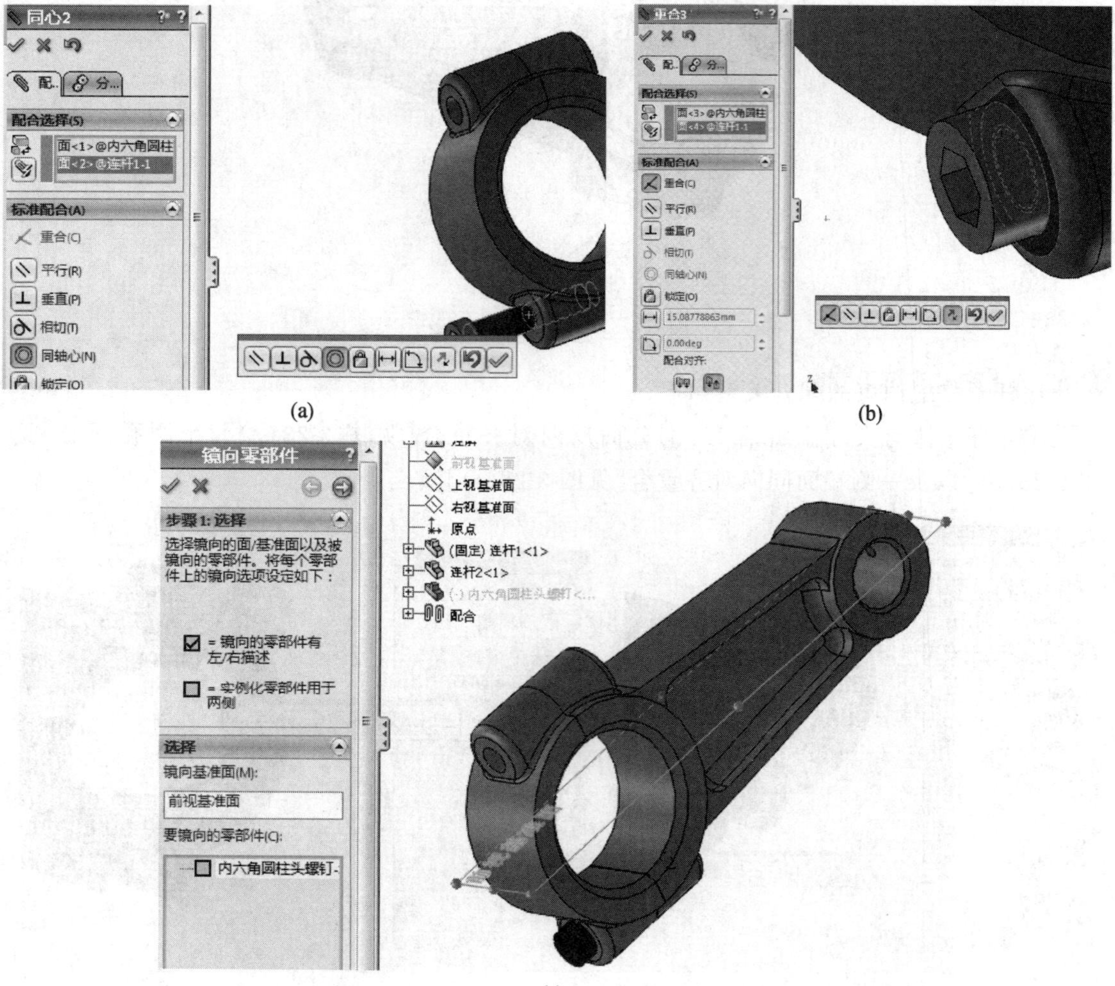

图 3-29 螺钉与连杆螺钉孔配合

③螺钉装配镜像[见图 3-29(c)]。

2. 活塞、连杆装配顺序及配合关系

活塞、连杆装配顺序为：活塞与连杆销孔装配 → 连接销与活塞、连杆装配 → 挡圈装配(单侧)→ 镜像挡圈装配(另一侧)，如图 3-30 所示。

活塞、连杆装配约束的配合关系如下。

①活塞与连杆销孔配合有：活塞销孔与连杆销孔同轴[见图 3-31(a)]、活塞销孔座端面与连杆销孔端面反向重合[见图 3-31(b)]。

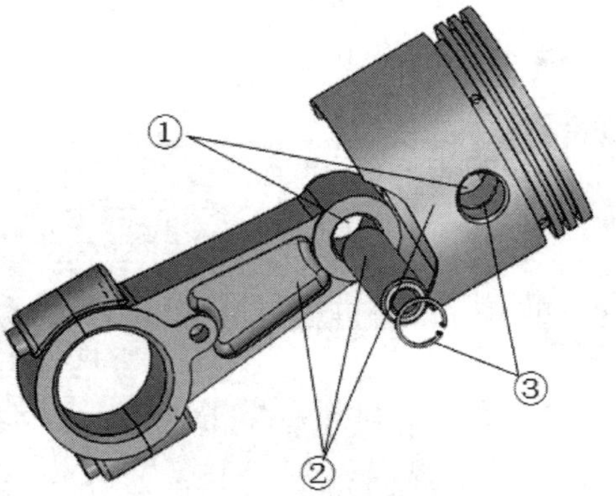

图 3-30　活塞、连杆装配顺序

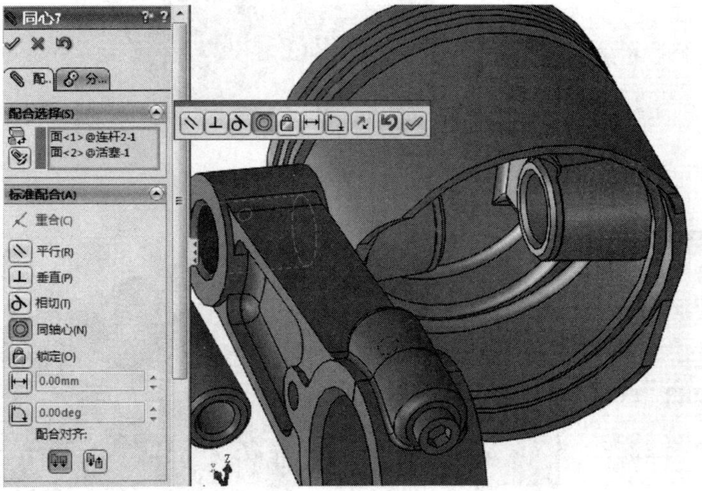

(a)

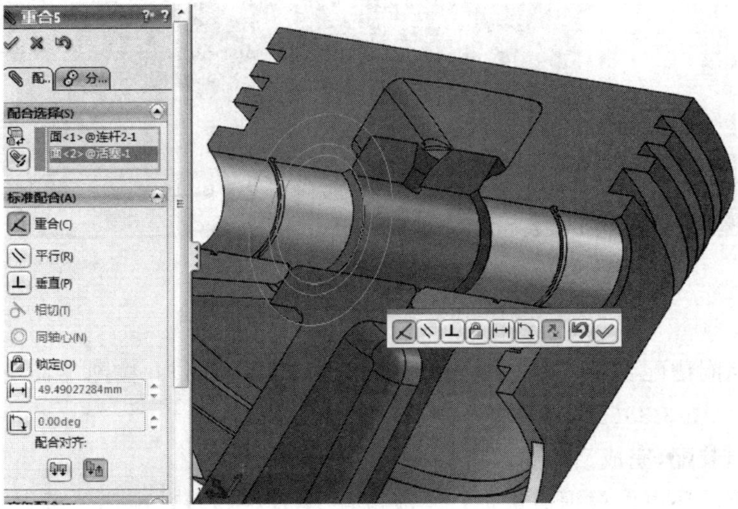

(b)

图 3-31　活塞、连杆配合

②连接销与活塞、连杆销孔配合有:连接销与连杆销孔同轴[见图 3-32(a)]、连接销端面与连接销挡圈槽端面同向重合[见图 3-32(b)]。

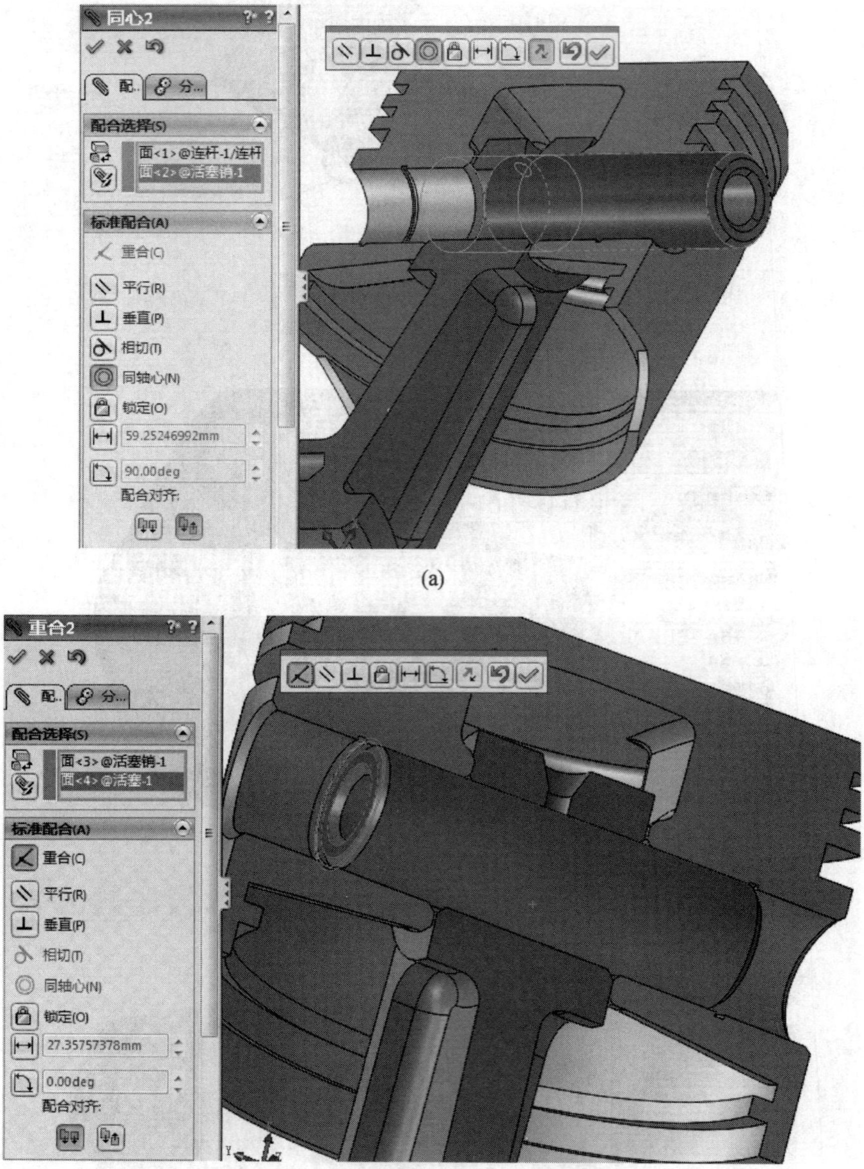

(a)

(b)

图 3-32　连接销与活塞、连杆销孔配合

③挡圈与挡圈槽配合有:挡圈与挡圈槽同轴[见图 3-33(a)]、挡圈端面与连接销挡圈槽端面反向重合[见图 3-33(b)]。

④镜像挡圈装配,完成活塞、连杆的虚拟装配(见图 3-34)。

装配体完成后还可以根据需求进行干涉检查、运动模拟等装配体分析。

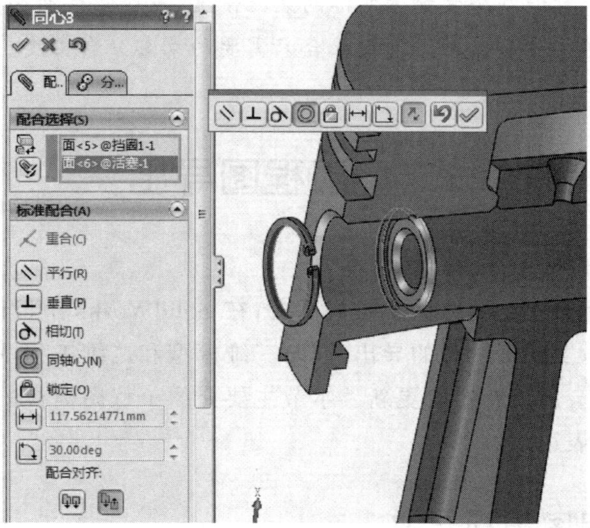

(a)

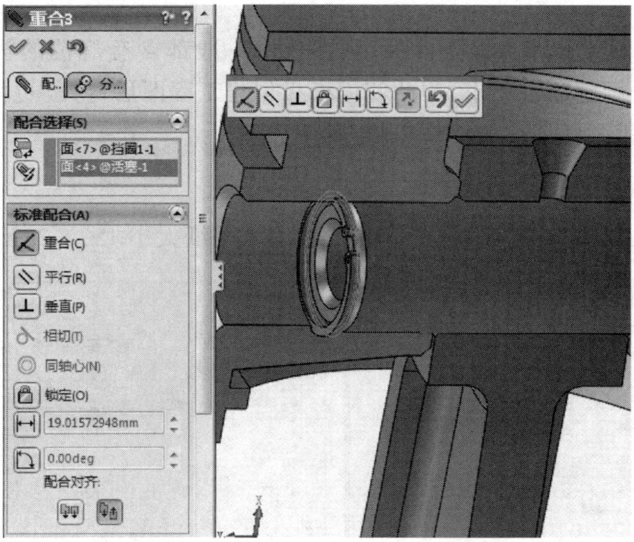

(b)

图 3-33　挡圈与挡圈槽的配合

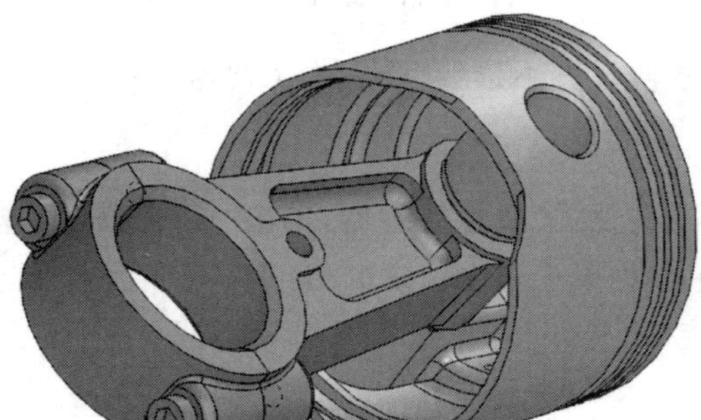

图 3-34　活塞、连杆装配完成图

注:装配约束应尽可能符合装配体实际的装配情况,有些零件间的配合需要6个自由度全部约束,有些零件间由于有相对运动则配合只需要约束部分自由度。

3.4 工程图导出

工程图设计是SolidWorks的重要组成部分,在SolidWorks中可以将绘制好的三维模型转换为二维工程图,实现工程图的导出,同时三维模型和二维工程图是相互关联的,三维模型修改后工程图将会进行相应的更新。本节主要介绍工程图模板的定义、工程图的创建方法及其尺寸标注和表达。

3.4.1 工程图模板定义

SolidWorks提供了多种工程图模板,且模板中一般都含有规范的标题栏,但是多是国外标准,不一定符合国内规范要求,因此使用模板创建工程图后,要经过修改一下,才可以得到标准的图样。创建图样模板的操作步骤,具体如下。

1. 新建工程图

文件→新建SolidWorks文件→工程图→自定义图纸大小420×297→确定(见图3-35)。

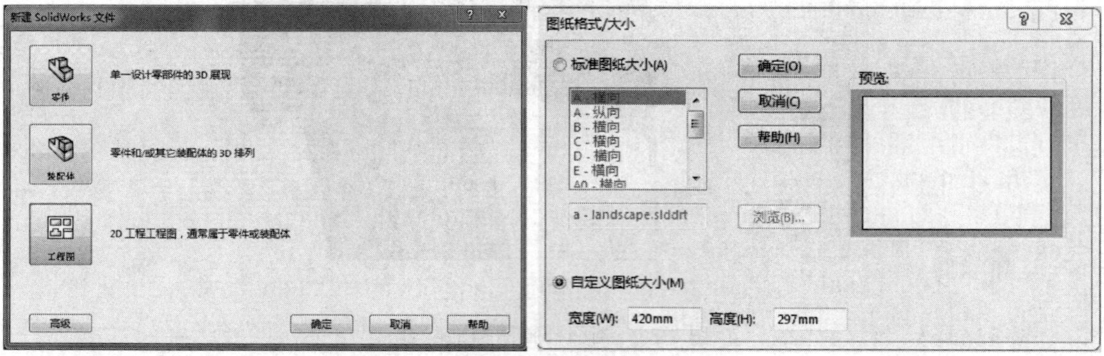

图3-35 新建工程图

注:此处也可选择标准图纸大小,即软件自带工程图模板。

2. 编辑图纸格式

由上步系统会打开"模型视图"属性管理器,单击"关闭"按钮,这时不创建视图右击操作区空白区域,从弹出的快捷菜单中选择"编辑图纸格式"命令,从而进入"编辑图纸格式"模式。

3. 线型设置

设置线型相关参数如下。

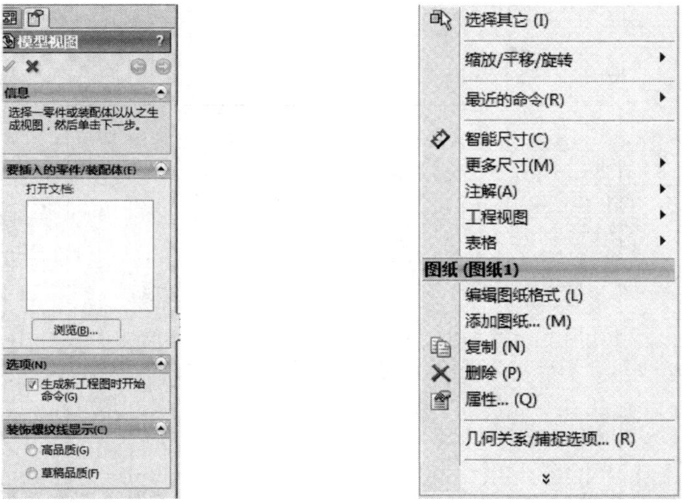

图 3-36　“编辑图纸格式”模式

(1)线型工具按钮:选择“视图”→“工具栏”→线型工具[见图 3-37(a)]。

(2)线型设置:单击“线型”工具栏中的“线粗”按钮,在弹出的下拉列表中选择第 2 个线型,如图 3-37(b)左图所示,再单击“线型”工具栏中的“线色”按钮,在弹出的“设定下一直线颜色”对话框中选择黑色作为线条的颜色,也可以选择其他颜色,如图 3-37(b)右图所示。

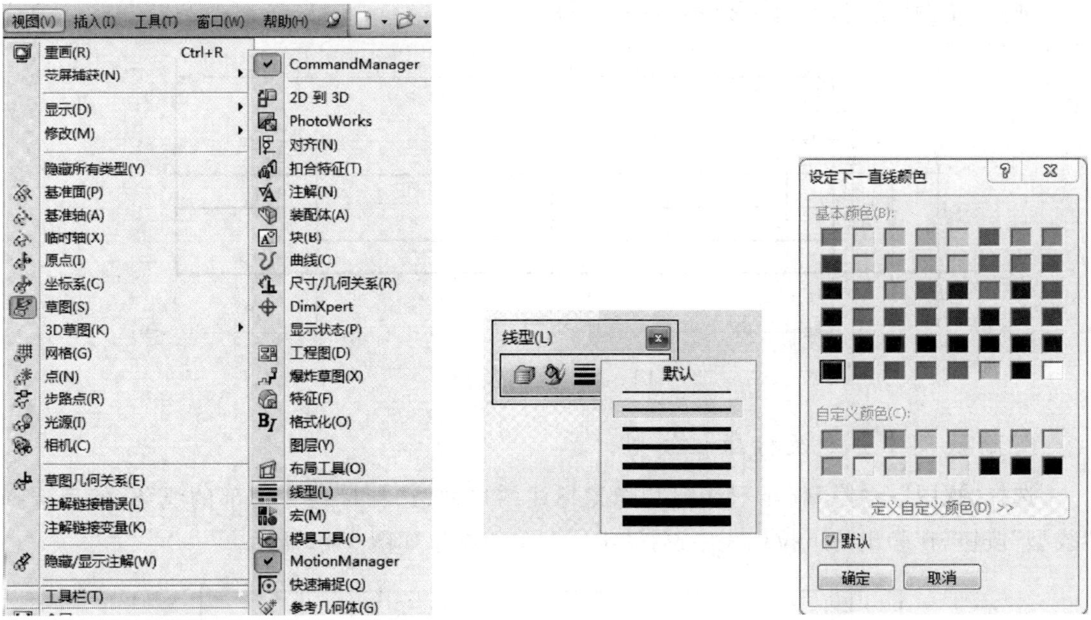

(a)　　　　　　　　　　(b)

图 3-37　线型设置

4. 图框绘制

在“草图”工具栏中,选择“矩形”按钮,绘制矩形图框,图框内部尺寸 390×287,矩形输入坐标如图 3-38(a)所示,并为图框添加固定约束,如图 3-38(b)所示。

(a) (b)

图 3-38 图框绘制

5. 绘制标题栏

通过“草图”绘制，如图 3-39 所示的标题栏。

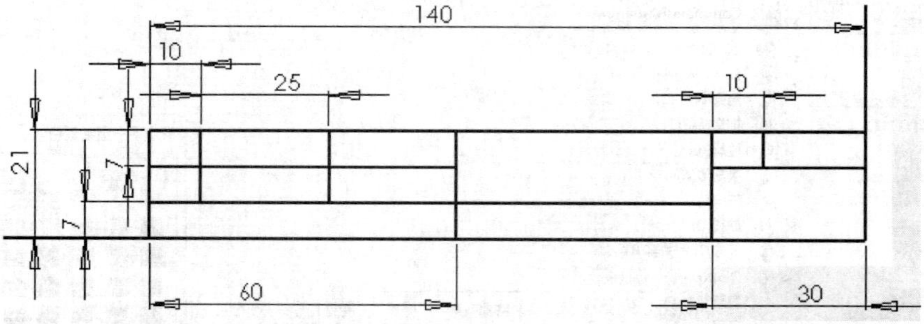

图 3-39 绘制标题栏

6. 隐藏尺寸并更改标题栏线型

选择“视图”→“隐藏、显示注解”，隐藏标注的尺寸；选择标题栏内部的线条，然后选择“线型”按钮，在弹出的下拉列表中选择“细线”，最终结果如图 3-40 所示。

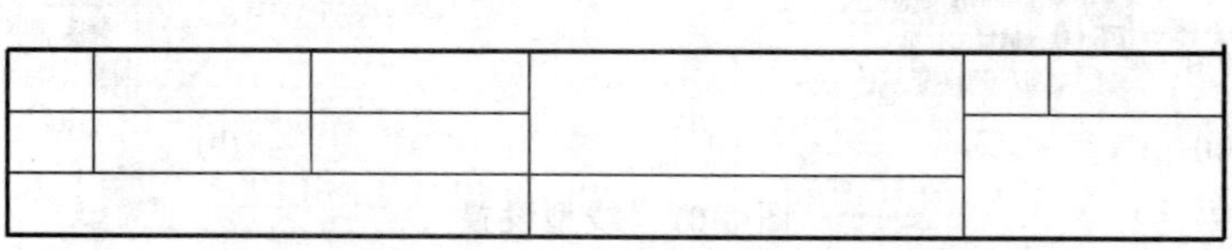

图 3-40 隐藏尺寸并更改标题栏线型效果图

7. 添加标题栏文字

选择“注解”工具栏中的“注释”，选择标题栏适当位置添加文字，最终结果如图 3-41

所示。

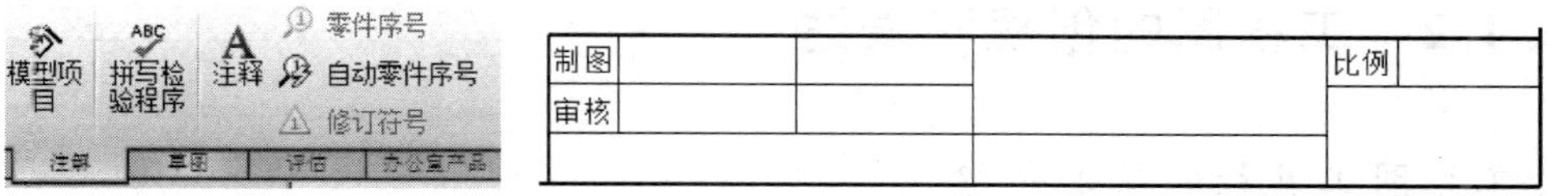

图 3-41　添加文字标题栏效果图

8. 保存图样格式

选择“文件”→“保存图样格式”，弹出“保存图纸格式”对话框，如图 3-42 所示，输入图样名称 A3 新建，并保存。

图 3-42　保存图样

9. 调用工程图模板

选择“文件”→“新建 SolidWorks 文件”→“工程图”，新建的模板将出现在对话框中，如图 3-43 所示。

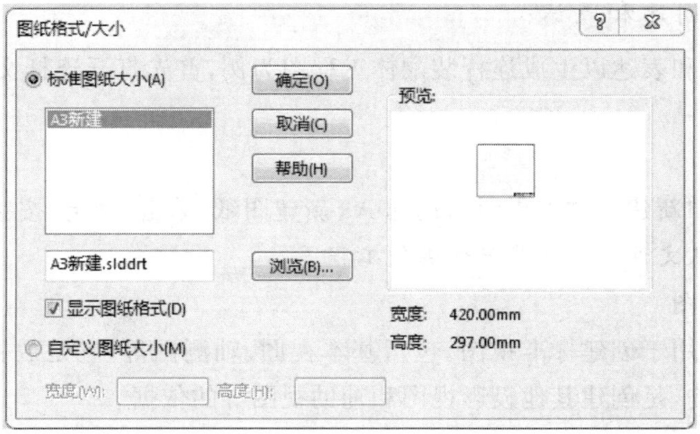

图 3-43　调用新建的模板

3.4.2 工程图的创建和表达

1. 工程图工具栏的基本介绍

(1)工程图的模型树:主要由注解、图样格式和工程视图三部分组成。注解是用于控制当前视图中尺寸或注解是否显示;图样格式是用于定义各种表格的默认定位点;工程视图部分用于显示当前窗口中所创建的视图,展开后可以看到所创建模型的信息,具体如图 3-44 所示。

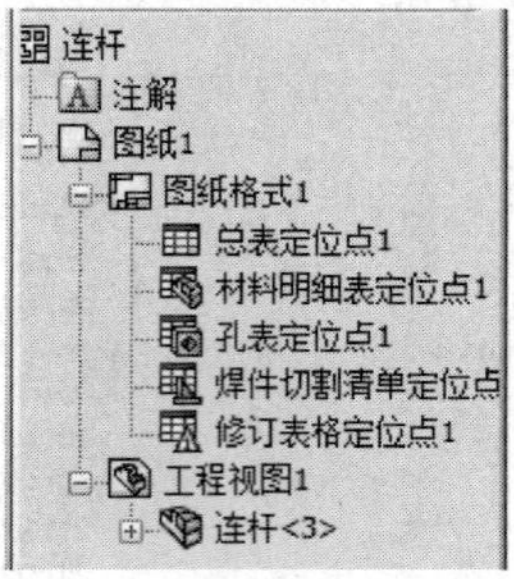

图 3-44 工程图的模型树

(2)工程图的主要工具栏:主要包括视图布局工具栏、注解工具栏,如图 3-45 所示。

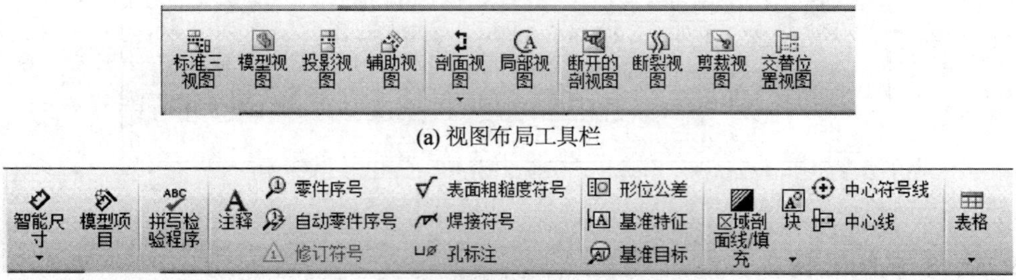

(a) 视图布局工具栏

(b) 注解工具栏

图 3-45 工程图的视图工具栏

2. 工程图的创建和表达

工程图的创建和表达以生成连杆装配体工程图为例,首先打开连杆文件,具体生成工程图的步骤如下。

1)新建文件

选择“文件”→“新建”→“工程图”,选择 A3 新建图纸,单击“确定”按钮,如图 3-46 所示。

注:此处也可从文件选择从装配体制作工程图。

2)建立模型视图

模型视图工具用于创建标准视图,包括基本视图、轴测图等,它是放置图样上的第一个视图,表达模型结构,是创建其他投影视图和辅助视图等的依据。

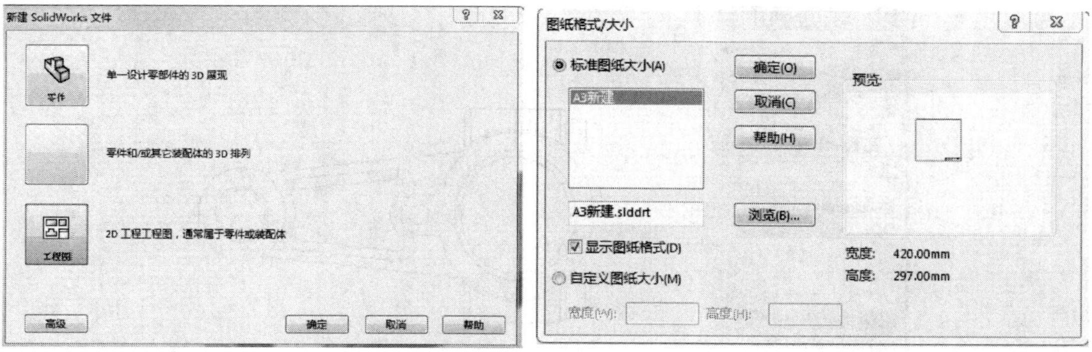

图 3-46 新建 SolidWorks 工程图文件

选择“视图布局”→“模型视图”→“预览”→选择用于创建工程图的模型文件连杆→选择需要创建的标准视图，如图 3-47 所示。

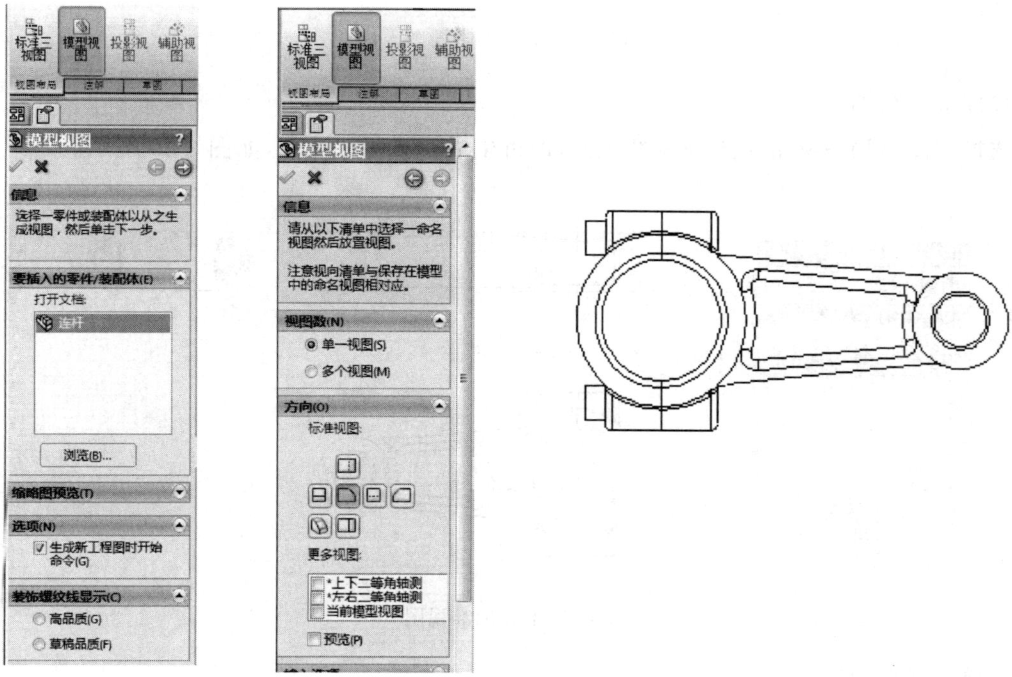

图 3-47 设置模型视图建立标准视图

3)建立投影视图

投影视图是标准视图的某个方向的投影，投影视图的形成可以紧随标准视图，也可通过具体操作步骤：视图布局→投影视图→打开投影视图属性管理器。在投影视图中可以设定生成视图缩放比例，勾选箭头，会出现投影箭头标记，不勾选无此标记，如图 3-48 所示。

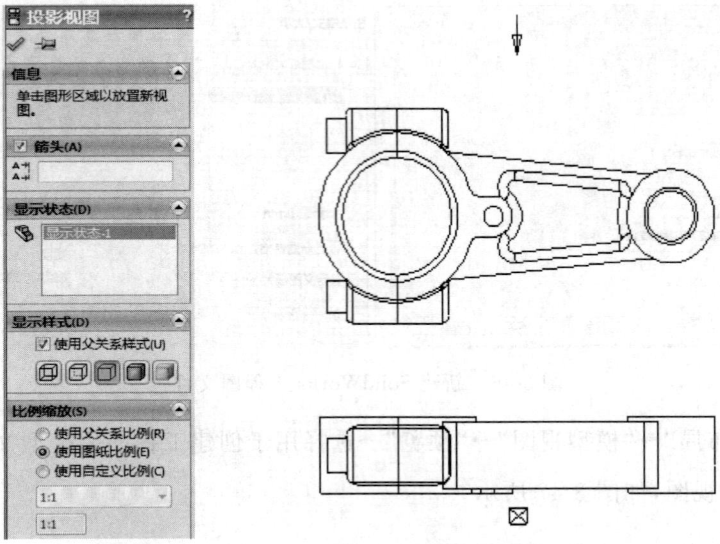

图 3-48　生成投影视图

4)标准三视图

选择视图布局→标准视图→模型文件,即可生成标准的三视图,如图 3-49 所示。

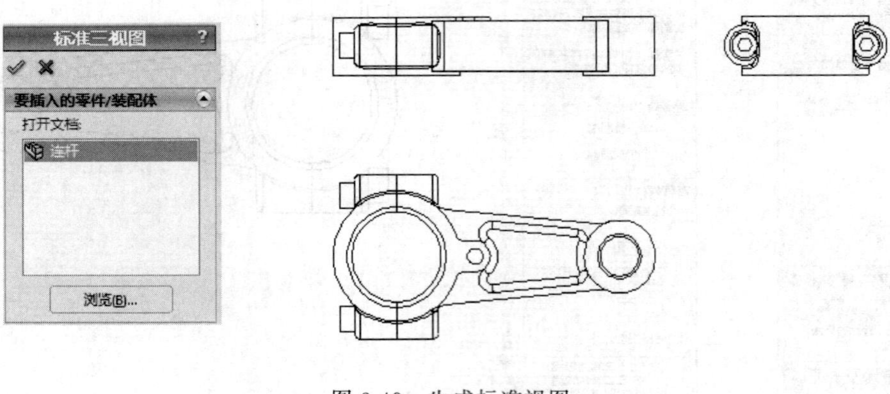

图 3-49　生成标准视图

5)建立辅助视图

辅助视图是通过在现有视图中选取参考边线,创建垂直于该参考边线的展开视图。具体操作步骤如下:选择视图布局→辅助视图→然后选取视图的一条边线作为辅助视图投影方向的参照,拖动鼠标并在适当位置单击,将创建垂直于参考边线方向的辅助视图,在辅助视图属性管理器中,可选择在辅助视图中显示相应方向的注解,具体操作如图 3-50 所示。

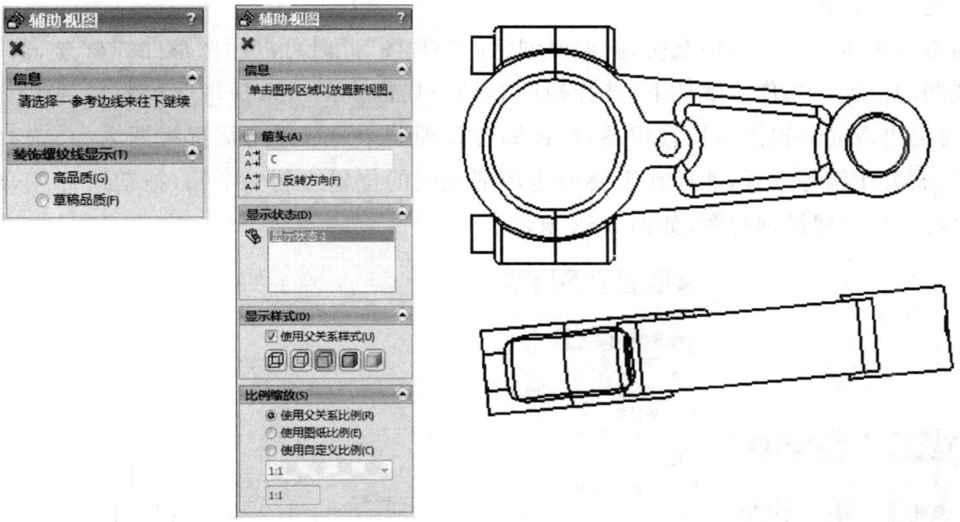

图 3-50　生成辅助视图

6)建立剖面视图

在绘制工程图时,很多零件或装配体要表达内部结构,需要创建剖面视图。具体操作步骤如下:选择视图布局→剖面视图,然后在操作区中绘制一条横穿视图的直线,这条直线也就是要剖切的假想平面,然后会出现“剖面视图”对话框,如图 3-51(a)所示,在上边可以进行自动剖面线,不包括扣件、反转方向选择,拖动鼠标即可创建通过此剖面线切割的剖面视图,同时会出现“剖面视图 A－A”对话框,如图 3-51(b)所示,在该对话框中可以进行剖面名称、剖面深度的更改,还可以在剖面视图卷展栏中进行部分剖面、只显示切面、自动加剖面线、显示曲面实体等选择,在该对话框中还可以选择剖视图缩放比例,最终生成效果图如图 3-51(c)所示。

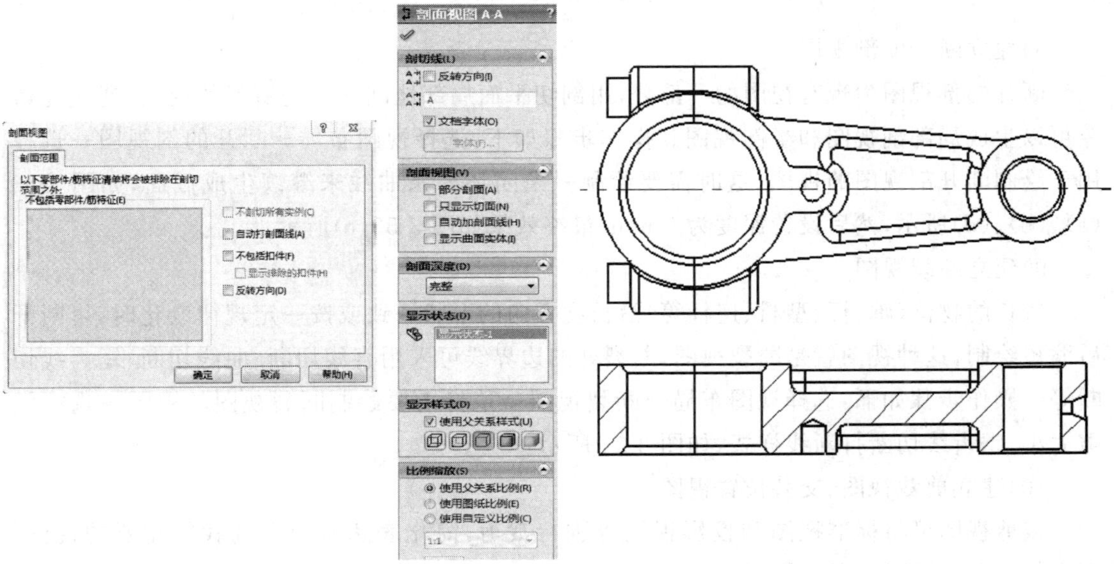

(a)　　(b)　　(c)

图 3-51　生成剖面视图

7）建立局部视图

当需要表达零件局部细节时，就需要创建局部视图，此时可以用圆形曲线框选需要创建局部视图的位置。操作步骤如下：选择视图布局→局部视图→选择用于绘制局部视图的视图，这时会出现局部视图属性管理器，在该属性管理器中可以进行局部视图名称、轮廓线显示样式、放大比例等选择，然后在需要创建局部视图的位置绘制一个圆，拖动鼠标在合适的位置单击即可创建局部视图，如图 3-52 所示。

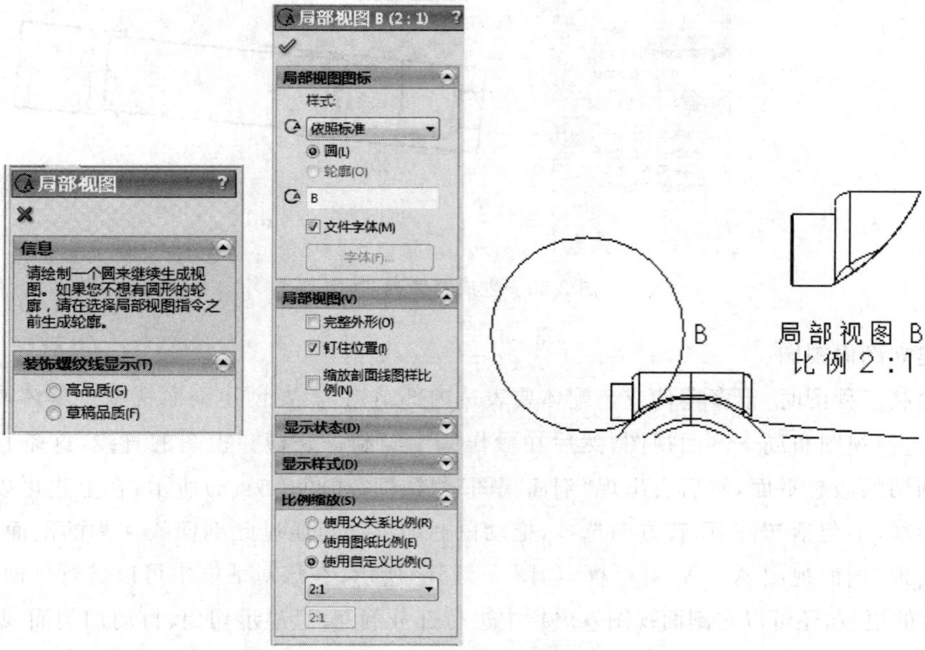

图 3-52 生成局部视图

8）建立断开的剖视图

断开的剖视图为现有视图的一部分，用剖切平面局部地剖开模型所得的视图，通过此命令可以生成局部剖视图和半剖视图。操作步骤如下：选择视图布局→断开的剖视图→选择用于绘制断开剖视图的视图，这时需要绘制一条闭环样条曲线来继续生成截面，如图 3-53(a)、(b)、(d)所示，然后设置深度为 5 mm，最终效果如图 3-53(e)所示。

9）建立断裂视图

较长的物体（轴、杆、型材、连杆等）沿长度方向的形状一致或按一定规律变化时，可断开后缩短绘制，这种视图就是断裂视图，断裂处的边界线可采用直线切断、曲线切断、锯齿线切断等。操作步骤如下：选择视图布局→断裂视图→选择需要绘制断裂视图的视图→选择间隙大小、锯齿线切断打断线样式，如图 3-54 所示。

10）建立剪裁视图、交替位置视图

裁剪视图可将标准视图和投影视图等进行裁剪，简化表达从而得到我们需要的视图。而交替位置视图可以用幻影线的方式将一个视图叠加于另一个视图之上，主要用于表示装配的运动极限范围。

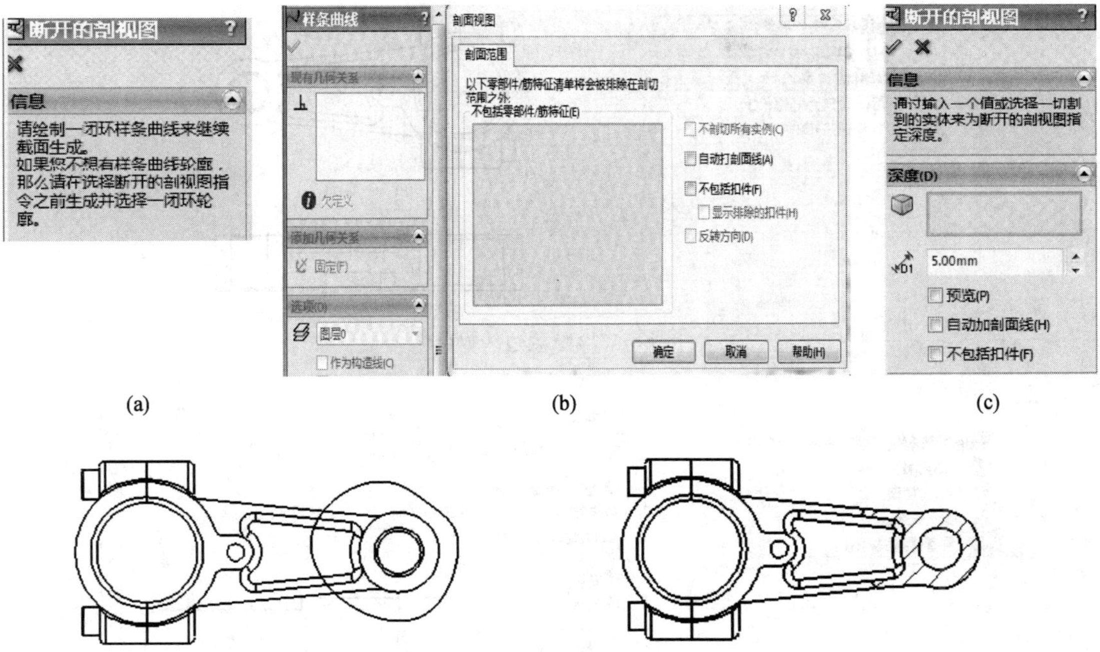

图 3-53 生成断开的剖视图

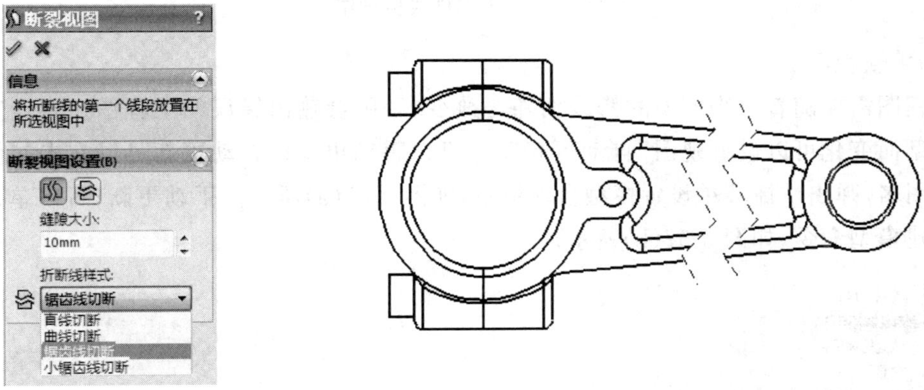

图 3-54 生成断裂视图

11)编辑视图边线

在新建的视图中，视图中的边线不一定符合要求，有些边线可能不是我们所需要的，此时这些边线就需要隐藏，可以右击需要处理视图的边线，选择“隐藏/显示边线”按钮，将其隐藏。隐藏连杆视图中不需要的凸显，最终效果如图 3-55 所示。

同时，在建立的视图中的线型，也需要更改，可以右击视图选择“零部件线型”命令，这时会出现“零部件线型”对话框，在这里可以设置工程图的各部分线型，如图 3-56 所示。

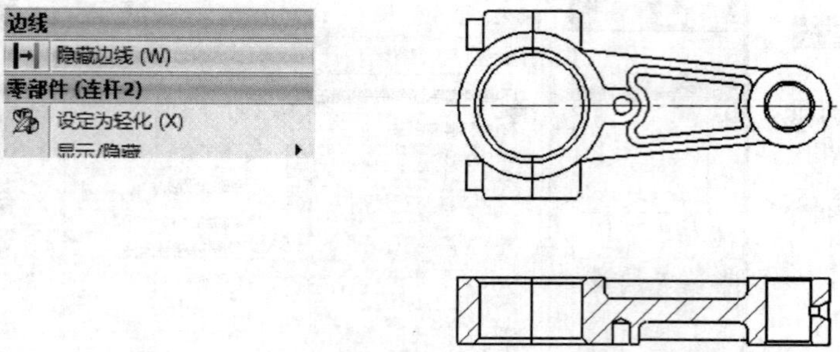

图 3-55　隐藏边线操作

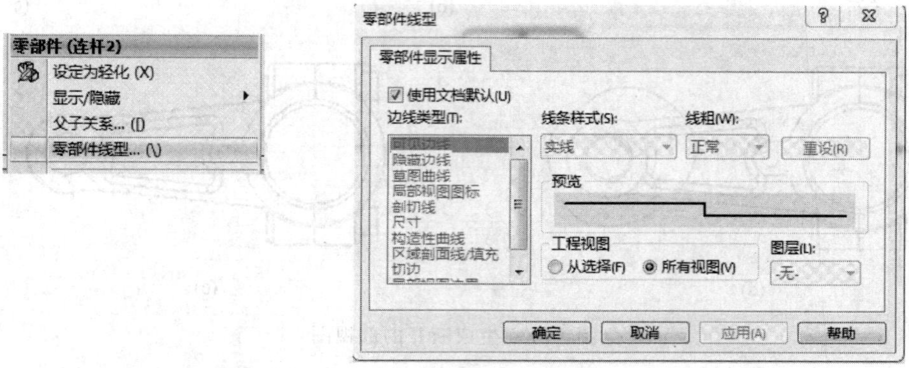

图 3-56　零部件线型操作

12)更新视图

工程图需要随着三维模型的修改而随之改变，否则会输出错误的工程图。要让工程图随着模型而变化可以设置视图“自动更新”，也可以手动更新。自动更新可以右击左侧模型树工程图名，弹出快捷菜单设置模型自动更新，如图 3-57(a)所示。手动更新，可以单击工具栏中重建模型命令，如图 3-57(b)所示。

(a)　　(b)

图 3-57　更新视图操作

13)移动、对齐、旋转视图

移动视图：可以直接将鼠标移动到视图边界上，按住鼠标左键通过拖动来移动视图。如果两个视图已使用父关系，即一个视图是另一个视图的投影，建立了自动对齐关系，拖动将只能沿着对齐线移动视图。如果不想沿着对齐线移动视图，可以单击“视图”→“解除对齐关系”命令，即可解除视图间的对齐约束，此时即可任意移动模型了，如图 3-58(a)所示。

对齐视图：通过如图 3-58(a)所示，视图对齐中有相关对齐命令。

旋转视图：可以右击要旋转的视图，选择“缩放/平移/旋转”→“旋转视图”命令，这时会出现“旋转工程视图”对话框，可以进行角度设置等选择，如图 3-58(b)所示。

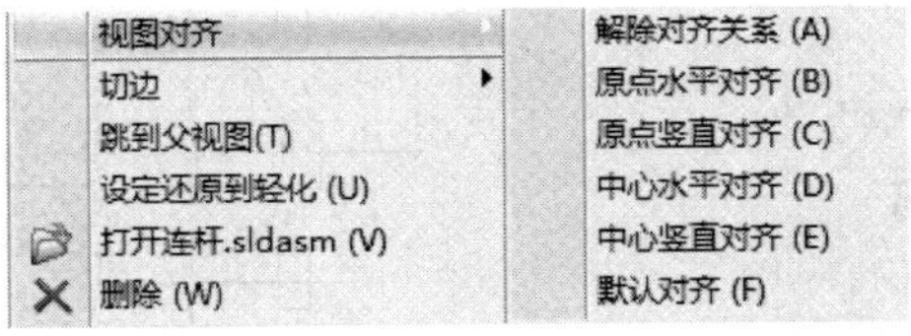

(a)

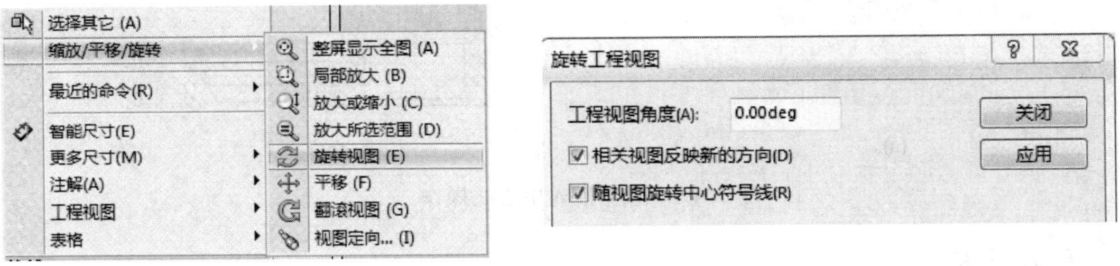

(b)

图 3-58　移动、对齐、旋转视图操作

14)隐藏/显示视图

可以右击要被隐藏的视图，在弹出的快捷菜单中选择“隐藏”命令，这样即可隐藏视图；再右击视图，在弹出的快捷菜单中选择“显示”命令，即可恢复视图的显示，如图 3-59 所示。

图 3-59　隐藏/显示视图操作

3.4.3　工程图尺寸及标注

工程图的尺寸及标注是工程图的重要组成元素，其一般由尺寸、公差、表面粗糙度、几何公差等组成。

1. 插入中心线

工程图中的孔、回转面和图形对称结构的对称线等需要绘制中心线。选择注解→中心线或中心符号线,如图 3-60(a)所示,即可进行中心线的标注。"中心线"按钮是选择整个视图或视图中两段平行的边线,而"中心符号线"是用于标注圆或圆弧的中心线,二者的中心线的长短均可以调整,给连杆工程图插入中心线后效果如图 3-60(b)所示。

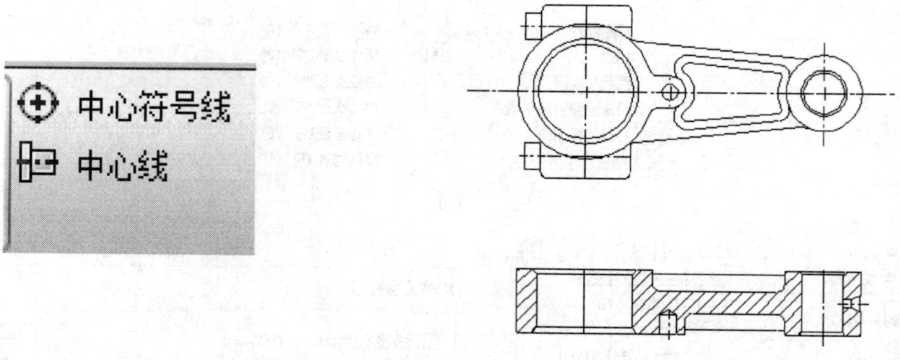

(a) (b)

图 3-60 插入中心线操作

2. 尺寸标注

工程图中的尺寸标注,是不能对物体的实际尺寸进行修改的,在标注时可以根据需要进行手动标注尺寸,也可以由系统根据已有约束自动标注尺寸。

手动标注:选择"注解"→"智能尺寸",即可以手动为模型标注尺寸,其中"智能尺寸"按钮比较常用,可以完成水平、竖直、弧度、直径、半径等尺寸标注,单击尺寸标注,可加注尺寸前缀和后缀,为装配图标注需要的尺寸,如图 3-61 所示。

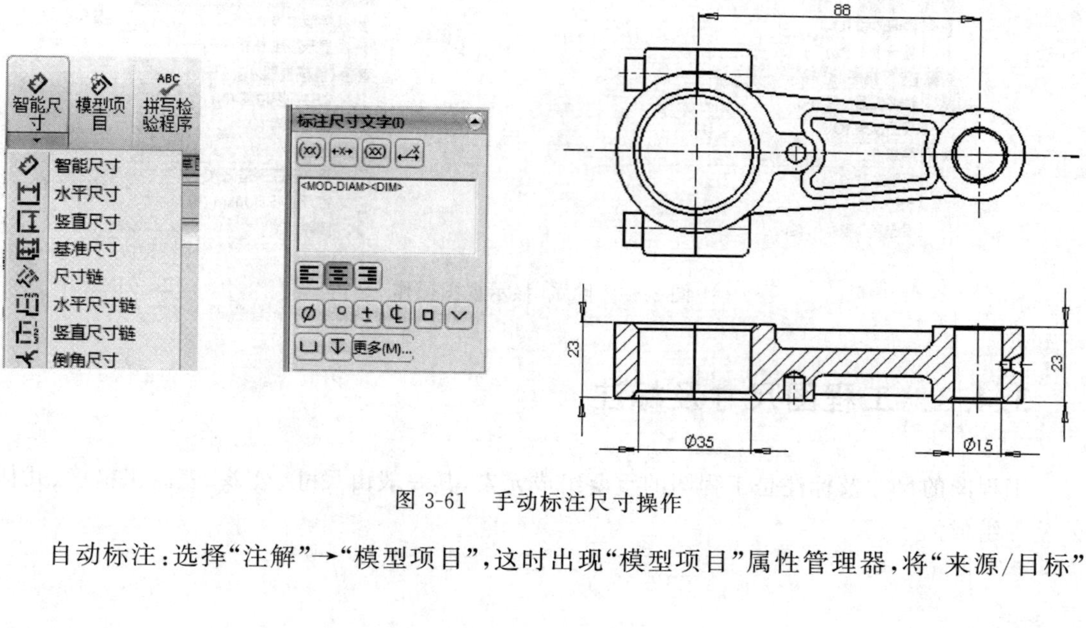

图 3-61 手动标注尺寸操作

自动标注:选择"注解"→"模型项目",这时出现"模型项目"属性管理器,将"来源/目标"

中设置“来源”为整个模型，并选择为“工程图标注”，确定即可自动标注尺寸，然后还需对自动标注的尺寸进行适当的调整，如图 3-62 所示。由于连杆连接是装配图，所以尺寸只需标注装配图的需要的尺寸即可，本图要想得到最终的图纸还需删减。

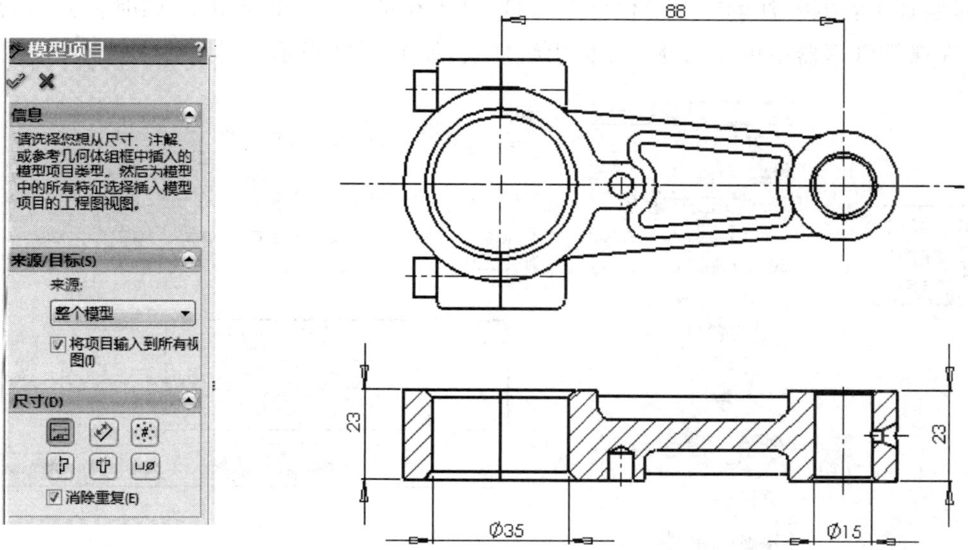

图 3-62　自动标注尺寸操作

3. 尺寸公差标注

选择尺寸标注，在左侧将显示尺寸属性管理器，如图 3-63(a)所示，在此管理器里“公差/精度”中的公差类型如无、基本、双边等，然后设置相应的公差值。对连杆加注公差值最终效果如图 3-63(b)所示。

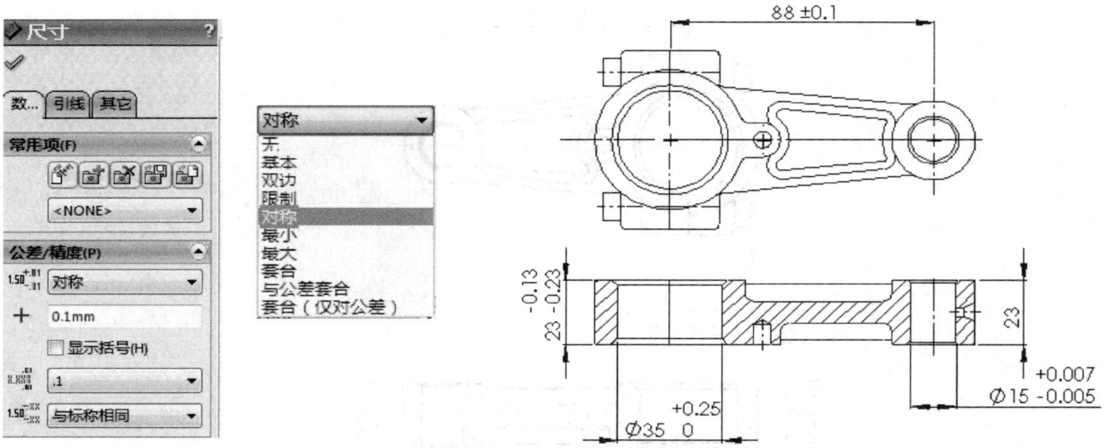

(a)　(b)

图 3-63　标注尺寸公差操作

4. 几何公差标注

几何公差包含形状公差、方向公差、位置公差、跳动公差等，旧标准名为位置公差，是表明零件实际形状或相互位置与理想几何体规定的形状或相互位置存在的差异。添加的具体操作步骤如下：选择“注解”→“形位公差”，打开“形位公差”属性管理器，同时打开“属性”对话框，在属性管理器中可以选择公差的引线样式，如图 3-64 所示。

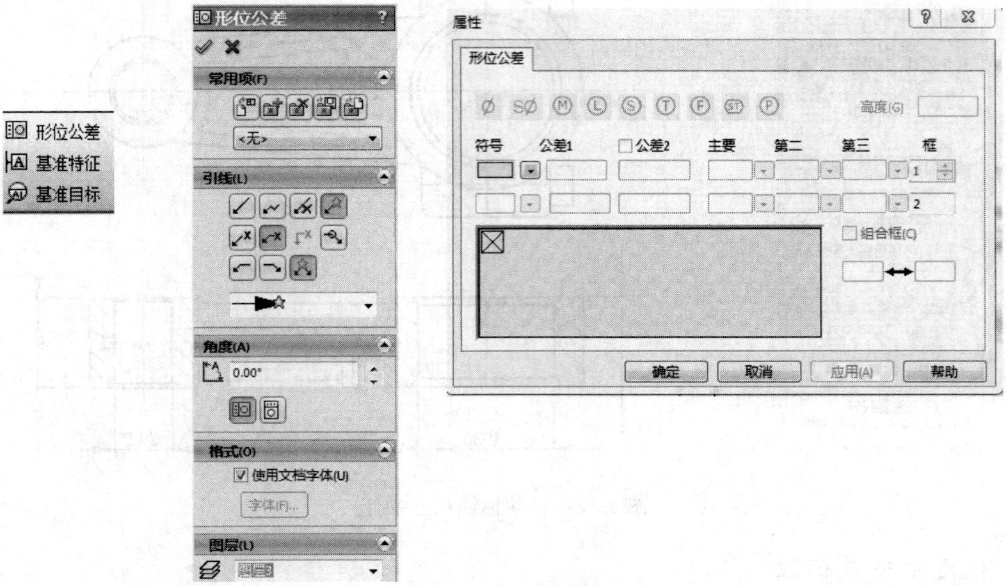

图 3-64 标注几何公差操作

另外，如果要标注方向、位置、跳动公差时还需要加注基准特征，单击“基准特征”，如图 3-65 所示，选择加注特征位置，为连杆加注几何公差的效果如图 3-65 所示。

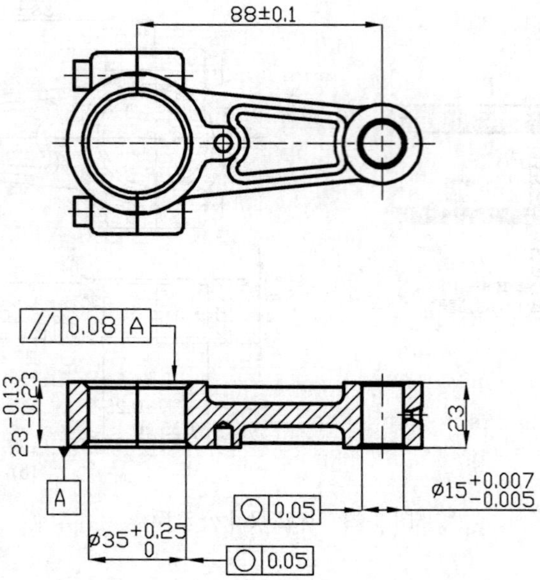

图 3-65 标注连杆几何公差操作

5. 表面结构要求标注

表面结构要求，旧标准称表面粗糙度。具体标注的操作步骤如下：选择“注解”→“表面粗糙度符号”，如图 3-66(a)所示，在打开的“表面粗糙度”属性管理器中，可以选择符号类型，输入粗糙度值，然后在要标注的模型表面单击即可标注表面粗糙度，为连杆加注表面结构要求的效果如图 3-66(b)所示。

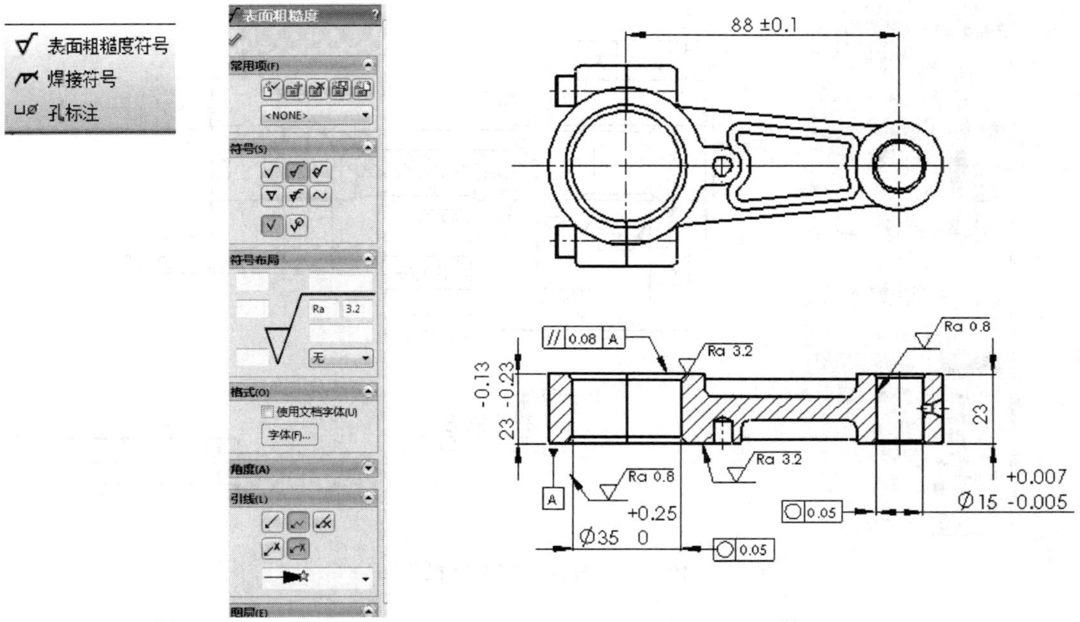

(a) (b)

图 3-66 标注表面结构要求操作

6. 零件序号标注

选择“注解”→“零件序号”，在打开的“零件序号”属性管理器中，可以设定零件序号参数，如图 3-67 所示，序号字体可通过选择“工具”→“选项”→“文件属性”→“注解字体”→“零件序号”中更改。此处也可以选择自动零件序号但需要调整。最终加注序号的效果如图 3-67 所示。

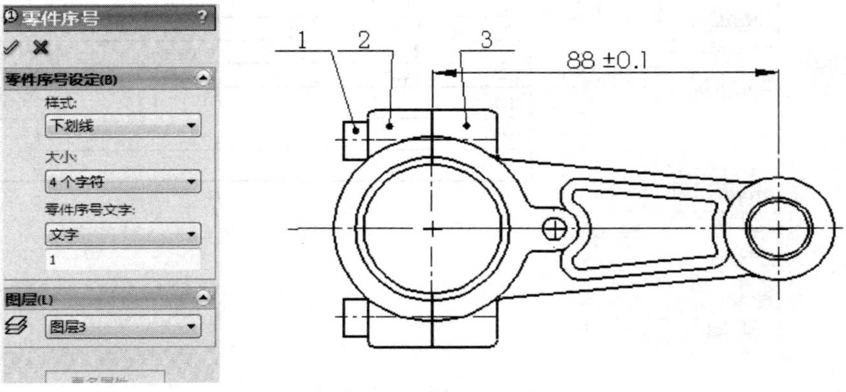

图 3-67 标注零件序号操作

7. 注释文字标注

选择“注解”→“注释”，打开“注释”属性管理器，在设置“文字格式”中，可以设置文字角度，可以使用文档字体，也可以单独设置字体；可以加注引线，选择引线类型；设置好参数之后在图中选择注释文字位置，如图 3-68 所示。

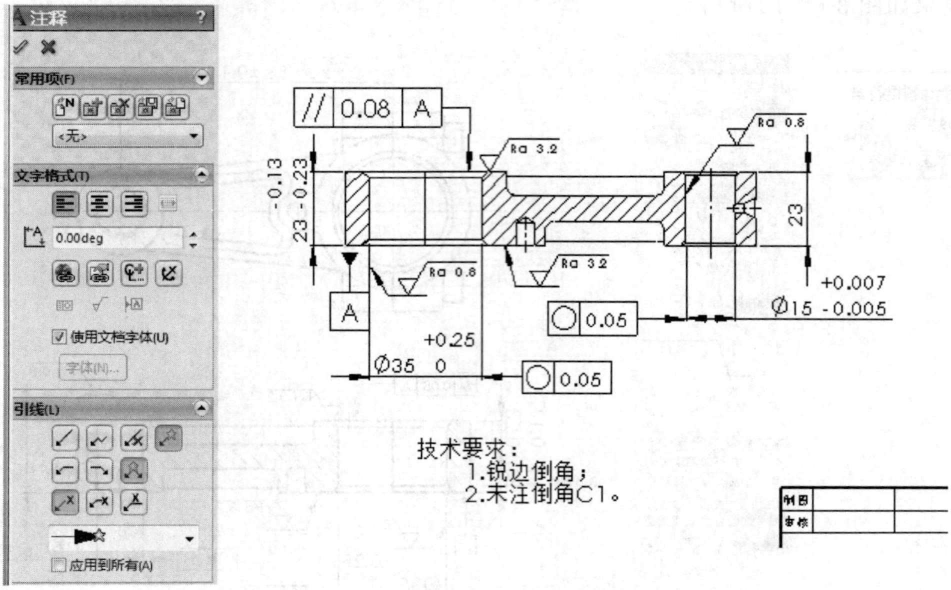

图 3-68　标注注释文字操作

8. 插入表格

选择“注解”→“表格”，在弹出的下拉列表中可以选择插入“总表”、“孔表”、“材料明细表”、“修订表”等。这里需要插入材料的明细表，为了符合标准，先建立总表，输入表格参数，然后再进行调整，添加文字注释，效果如图 3-69 所示。

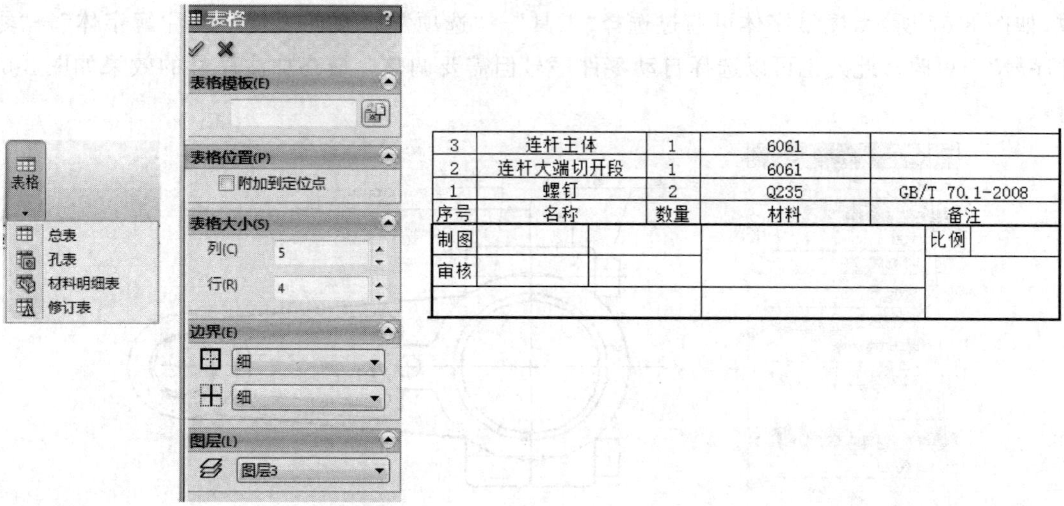

图 3-69　插入表格操作

3.5 SolidWorks 其他建模

SolidWorks 中主要建模，除了零件建模之外，还有曲面建模和钣金设计等。下面将简要介绍一下曲面建模和钣金设计这两个模块的相关功能。

3.5.1 SolidWorks 曲面建模

使用曲面建模可以进行比较复杂的造型设计，并且可以将多个单一曲面组合成完整且没有间隙的曲面模型，而构造曲面时又会用到三维曲线，但是单纯的曲面是没有意义的，还要将曲面填充为实体。

1. 创建曲线

构建曲面之前首先需要构建曲线，在 SolidWorks 中，除了可以使用草绘曲线构建曲面，还可以在建模模式下直接创建曲线。在建模模式下创建的曲线与在草绘模式下创建的曲线有所不同。可以构造很多特殊的曲线，其主要的创建曲线按钮为：投影曲线、分割线、组合曲线、通过 *XYZ* 点的曲线、通过参考点的曲线、螺旋线/涡状线等，其具体操作可以选择“插入”→“曲线”命令，然后再选择具体操作，如图 3-70 所示。

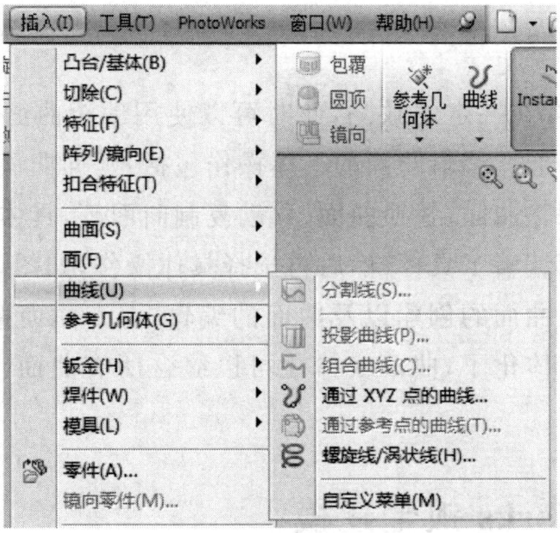

图 3-70 曲线工具操作

2. 创建曲面

曲面是以点和线为构型基础生成的面。试题特征可以非常便捷地创建规则形状的模型，但无法进行高复杂度的造型设计，在此情况下，可以使用曲面特征。曲面特征可以使用多种比较弹性化的方式创建复杂的单一曲面，然后可将多个单一曲面缝合成完整且没有间隙的曲面特征，最后可以将曲面模型填充为实体。在 SolidWorks 中，创建曲面工具的主要方法有很多，常规零件建模的拉伸、旋转、扫描、放样均可以创建曲面，除此之外创建曲面的方法还有边界曲面、填充曲面、平面区域、等距曲面、直纹曲面等，具体操作可选择“插入”→“曲面”命令，也可以直接使用曲面工具栏，然后再选择具体操作，如图 3-71 所示。

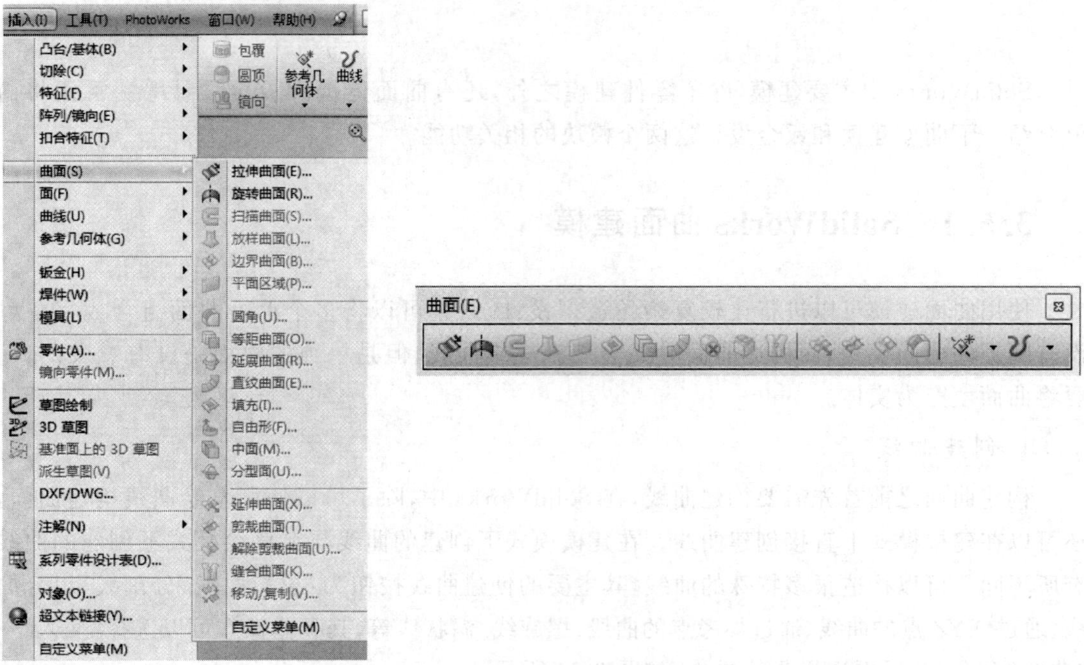

图 3-71　曲面创建和编辑工具

3. 编辑曲面

曲面创建完成后，会存在一定的缺陷，此时可以使用编辑曲面功能对曲面进行编辑，从而得到符合要求的曲面图形。编辑曲面的具体操作包括：延伸曲面、圆角曲面、缝合曲面、裁剪曲面、解除裁剪曲面、删除曲面、替换曲面、移动复制曲面等，具体操作可选择“插入”→“曲面”，也可以直接使用曲面编辑工具栏，然后再选择具体操作，如图 3-71 所示。

最后，经过上述曲线、曲面的创建以及曲面的编辑，一个曲面造型就创建完成了。完成之后就可以对曲面进行实体化了，曲面实体化可以缝合所有曲面，然后形成实体，如果是非封闭的曲面可以加厚实体。

3.5.2 SolidWorks 钣金建模

钣金是指针对金属薄板进行的一种综合冷加工工艺，可以对其进行折、弯、冲、压等工艺操作，最大特点是零件壁厚均匀。在 SolidWorks 中可以直接使用各种类型的法兰、薄片等特征，正交切除、角处理及边线切口等钣金操作变得非常容易。可以直接按比例放样折弯、圆锥折弯、复杂的平板形式的处理。SolidWorks 中钣金设计的方式与方法与零件设计的完全一样，用户界面和环境也相同，而且还可以在装配环境下进行关联设计；自动添加与其他相关零部件的关联关系，修改其中一个钣金零件的尺寸，其他与之相关的钣金零件或其他零件会自动进行修改。

1. 钣金基本术语

在 SolidWorks 钣金设计中常用的基本术语有如下几种：折弯系数、折弯扣除、*K*-因子等。另外，在 SolidWorks 中除直接指定和由 *K*-因子来确定折弯系数之外，还可以利用折弯系数表来确定。在折弯系数表中可以指定钣金零件的折弯系数或折弯扣除数值等，折弯系数表还包括折弯半径、折弯角度及零件厚度的数值。

2. 钣金设计

在 SolidWorks 中主要有两种设计钣金零件的方式：一种是创建一个零件，然后将其转换到钣金；另一种是使用钣金特定的特征来生成零件为钣金零件。

3. 钣金创建及编辑工具

SolidWorks 提供了很多钣金零件中特有的钣金特征工具，包括基体法兰、边线法兰、斜度法兰、褶边、转折等，利用这些工具，用户可以很方便地完成钣金零件设计，得到钣金零件的应用状态和展开状态。具体操作可选择“插入”→“钣金”，也可以直接使用钣金工具栏，然后再选择具体操作，如图 3-72 所示。而钣金编辑特征并不是产生新的钣金实体，而是对原有实体进行的附加操作，以令钣金成形或钣金展开等，其主要工具包括绘制的折弯、闭合角、焊接的边角、断开边角/边角剪裁、展开与折叠、切口与折弯、成形工具等。具体操作和钣金创建类似，可选择“插入”→“钣金”，也可以直接使用钣金工具栏，然后再选择具体操作，如图 3-72 所示。

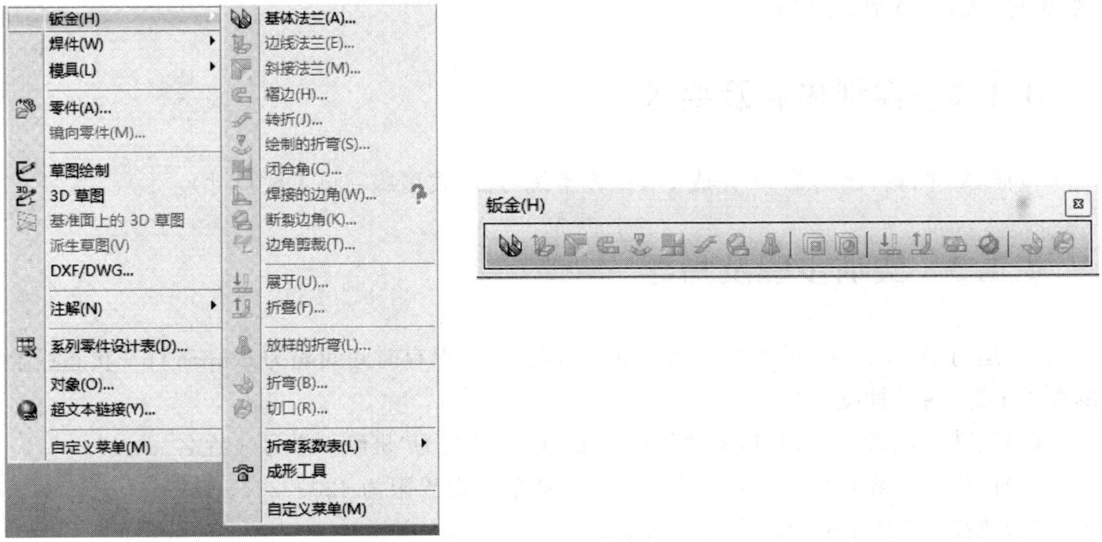

图 3-72 钣金创建和编辑工具

第 4 章　AutoCAD 二维绘图基本训练

4.1　平面图形绘制训练

4.1.1　实训目的

(1)熟悉 AutoCAD 界面,熟悉菜单的使用,工具栏的调用。

(2)熟悉基本绘图环境的设置:背景颜色、自动保存时间等。

(3)掌握图层的设置,正交和极轴的使用,了解栅格捕捉。

(4)掌握基本绘图命令:直线、圆、圆弧、正多边形、矩形等。掌握基本编辑命令:删除、复制、镜像、偏移、修剪、延伸等。

4.1.2　实训内容及要求

按照 A3 图幅,比例 1∶1 完成图 4-9 基本练习。(线型练习可不注尺寸)

4.1.3　实训步骤及指导

(1)运行 AutoCAD,设置绘图区背景为白色,自动保存时间间隔为 5 min;打开状态栏上的极轴追踪、对象捕捉、对象追踪。

(2)新建一图形文件,并将文件保存在 E 盘,文件名为“班级－学号－姓名.dwg”。

(3)使用图形界限命令 Limits 设置 A3 图幅的绘图界限为 420×297。

(4)按图 4-1 所示的要求设置好图层。

图层	粗实线层	细实线层	点画线层	虚线层	文字层	标注层
线型	continuous	continuous	center2	dashed	continuous	continuous
颜色	黑色	黑色	红色	蓝色	黑色	黑色
线宽	0.3	默认	默认	默认	默认	默认

图 4-1　图层设置

(5)用细实线画出图纸边界，按 A3 图幅画图框，画标题栏，如图 4-2、图 4-3 所示。

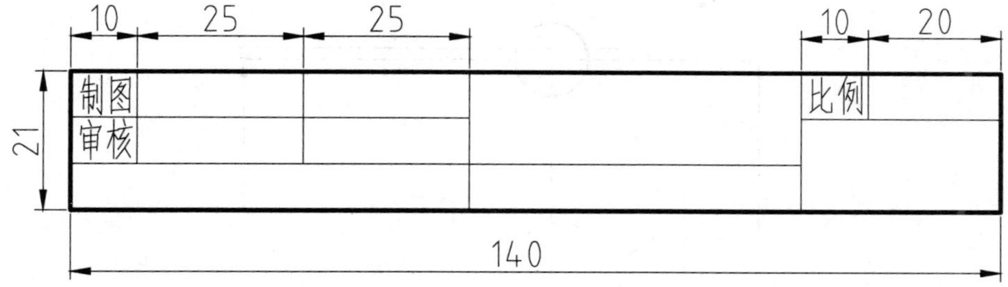

图 4-2　标题栏

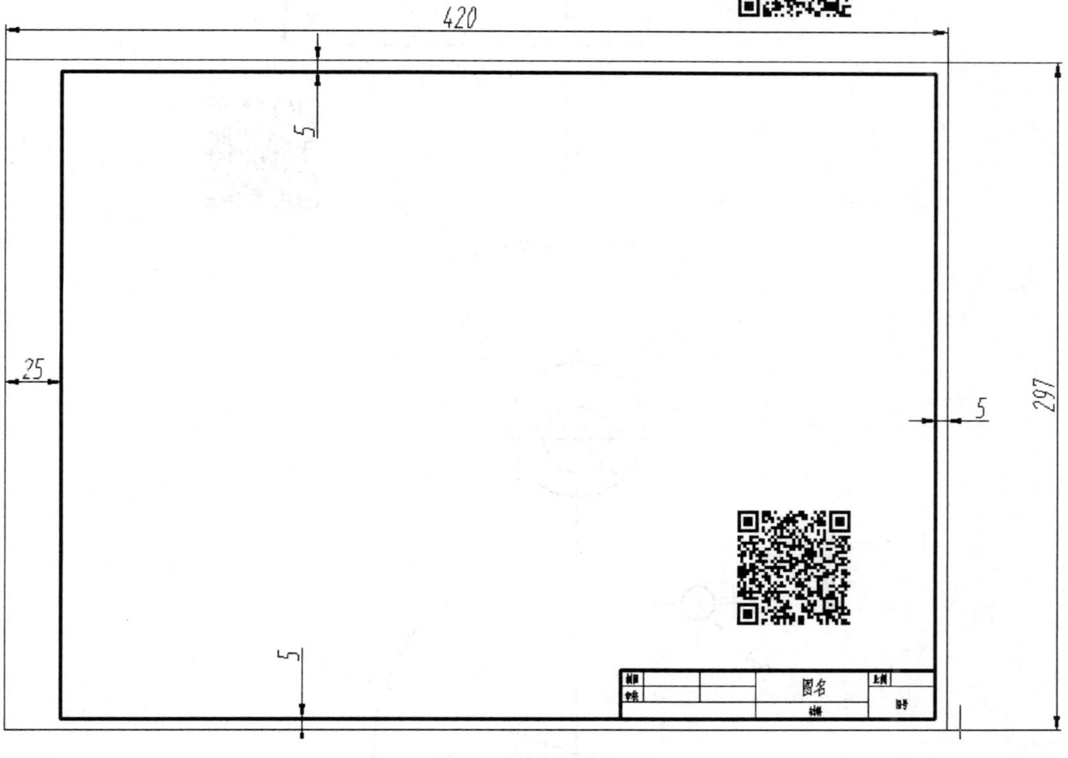

图 4-3　图幅图框格式

(6)按尺寸和线型在各图层上画好训练题中左半部分的线型练习。

(7)右半部分吊钩首先用点画线画好定位基准线，如图 4-4 所示。

(8)按从上到下的顺序画出各已知圆弧：ϕ20、ϕ40、R5、R60、R20，如图 4-5 所示。

(9)过ϕ40 圆心向 R60 圆弧作切线，可用切切半径方式画一 R25 的圆使之与上述切线和ϕ40 圆相切；设置极轴捕捉角度 45°，作一 45°直线与 R5 小圆相切，作一 R25 的圆使之与 45°直线和ϕ40 圆相切；作一 60°直线与 R5 小圆相切；用修剪命令修剪掉多余图线，如图 4-6 所示。

(10)以 R20 的圆心画一 R25 的圆弧，圆弧与水平轴线交于两点；以此两点为圆心作两 R45 的圆弧与 R20 圆弧均内切，如图 4-7 所示。

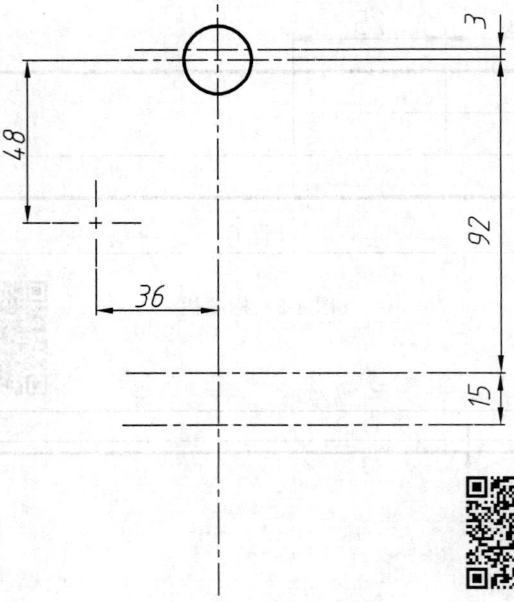

图 4-4 画定位基准线

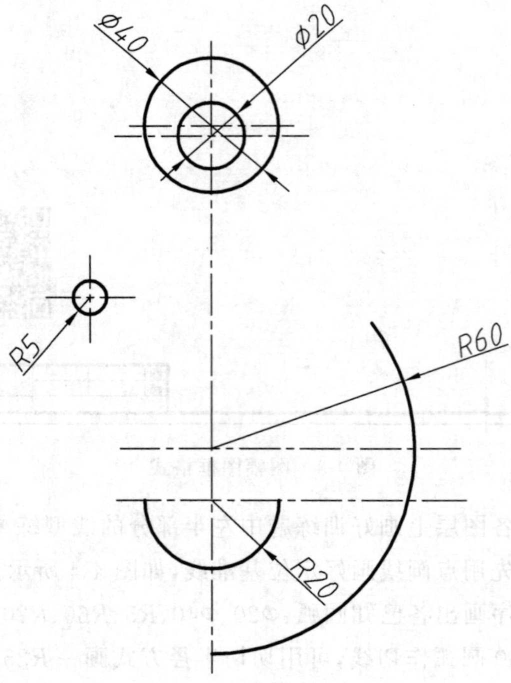

图 4-5 画已知圆弧

(11)过图中 60°直线与竖直中心线交点作一直线与右侧 $R45$ 圆弧相切；作 $R43$ 圆弧与 $R60$ 圆弧内切；作 $R6$ 圆弧使之与 $R43$ 和左侧 $R45$ 圆弧均相切；再修剪掉多余图线，过程如图 4-8 所示。

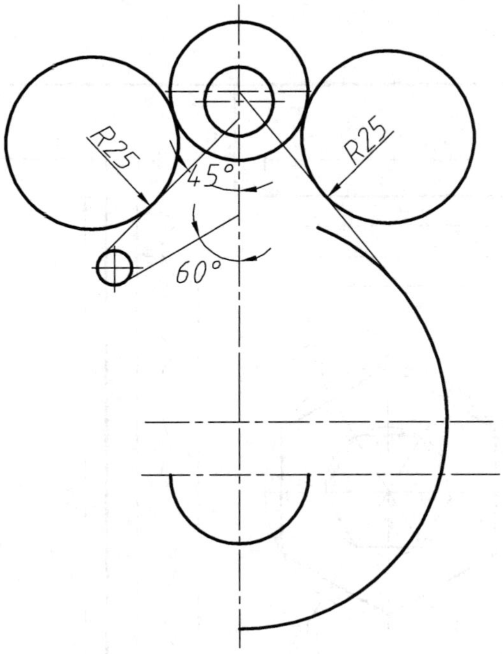

图 4-6　画中间圆弧和连接弧

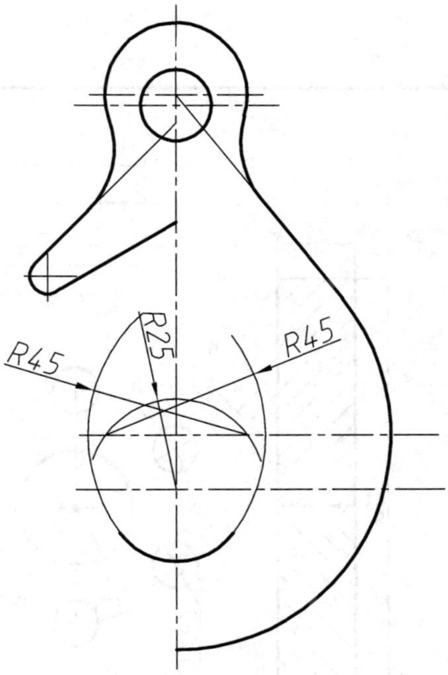

图 4-7　画中间圆弧和连接弧

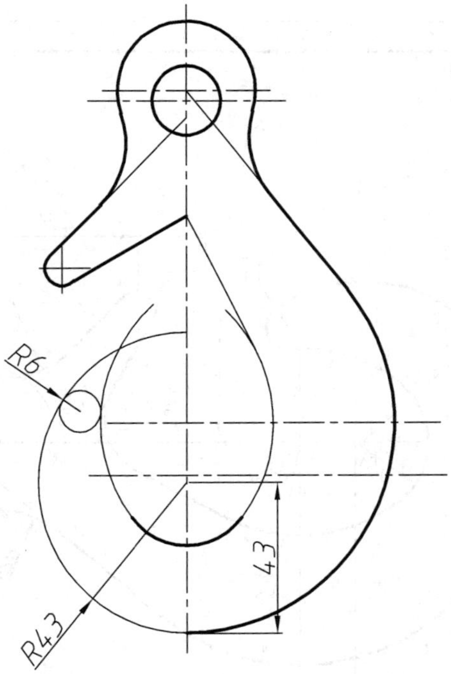

图 4-8　完成

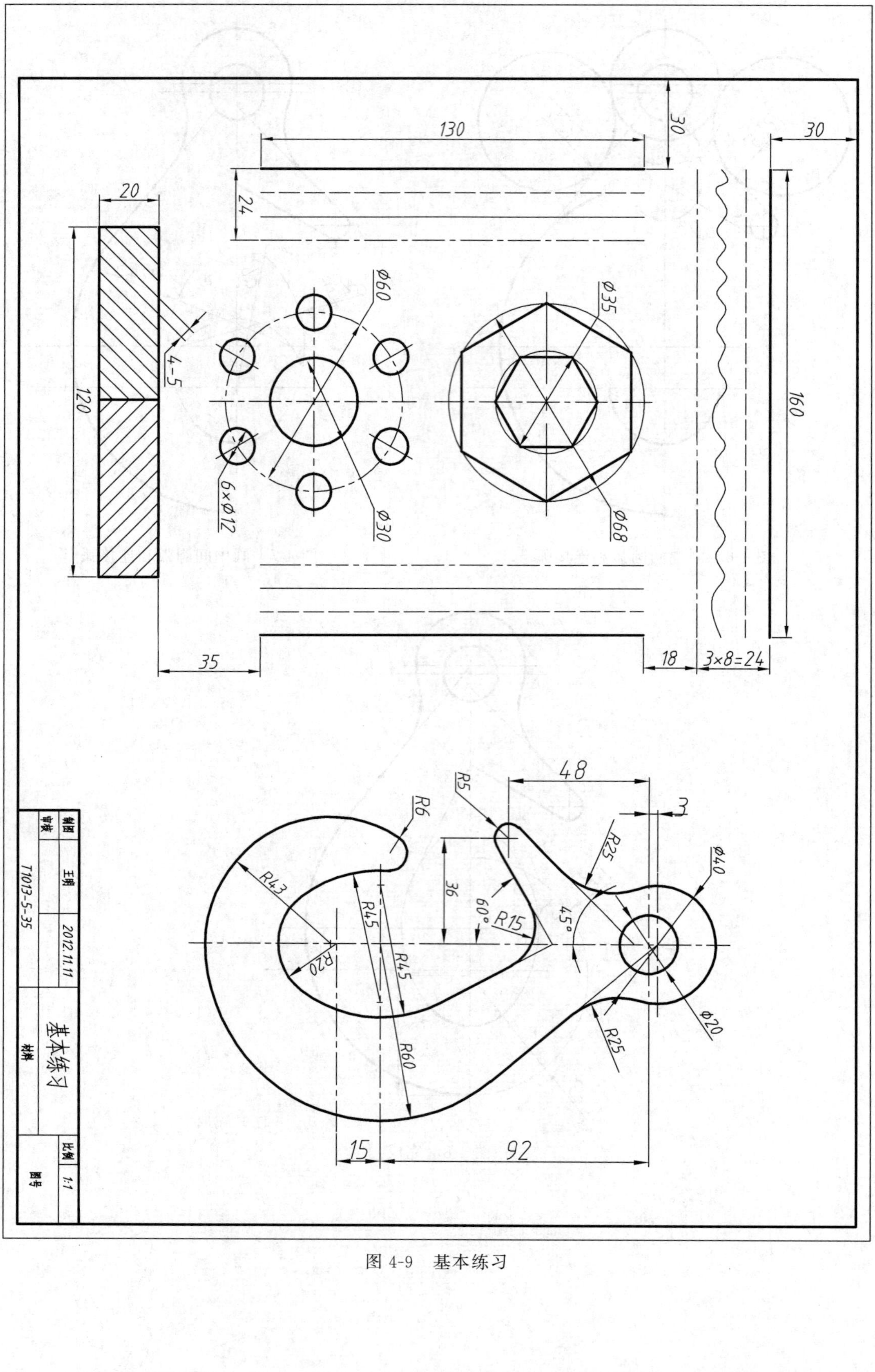
130
30
30
20
24
4-5
120
Ø60
6×Ø12
Ø30
Ø35
Ø68
160
35
18
3×8=24
48
R5
3
R6
R25
Ø40
R43
36
60°
R15
45°
R45
R20
R45
R60
Ø20
R25
15
92
制图
王明
2012.11.11
审核
T1013-5-35
基本练习
材料
比例
1:1
图号

图 4-9 基本练习

4.2　组合体三视图绘制训练

4.2.1　实训目的

(1)掌握利用极轴、对象捕捉、对象追踪画三视图的方法。
(2)掌握尺寸样式设置和标注。

4.2.2　实训内容及要求

(1)根据图 4-10 所示组合体的轴测图画出其三视图。
(2)采用 A3 图幅,1∶1 绘制。
(3)标注尺寸。

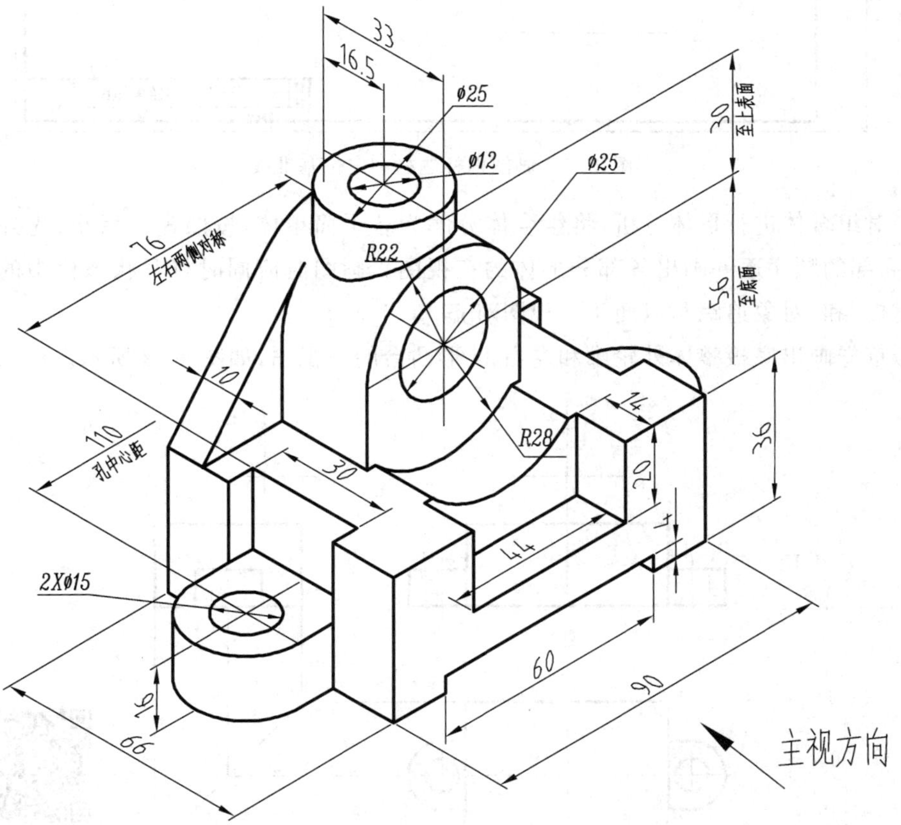

图 4-10　组合体轴测图

4.2.3 实训步骤及指导

(1)按 A3 图幅画出图纸边界、图框以及标题栏,设置好图层(要求同图 4-1)。

(2)画出 3 个视图的定位基准线,设置好极轴增量角 45°作辅助线,如图 4-11 所示。

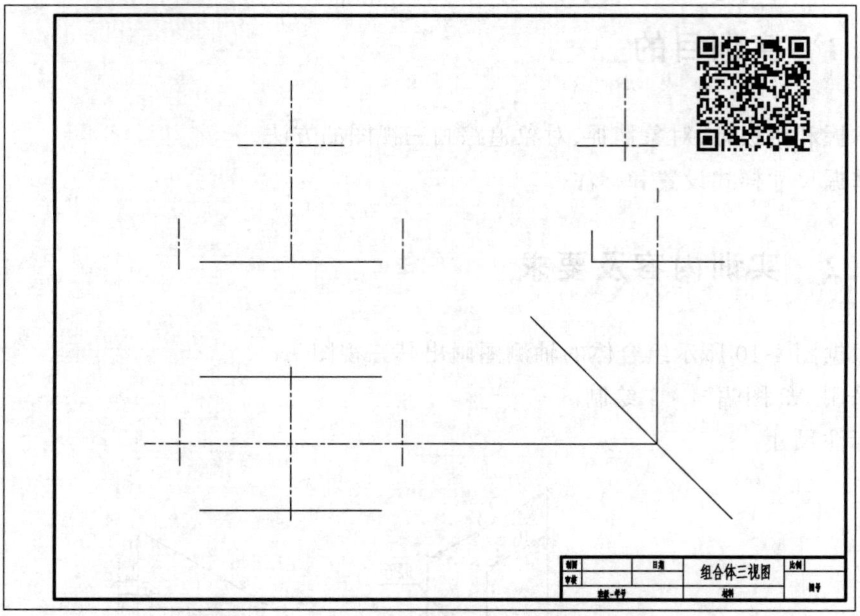

图 4-11 画图框标题栏和定位基准线

(3)对组合体进行形体分析,将组合体分解为若干简单体,按照先大后小,先外后内,先整体后局部的顺序逐一画出各部分形体的三视图。画图时应同时打开状态栏中的“极轴”、“对象捕捉”和“对象追踪”,以便于三视图对齐。

(4)首先画出底板整体外轮廓和左右 U 形凸台的三视图,如图 4-12 所示。

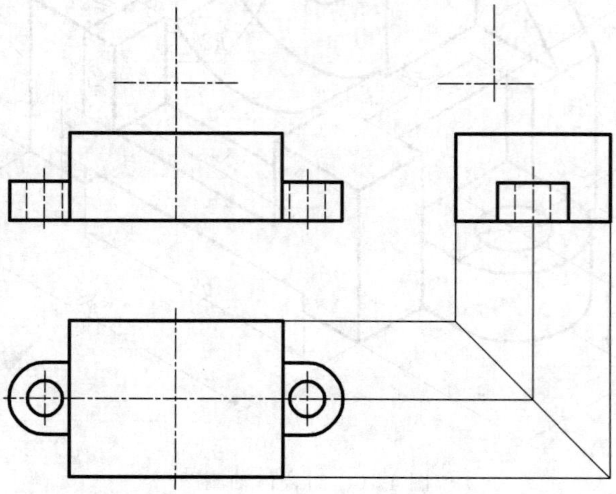

图 4-12 画底板整体和 U 形凸台

(5)画底板上的内部结构:左右方槽,底部方形通槽,中前部弧形槽和方槽,如图 4-13 所示。

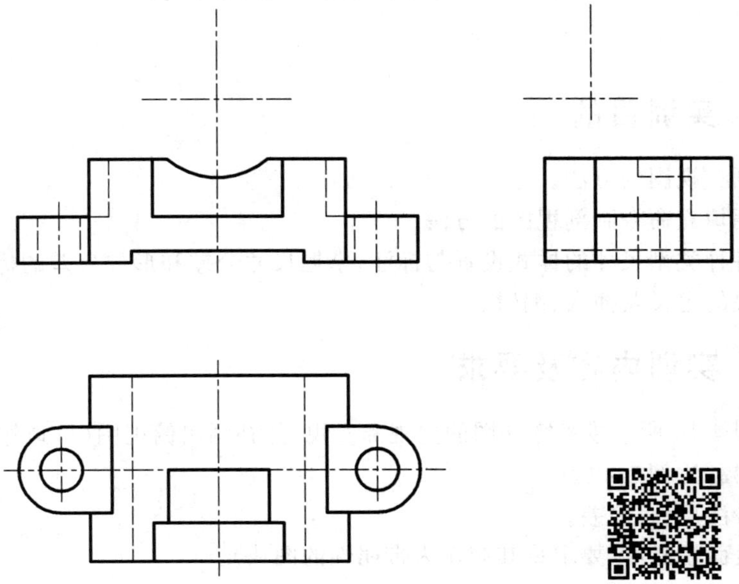

图 4-13　画底板内部结构

(6)画出底板上部后端 U 形柱的三视图,如图 4-14 所示。

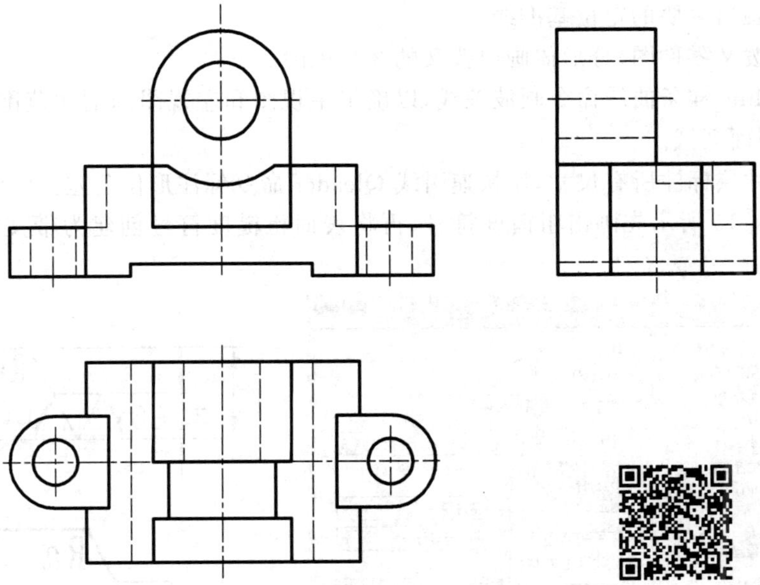

图 4-14　画 U 形柱的三视图

(7)最后画出左右肋板及 U 形柱上方圆筒,用三点圆弧命令画圆筒与 U 形柱表面相贯线。

(8)完整、清晰地标注尺寸。

4.3 零件图绘制训练

4.3.1 实训目的

(1)熟悉画三视图的方法。

(2)掌握用填充命令画剖视图的方法。

(3)熟悉各种类型尺寸的样式设置与标注,掌握尺寸公差和形位公差的标注。

(4)掌握块的定义及插入、编辑。

4.3.2 实训内容及要求

(1)抄画图 4-16 所示拨叉零件图的主视和左视,并补画出俯视图(只画外形)。

(2)A3 图幅,比例 1∶1。

(3)完整抄注尺寸、公差。

(4)标注表面粗糙度(要求将其制作为带属性的图块)。

4.3.3 实训步骤及指导

(1)按图 4-1 要求设置好各图层。A3 图幅画出图纸边界、图框和标题栏。均匀布置好三视图位置,画出主要的定位基准线。

(2)看懂拨叉零件图,分形体画出拨叉的 3 个视图。

(3)用 spline 样条曲线命令画波浪线,以确定主视图和左视图的剖切范围,用 bhatch 填充命令填充剖面区域。

(4)在尺寸层标注所有尺寸,用快速引线 Qleader 命令标注形位公差。

(5)按图 4-15 所示先画出粗糙度符号,再将表面粗糙度符号创建为带文字属性的图块并标注。

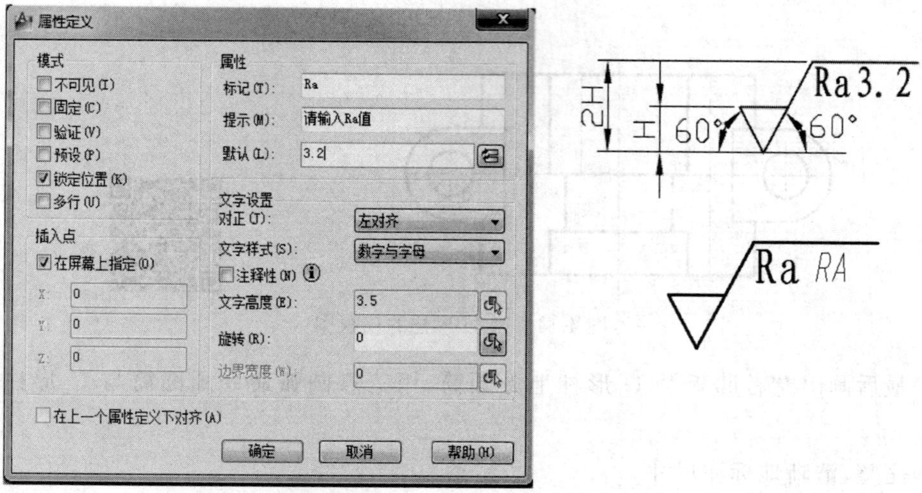

图 4-15 创建粗糙度符号图块

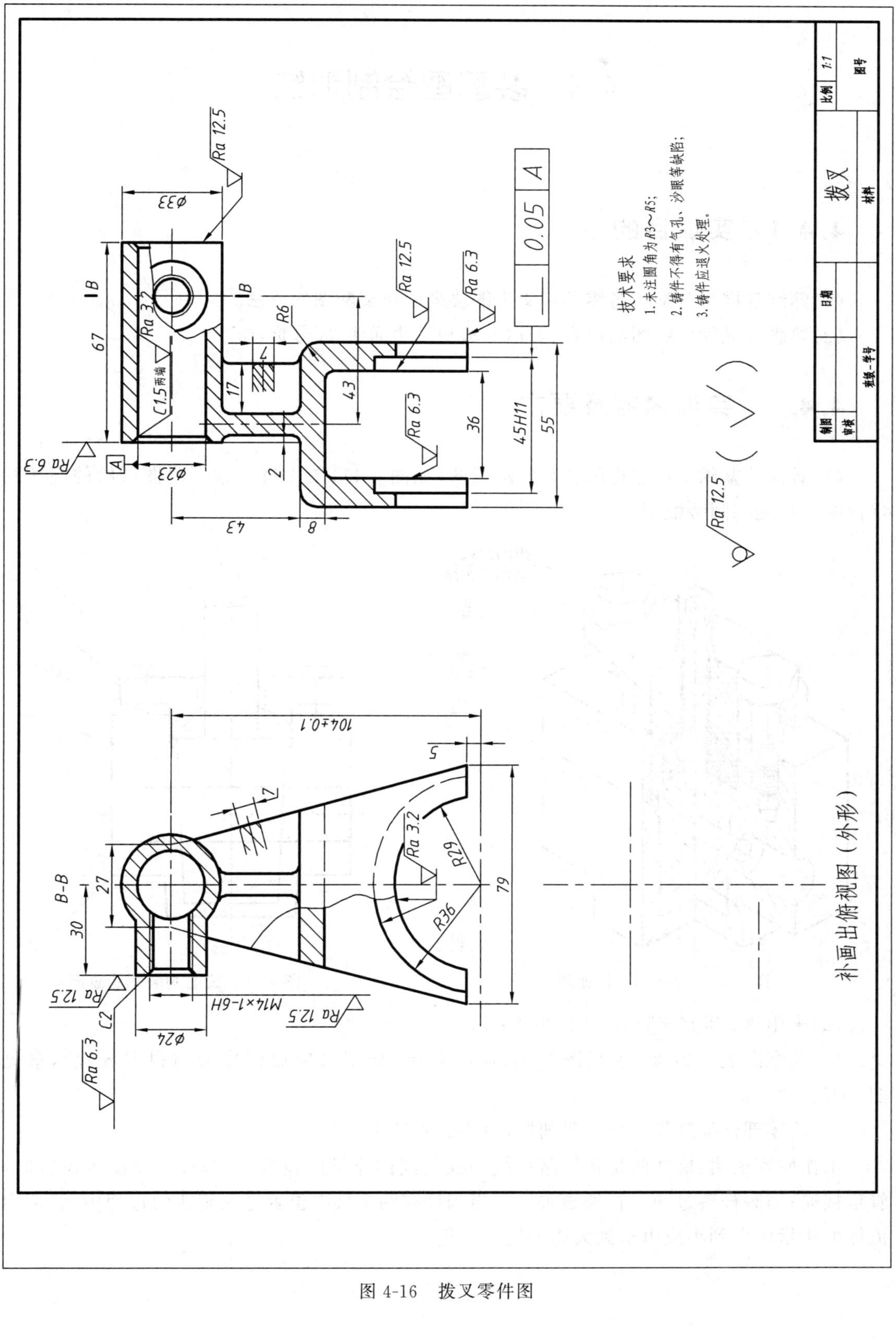
技术要求
1. 未注圆角为R3～R5;
2. 铸件不得有气孔、沙眼等缺陷;
3. 铸件应退火处理。
补画出俯视图（外形）
B-B
拨叉
比例 1:1
图号
材料
制图
审核
日期
班级-学号

图 4-16　拨叉零件图

4.4 装配图绘制训练

4.4.1 实训目的

(1)熟练掌握将装配体各零件定义为图块来创建装配图的方法。

(2)熟悉并巩固装配图的内容、表达方法和尺寸标注、序号标注。

4.4.2 实训内容及要求

(1)看懂旋塞阀工作原理图和装配示意图(见图 4-17、图 4-18),根据附图所给的旋塞阀零件图画出旋塞阀装配图。

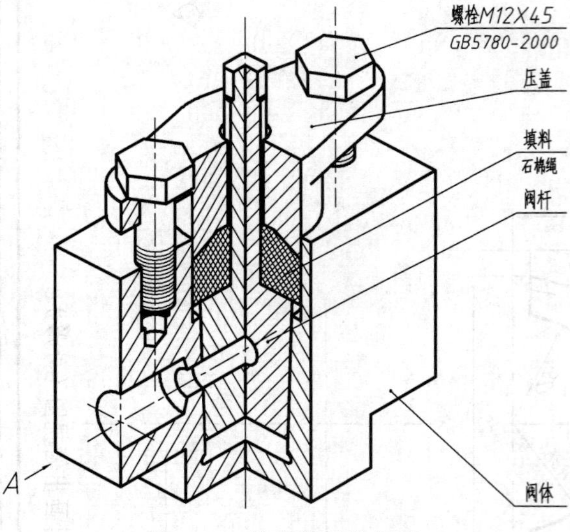

图 4-17 旋塞阀工作原理

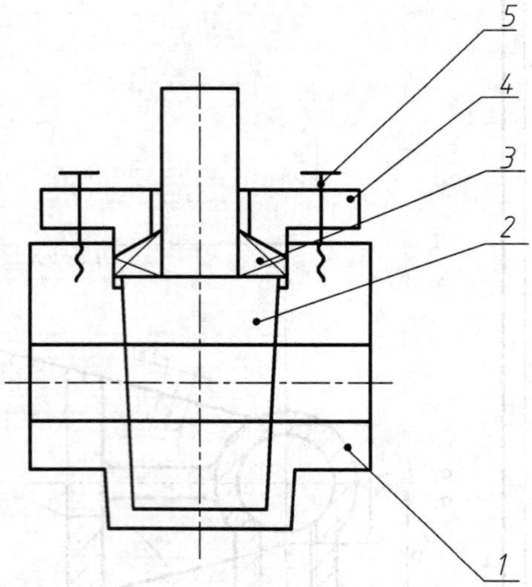

图 4-18 旋塞阀装配示意图

(2)采用 A3 横放或竖放;比例为 1∶1。

(3)装配图表达方案:主视图全剖;俯视外形(如图纸横放则作为向视图放置),参见图 4-25。

(4)给零部件编序号并填写明细栏,标注必要尺寸。

工作原理说明:旋塞阀是在管路系统中控制液体流量的装置,当阀杆处于图示位置时,管道接通;当阀杆转过 90°时,通道关闭。当阀杆在两个极限位置之间旋转的过程中,管道内流体的流量由大到小或由小到大逐渐发生变化。

4.4.3　实训步骤及指导

(1)按 A3 格式画出图框和标题栏、明细栏。

(2)根据所给零件图分别画出旋塞阀各零件的主视图,如图 4-19 所示。将阀杆、压盖、螺栓定义为图块并命名。注意定义好适当的插入点和基准点,如图提示的点 A、B、C、D。

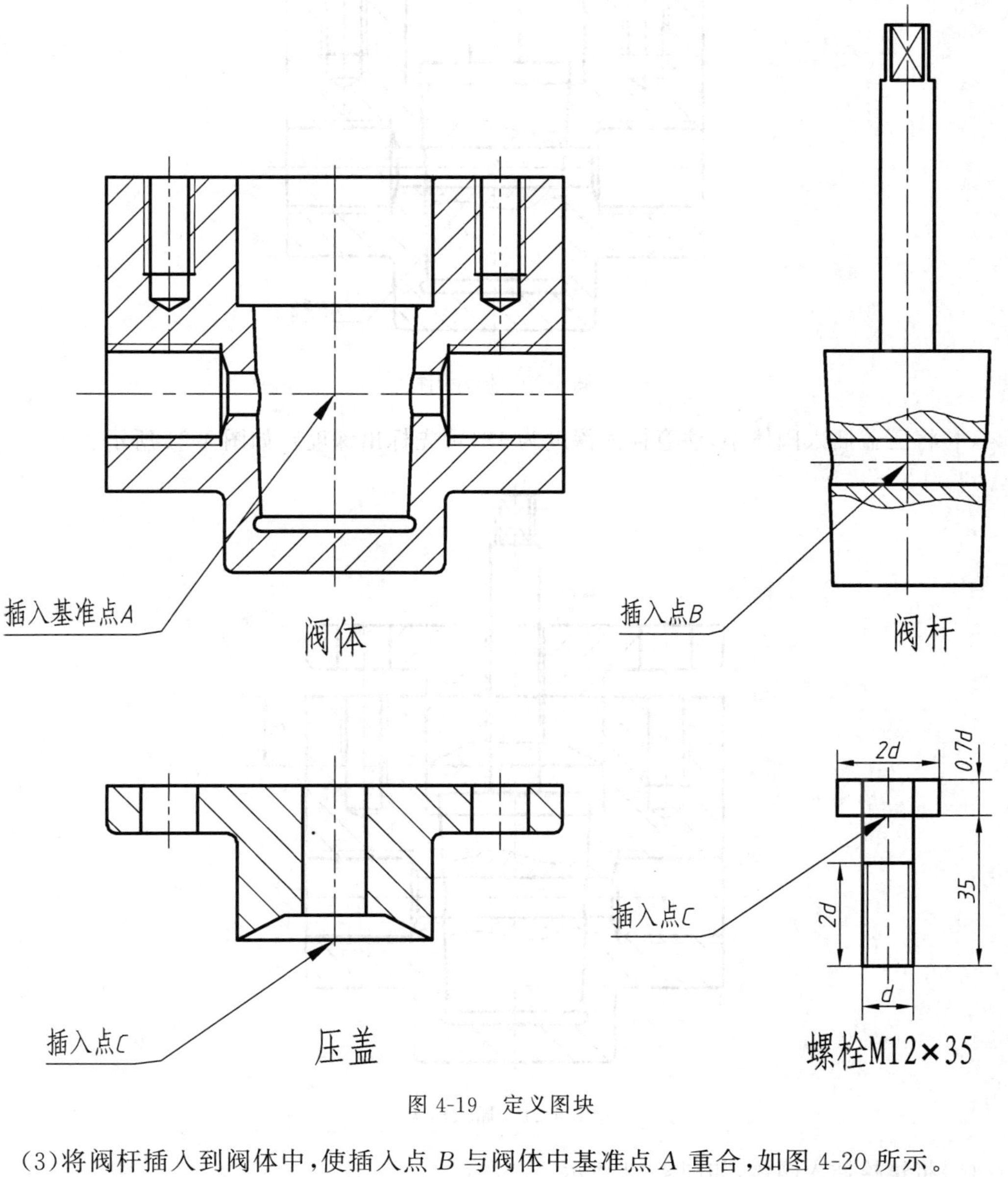

图 4-19　定义图块

(3)将阀杆插入到阀体中,使插入点 B 与阀体中基准点 A 重合,如图 4-20 所示。

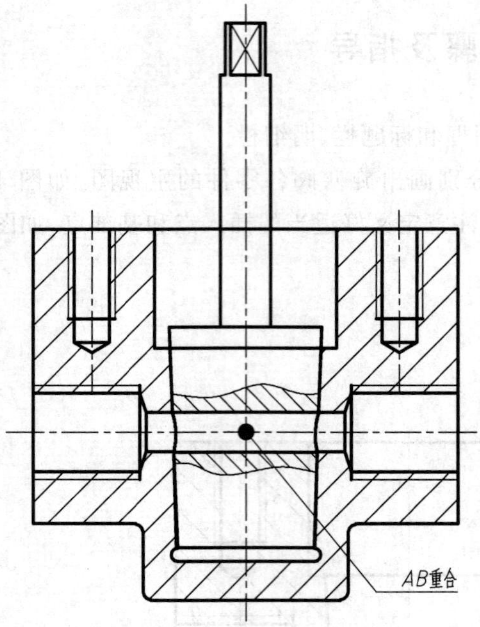

图 4-20　插入阀杆

(4)将压盖插入阀体中,注意插入深度为 18(可先标出深度),如图 4-21 所示。

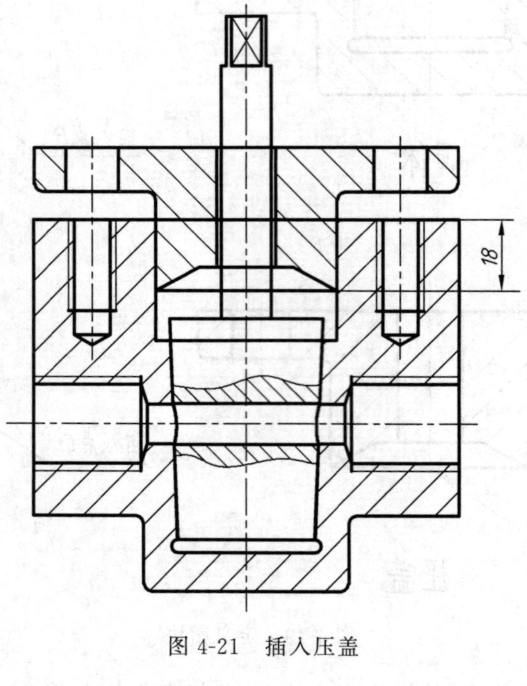

图 4-21　插入压盖

(5)将螺栓插入阀体,如图 4-22 所示。

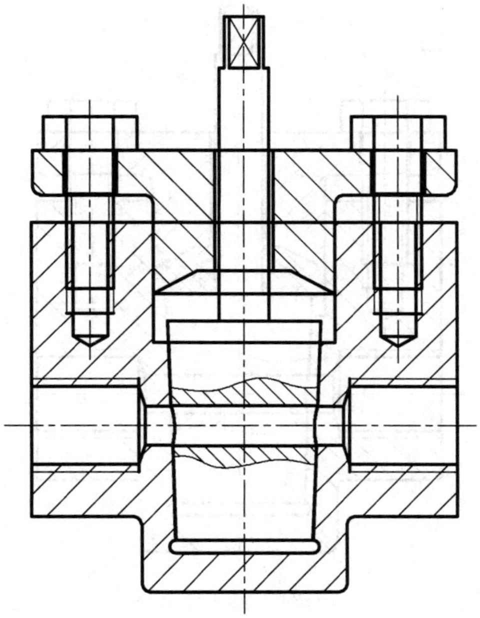

图 4-22　插入螺栓

(6)分解图块,根据投影关系修剪掉多余图线,修剪后如图 4-23 所示。

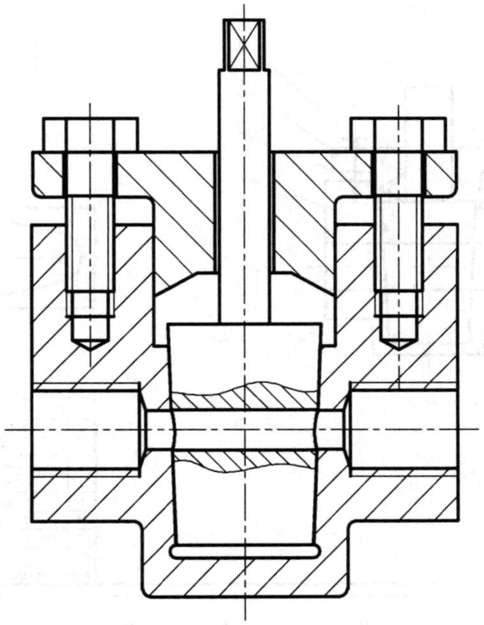

图 4-23　修剪多余图线

(7)使用填充命令画出在压盖和阀杆之间的密封填料,如图 4-24 所示。

(8)画出旋塞阀的俯视图(外形),如果图纸横放,俯视图可按向视图配置,可参考图 4-25 来布图。使用快速引线命令 Qlesder 为零部件编序号。

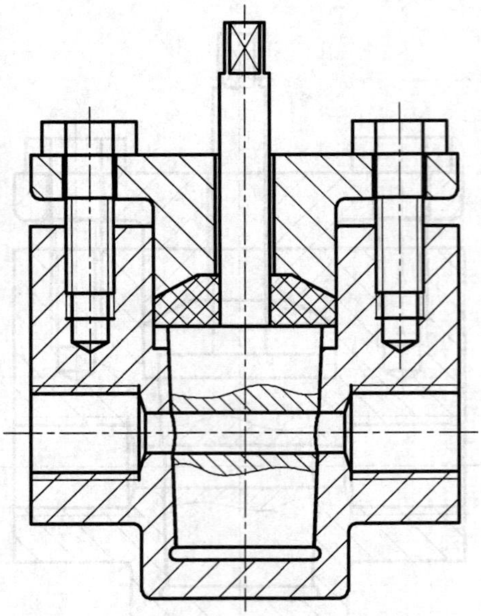

图 4-24　画密封填料

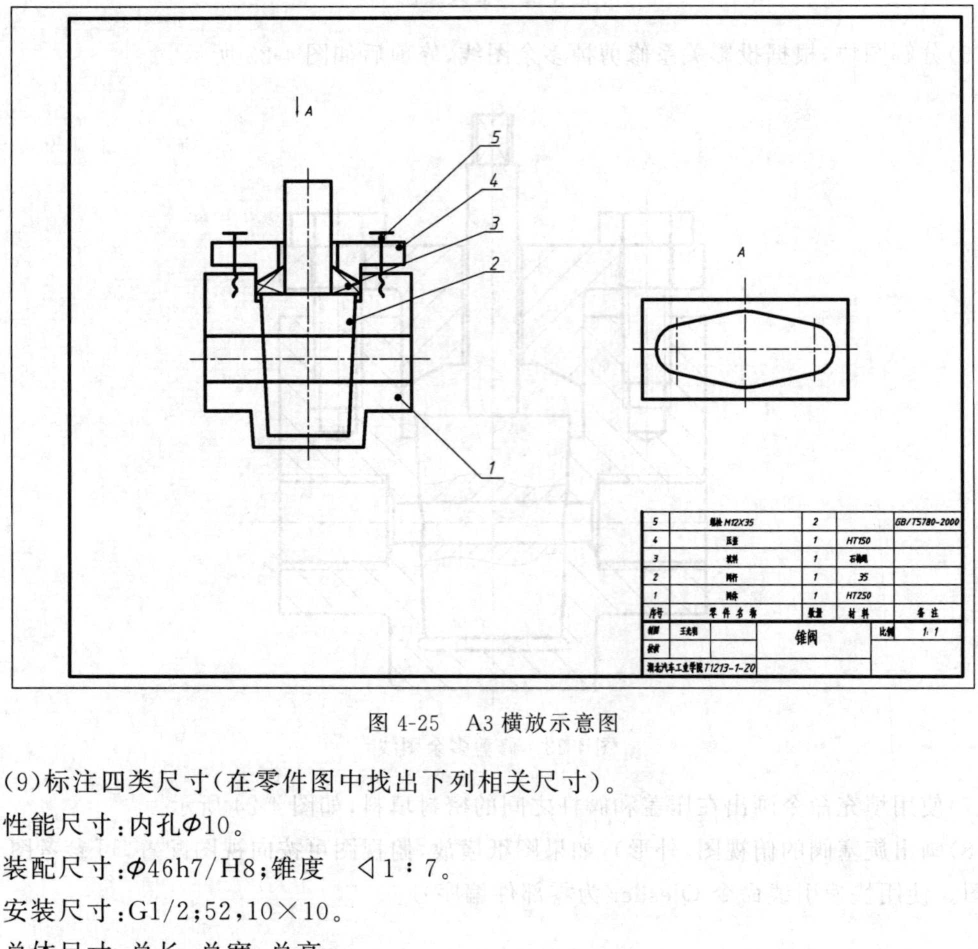

图 4-25　A3 横放示意图

(9)标注四类尺寸(在零件图中找出下列相关尺寸)。

性能尺寸:内孔ϕ10。

装配尺寸:ϕ46h7/H8;锥度　◁1∶7。

安装尺寸:G1/2;52,10×10。

总体尺寸:总长、总宽、总高。

附图 旋塞阀零件图

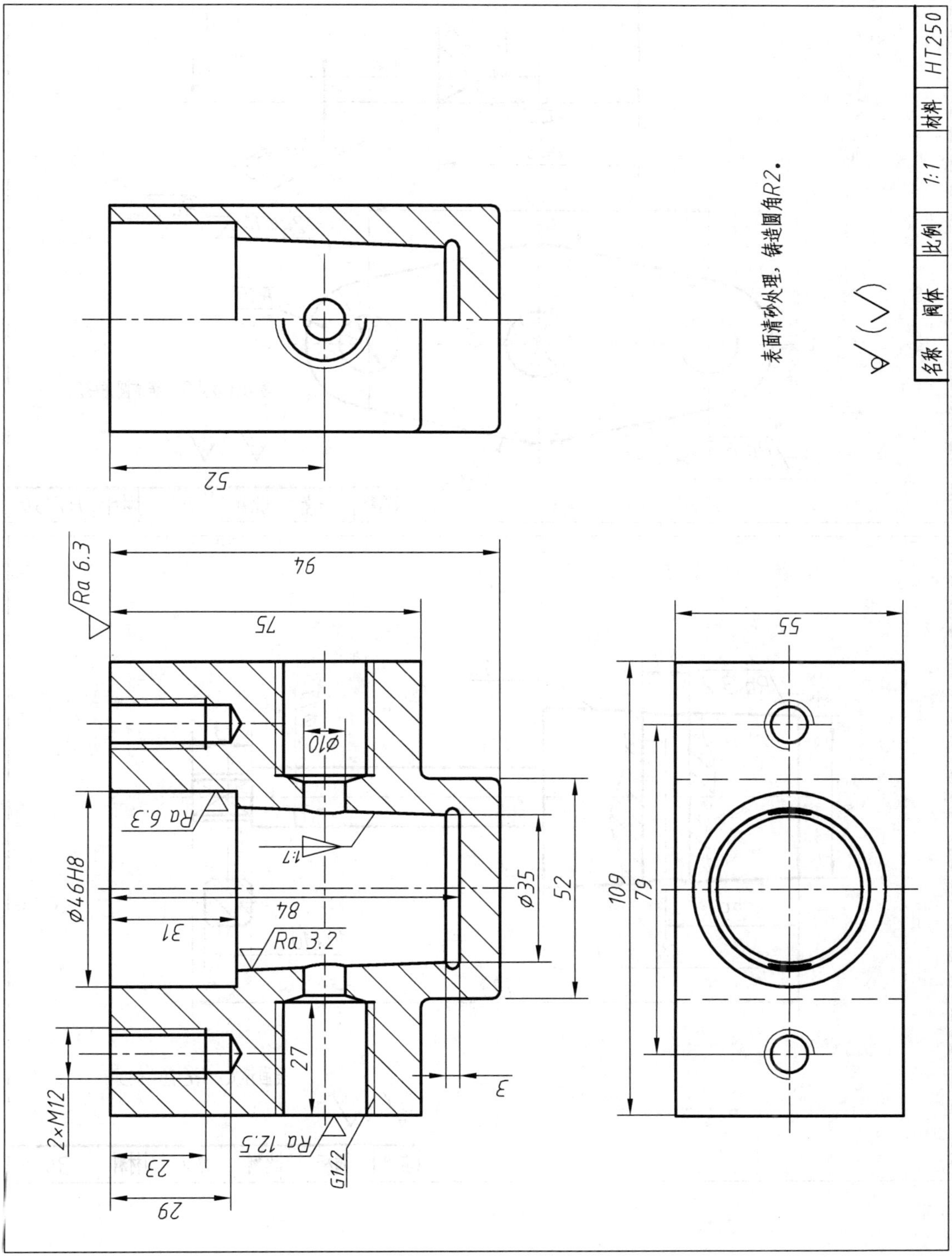
名称
阀体
比例
1:1
材料
HT250
表面清砂处理，铸造圆角R2.
52
94
75
Ra 6.3
Ø10
Ø46H8
Ra 6.3
1:7
84
31
Ra 3.2
Ø35
52
27
3
2×M12
Ra 12.5
G1/2
23
29
55
109
79

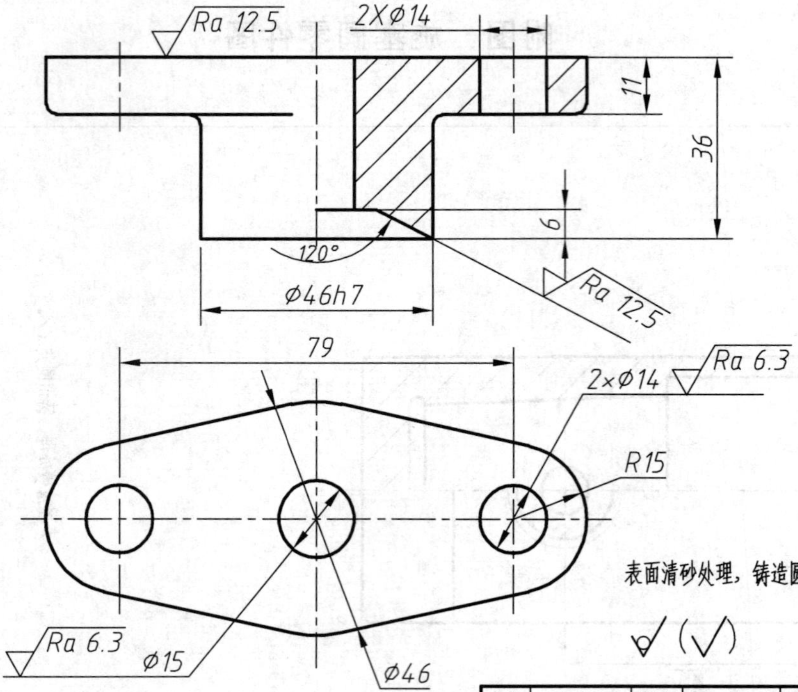

名称	压盖	比例	1:1	材料	HT150

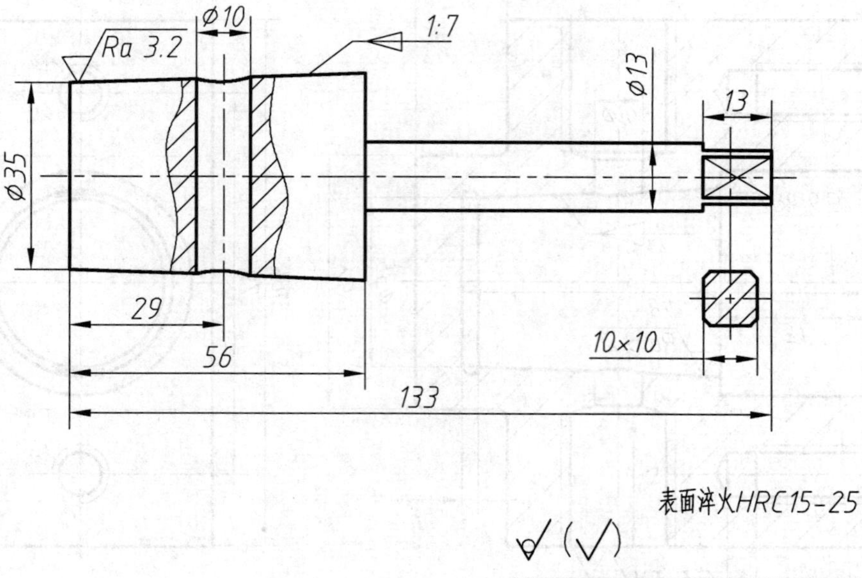

名称	阀杆	比例	1:1	材料	35

课外上机练习题

1. 平面图形绘图技巧

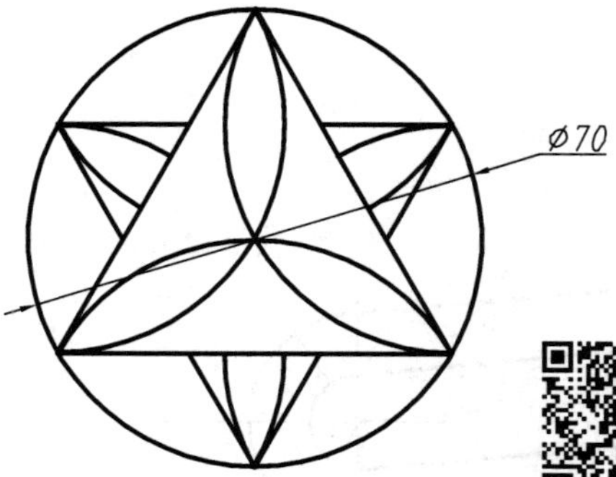

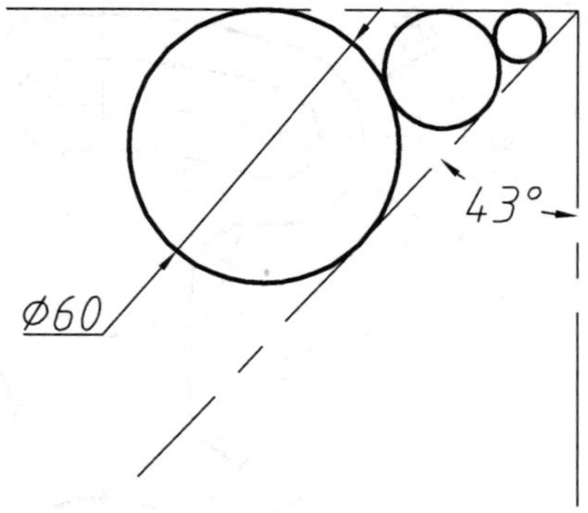

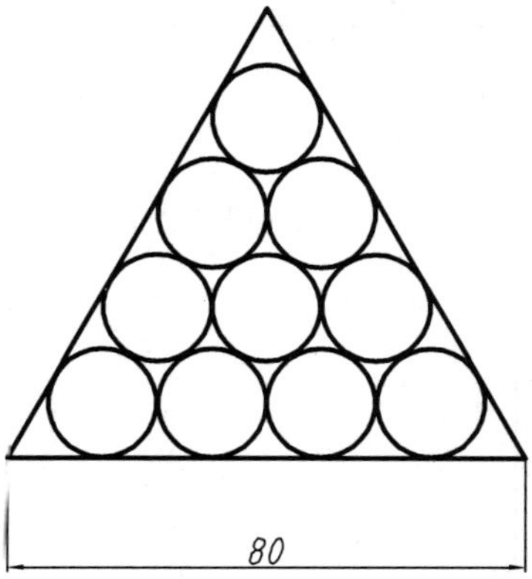

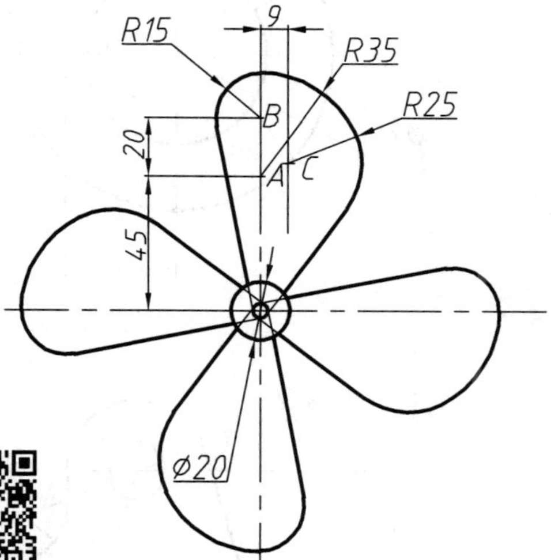

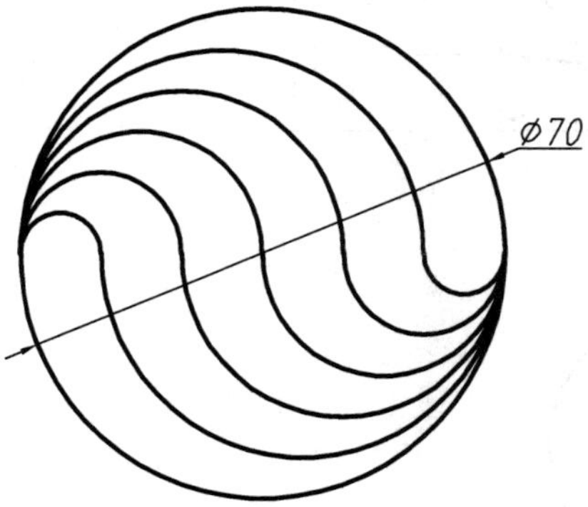

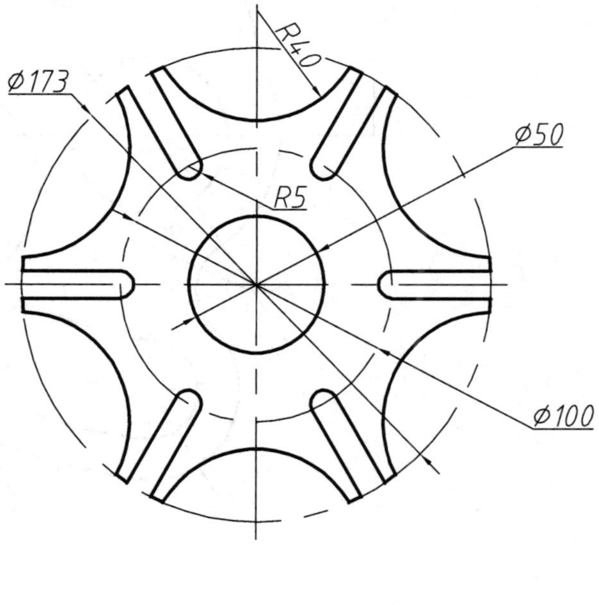

2. 圆弧连接绘图练习

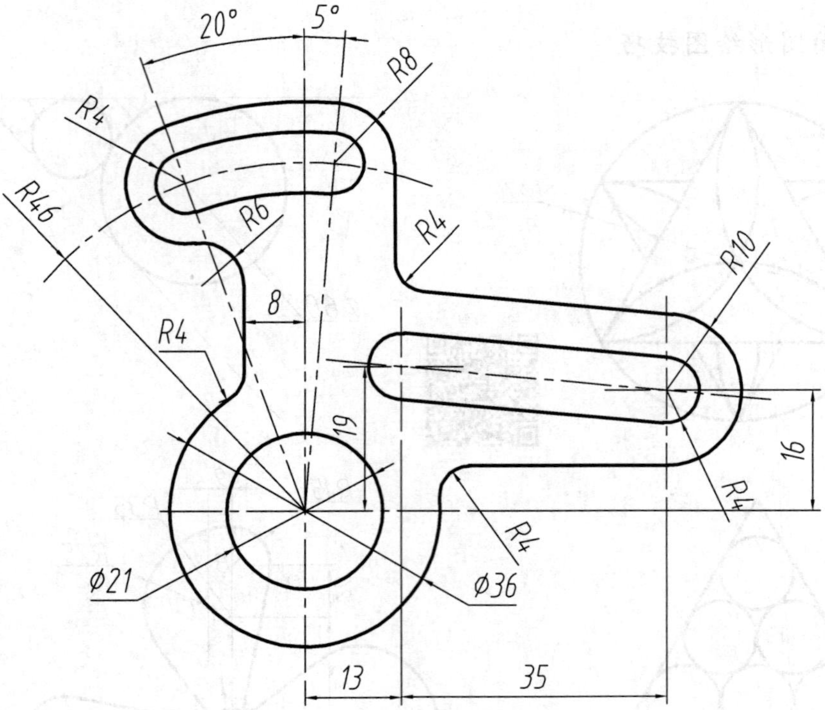
20°
5°
R8
R4
R46
R6
R4
8
R4
R10
19
16
R4
R4
Ø21
Ø36
13
35

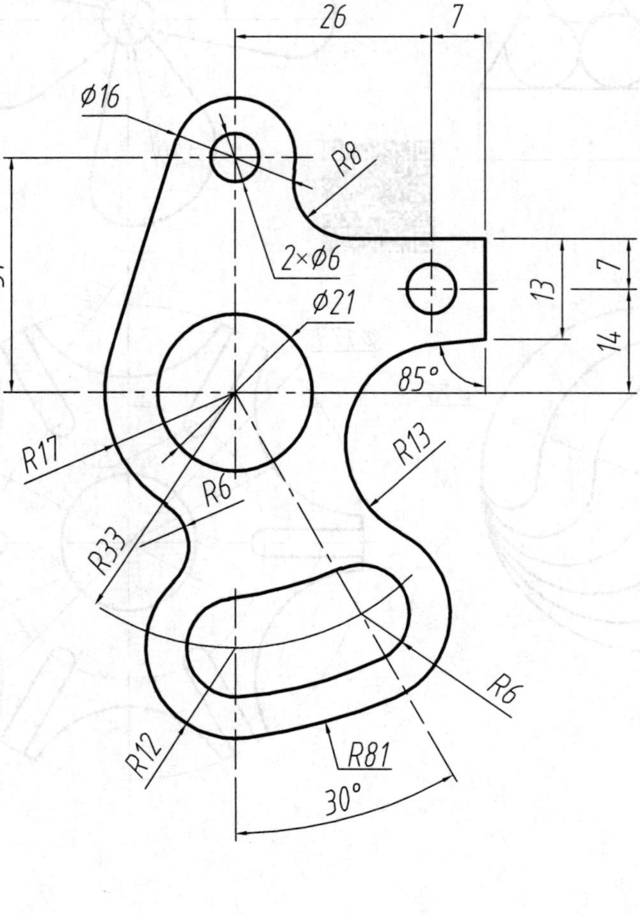
26
7
Ø16
R8
31
2×Ø6
13
7
Ø21
14
85°
R17
R13
R6
R33
R6
R12
R81
30°

3. 支架

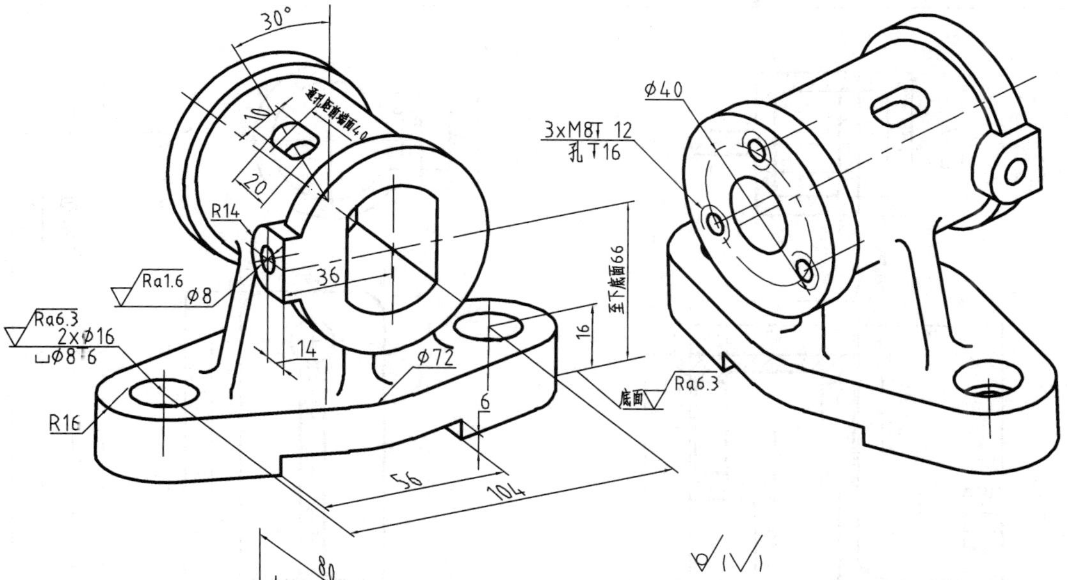

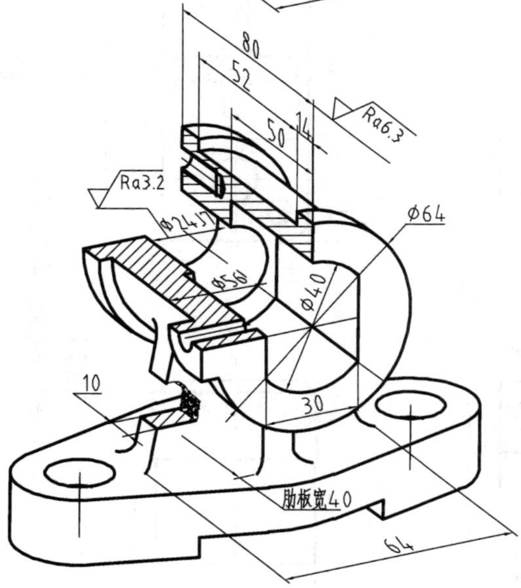

技术要求

1. 铸件不得有裂纹、缩孔等缺陷;
2. 时效处理;
3. 未注圆角R3~R5

形位公差要求：Φ24J7孔相对于Φ40孔的同轴度公差为Φ0.05

4. 左泵缸

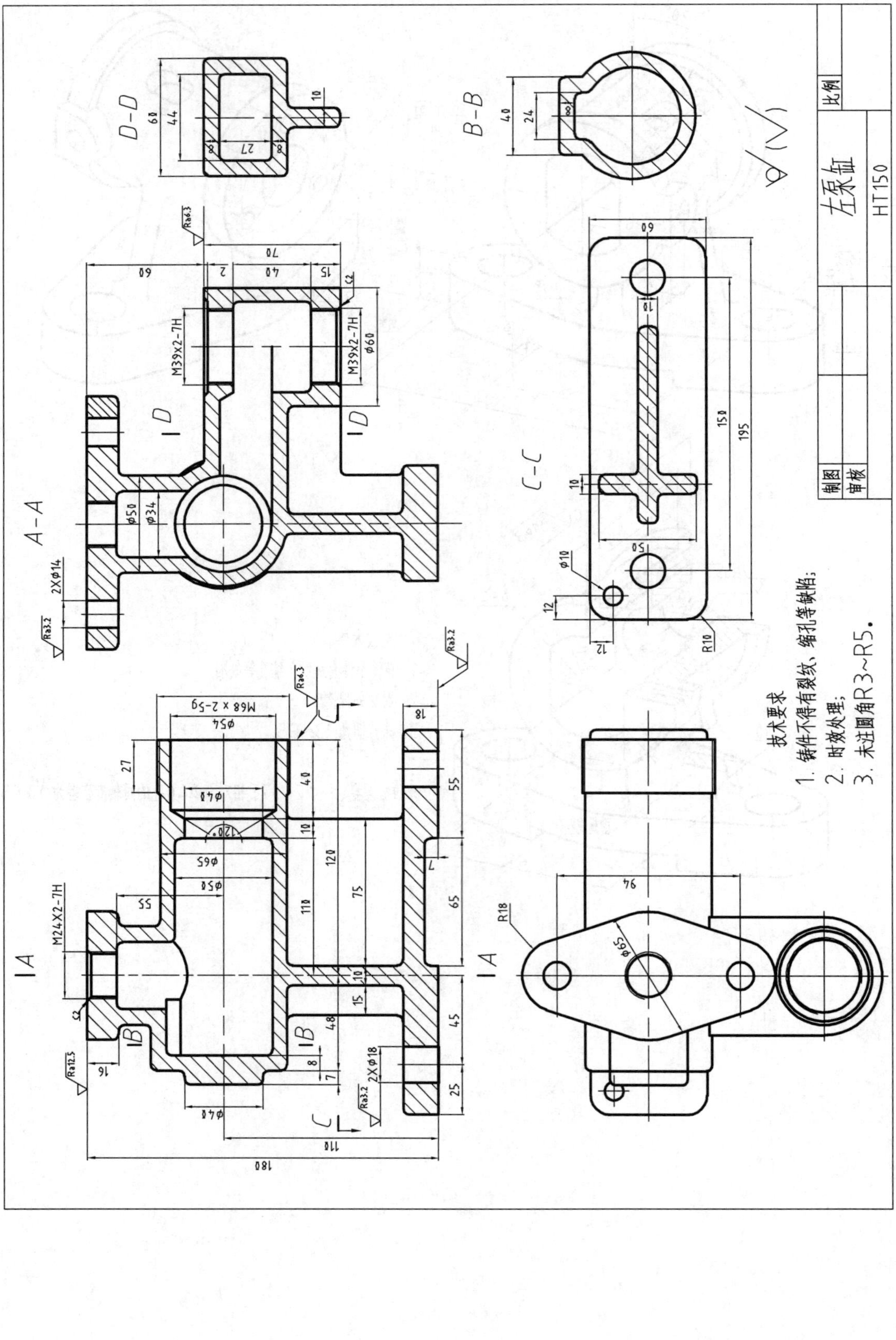

A-A
B-B
C-C
D-D
技术要求
1. 铸件不得有裂纹、缩孔等缺陷；
2. 时效处理；
3. 未注圆角R3~R5。
左泵缸
HT150
比例
制图
审核

AutoCAD 二维绘图实训报告

实训项目名称： **实训日期：　　年　月　日**

序号	评分项目	满分	得分	评语
1	环境设置	2		
2	完成度	4		
3	正确性、准确性	2		
4	实训总结	2		
成　绩				

实训总结(记录绘图中遇到的问题,如何解决,总结技巧与经验)

第5章　SolidWorks 三维绘图基本训练

5.1　草图绘制训练

5.1.1　实训目的

(1)上机熟悉操作界面、菜单的使用、工具栏的调用及帮助内容。

(2)掌握草图绘制实体命令:直线、圆、圆弧、矩形、多边形、样条曲线、槽口等。

(3)掌握草图实体编辑工具:复制、镜像、移动、阵列、圆角、倒角等。

(4)对绘制的草图添加几何约束关系、尺寸标注、自动求解、激活捕捉等。

5.1.2　实训内容及要求

按要求完成实训题目中各草图绘制。

5.1.3　实训步骤及指导

下面以图 5-1 拖钩草图绘制为例。

(1)看图分析草图是否对称,草图是为特征作准备,分析原点设置在哪里较好。先选好基准面进入草图绘制,单击草图工具栏上的“中心线”按钮画中心线 ,单击“圆”按钮画ϕ20,单击“圆心/起/终点圆弧”按钮画 R20,圆心在原点,如图 5-2 所示。

(2)单击“圆心/起/终点圆弧”按钮,画出 R50、R24、R100 圆弧。单击“3 点圆弧”按钮,画 R5 圆弧。如图 5-3 所示。

(3)单击“直线”按钮,画出各连接直线。如图 5-4 所示图形。(图形为原图类似形即可)

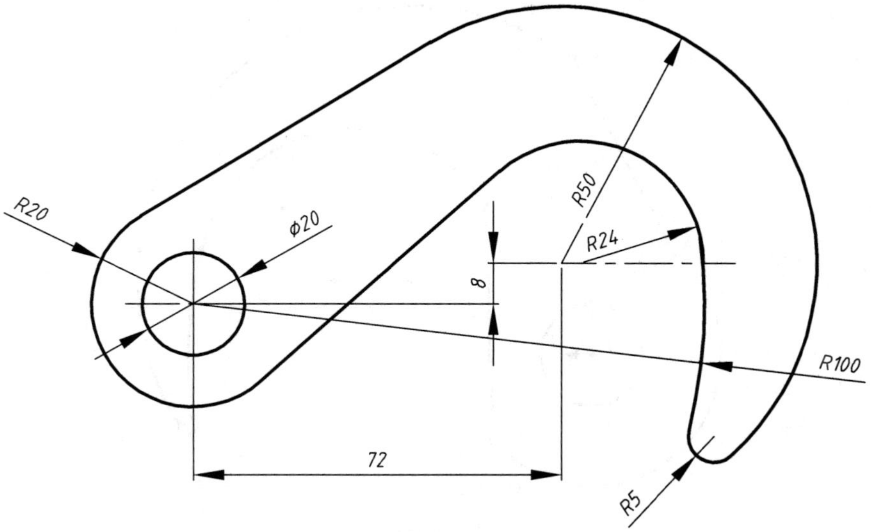

图 5-1　拖钩

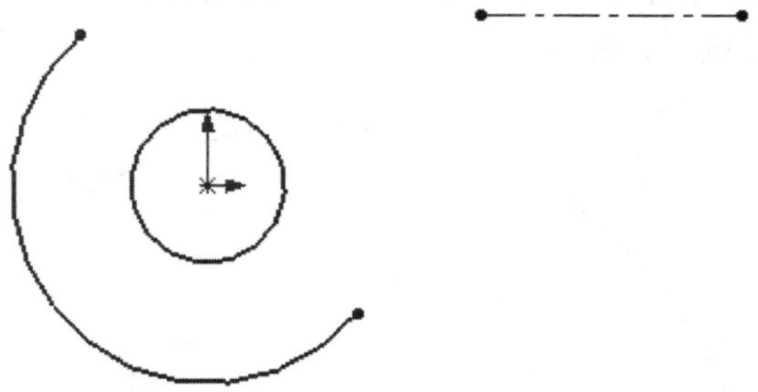

图 5-2　绘制左侧圆弧

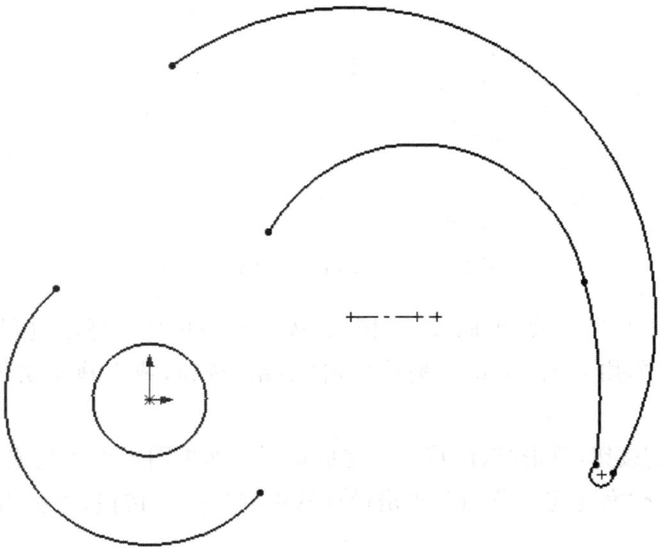

图 5-3　绘制右侧圆弧

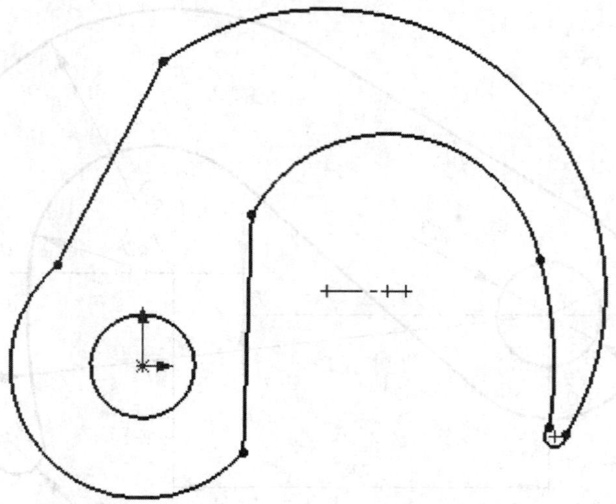

图 5-4　画直线连接

(4)添加几何约束关系：用交叉窗口框选两相邻实体，鼠标右键快捷菜单中选择“使相切”，或单击草图工具栏中“添加几何关系”按钮，选中两相邻实体，在设计树中添加相切几何关系，单击“确定”按钮，如图 5-5 所示。

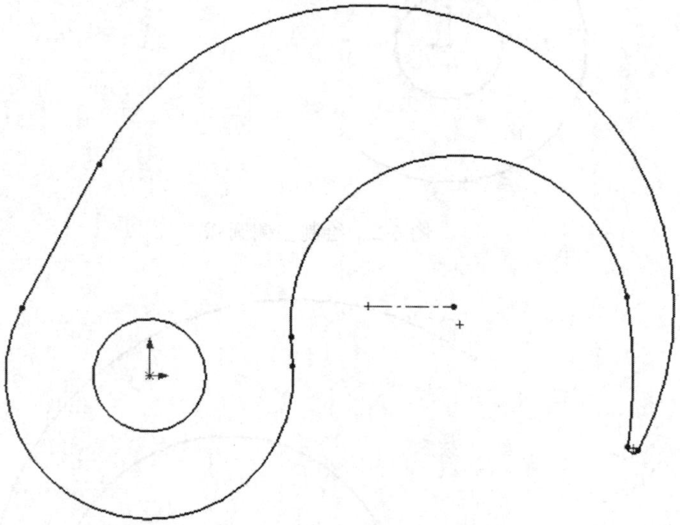

图 5-5　添加几何约束画相切直线

(5)单击草图工具栏上的“智能尺寸”按钮，按图标注尺寸。标注过程中，如图形发生变形，可调整标注顺序，用 Ctrl＋Z 组合键或单击“撤销”按钮，或者拖动实体以调整，如图 5-6 所示。

(6)单击“确认”按钮，单击“退出草图”，完成草图。如果图形以蓝色或黄色显示，选择“工具”→“标注尺寸”→“完全定义草图”，单击设计树中的“计算”按钮，根据需要自行修改，完成草图完全定义。

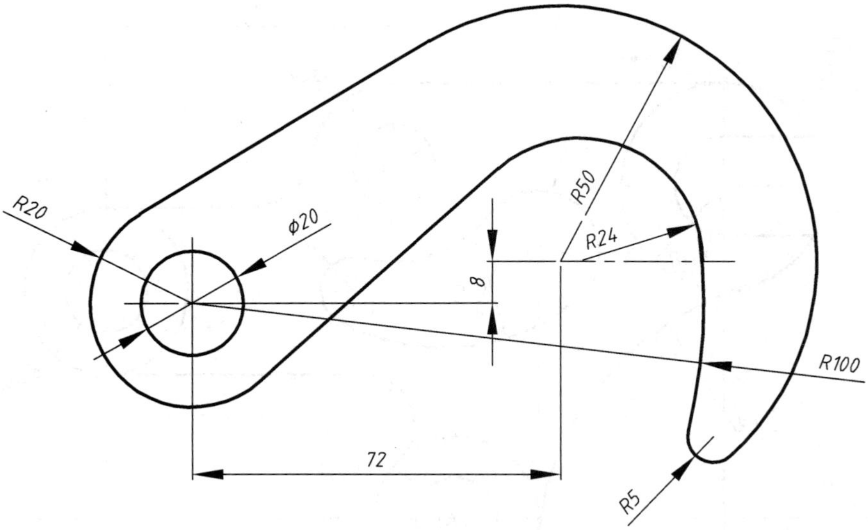

图 5-6　标注尺寸

5.1.4　实训题目

1. 二维草图练习(见图 5-7～图 5-10)

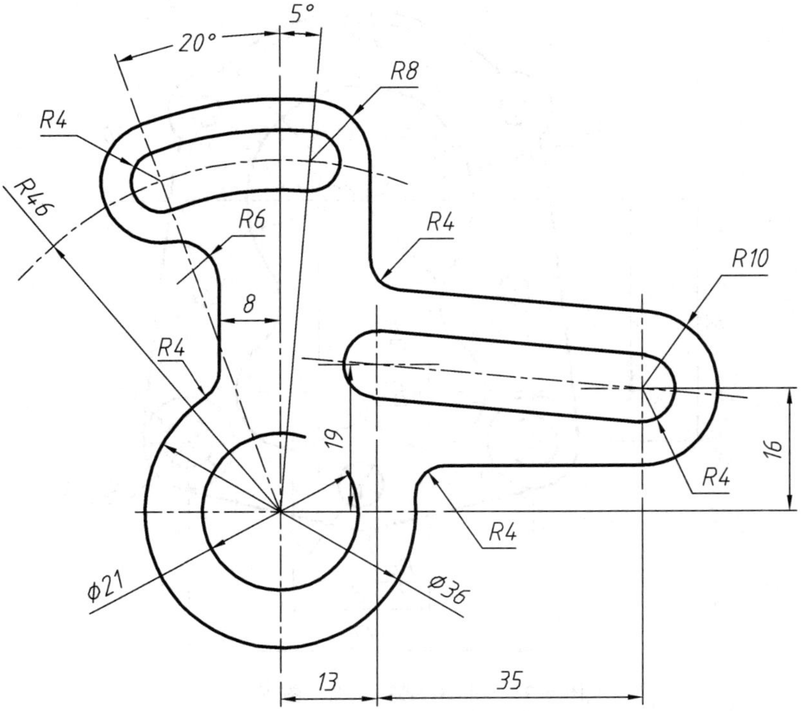

图 5-7　SolidWorks 二维草图练习 1

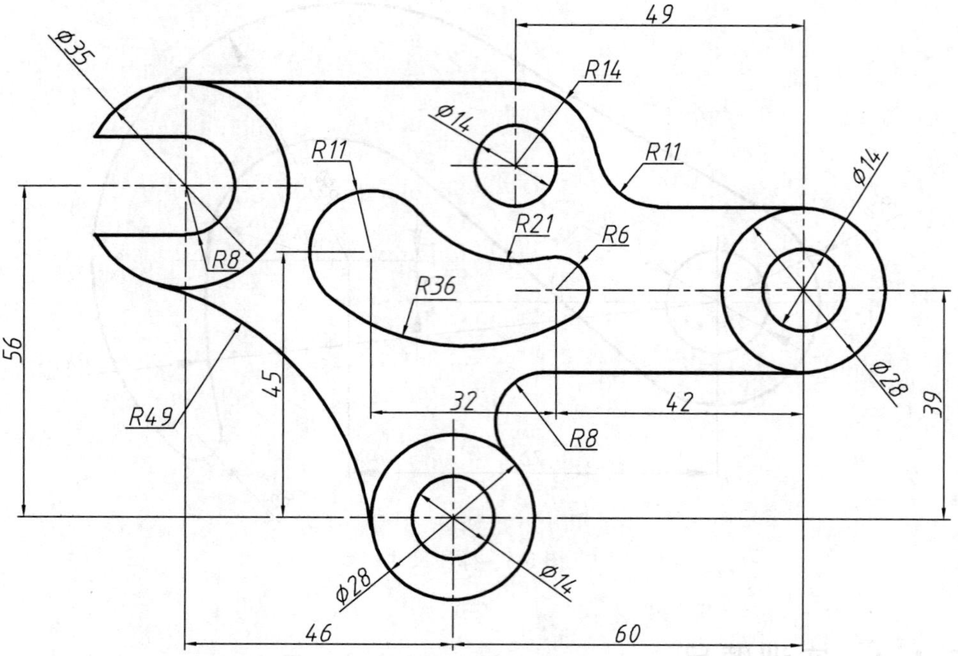

图 5-8 SolidWorks 二维草图练习 2

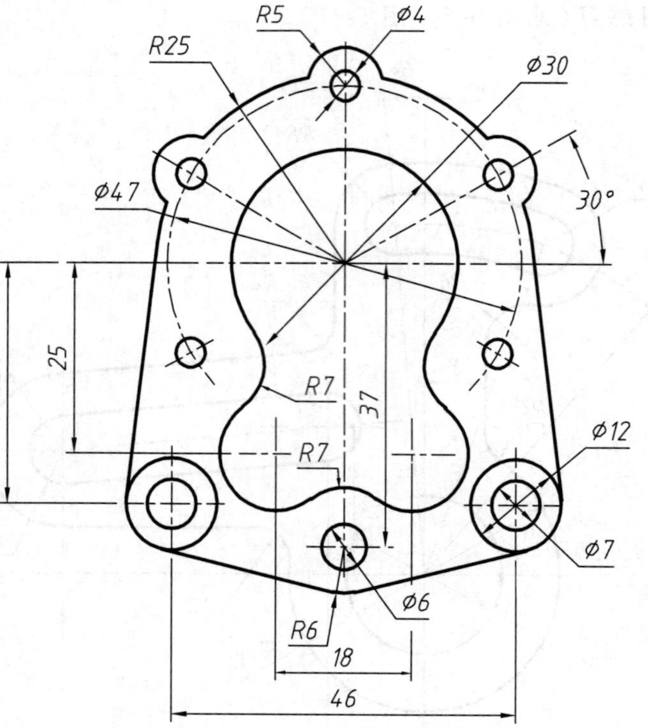

图 5-9 SolidWorks 二维草图练习 3

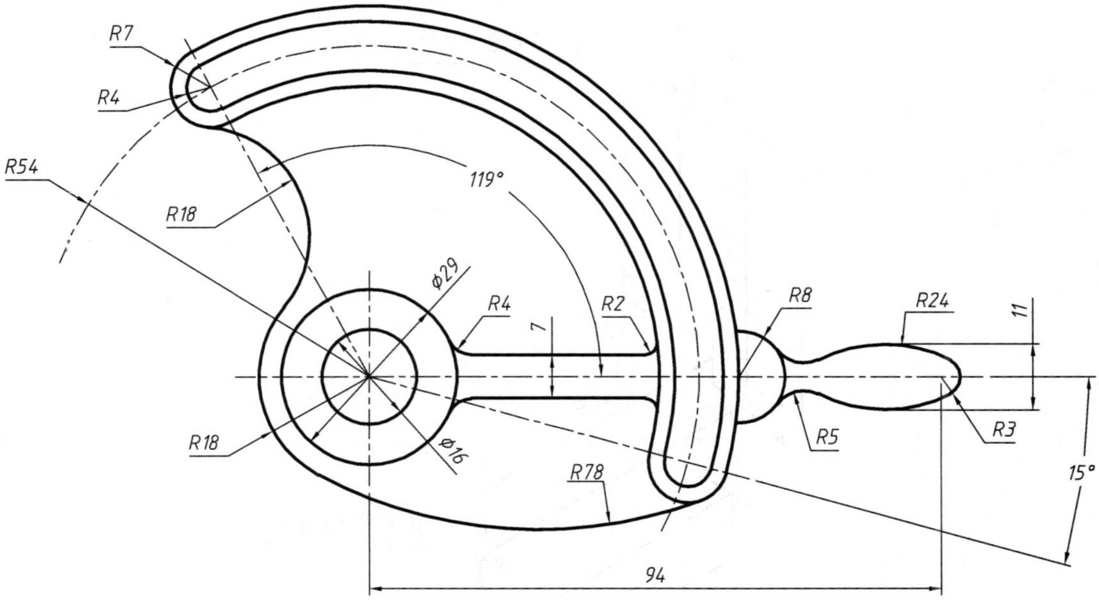

图 5-10　SolidWorks 二维草图练习 4

2. 3D 草图练习(见图 5-11、图 5-12)

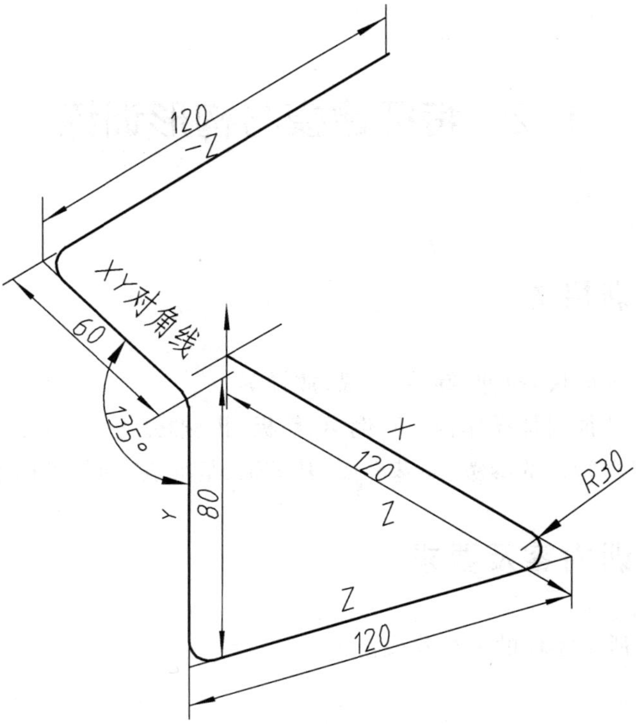

图 5-11　SolidWorks 3D 草图练习 1

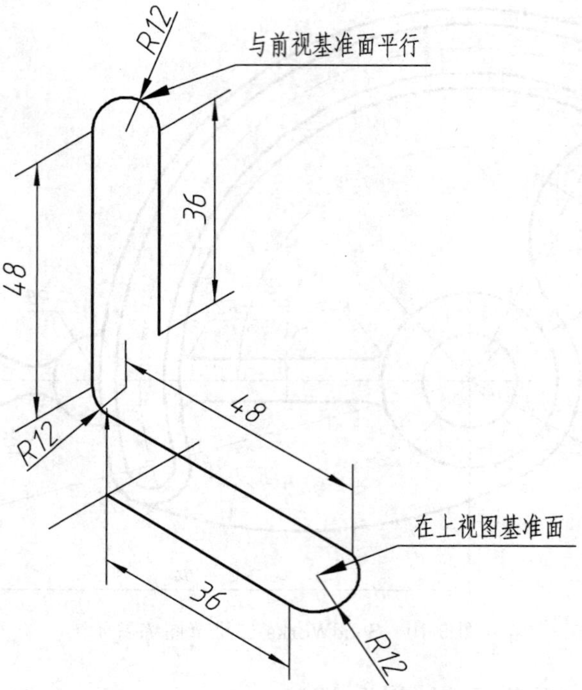

图 5-12　SolidWorks 3D 草图练习 2

5.2　特征建模与构形训练

5.2.1　实训目的

(1)熟悉基体特征建模:拉伸、旋转、扫描、放样等。

(2)对特征进行特征附加操作:圆角、倒角、筋板、孔、抽壳等。

(3)根据特征建立特征的参考,如基准面、基准轴、基准点、局部坐标系等。

5.2.2　实训内容及要求

完成如图 5-13 所示零件的三维建模。

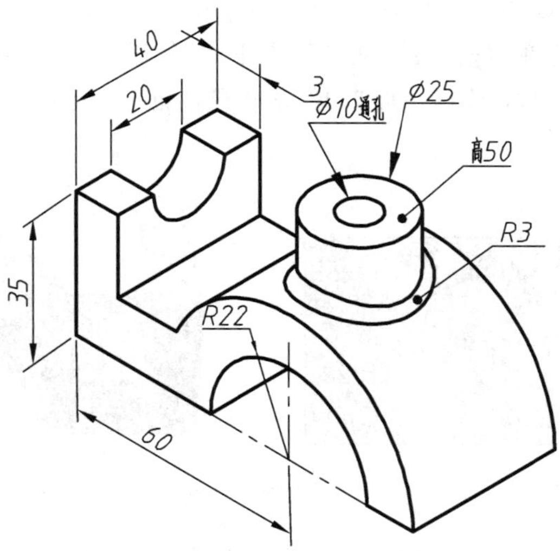

图 5-13　组合体三维模型

5.2.3　实训步骤及指导

(1)单击“新建”文件按钮,单击“零件”按钮,进入零件建模模式。

(2)选择前视基准面,进入草图绘制。绘制草图如图 5-14 所示,单击“智能尺寸”按钮,标注尺寸,完成草图绘制。

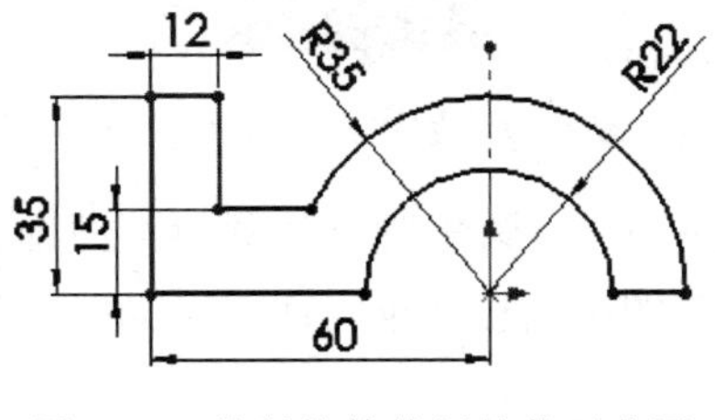

图 5-14　绘制拉伸特征的截面草图

(3)创建拉伸特征。单击“拉伸凸台/基体”按钮,拉伸深度设置为“40”,终止条件设为“两侧对称”,单击“确定”按钮,如图 5-15 所示。

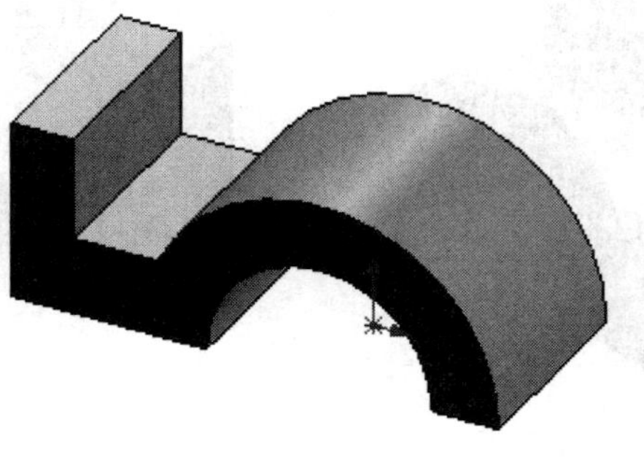

图 5-15　拉伸特征

(4)创建圆柱凸台。选择上视基准面,画圆,标注尺寸ϕ25,完成草图。单击"拉伸凸台/基体"按钮,在设计树中选择起始条件,从与草图平面"等距"的基准面开始拉伸,设置基准面为距离50,终止条件设为"成形到一面",单击半圆柱面作为终止面,单击"确定"按钮,如图5-16所示。

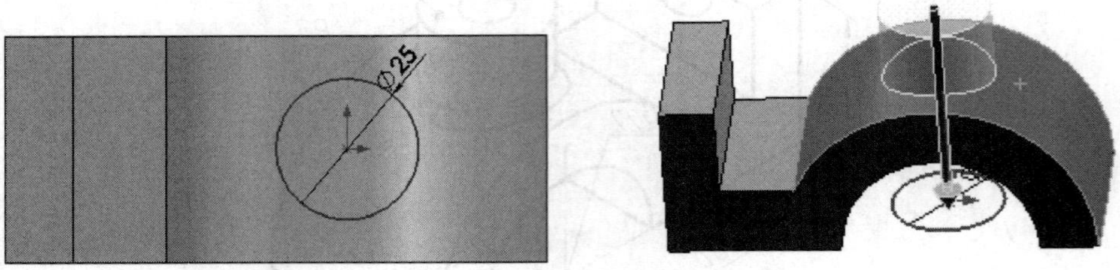

图5-16 创建圆柱凸台

(5)创建圆孔和半圆槽。选择圆柱上表面,绘制草图,标注尺寸,单击"拉伸切除"按钮,终止条件设置为"成形到下一面",完成圆孔建模。选择左端面,绘制草图,标注尺寸,单击"拉伸切除"按钮,切半孔槽,如图5-17所示。

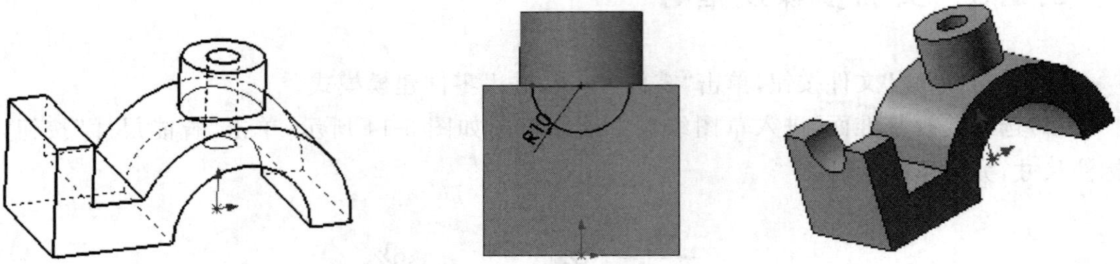

图5-17 创建圆孔和半圆槽

(6)倒圆角:单击特征工具栏上的"圆角"按钮,圆角类型选择"等半径",圆角项目中半径设置改为3 mm,边线特征选择下图中圆柱和半圆柱交线,单击"确定"按钮完成圆角,如图5-18所示。

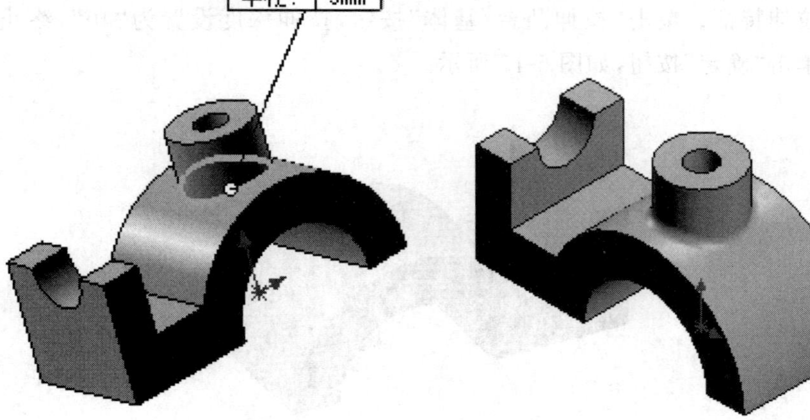

图5-18 倒圆角

5.2.4　特征建模实训题目

特征建模实训题目见图 5-19～图 5-23。

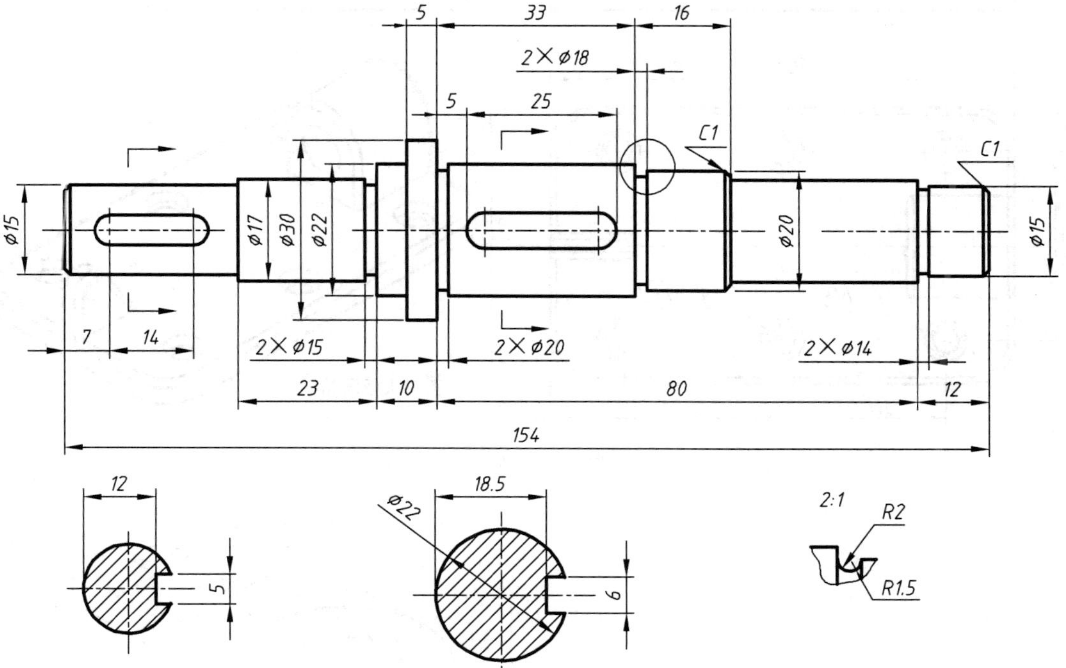

图 5-19　轴

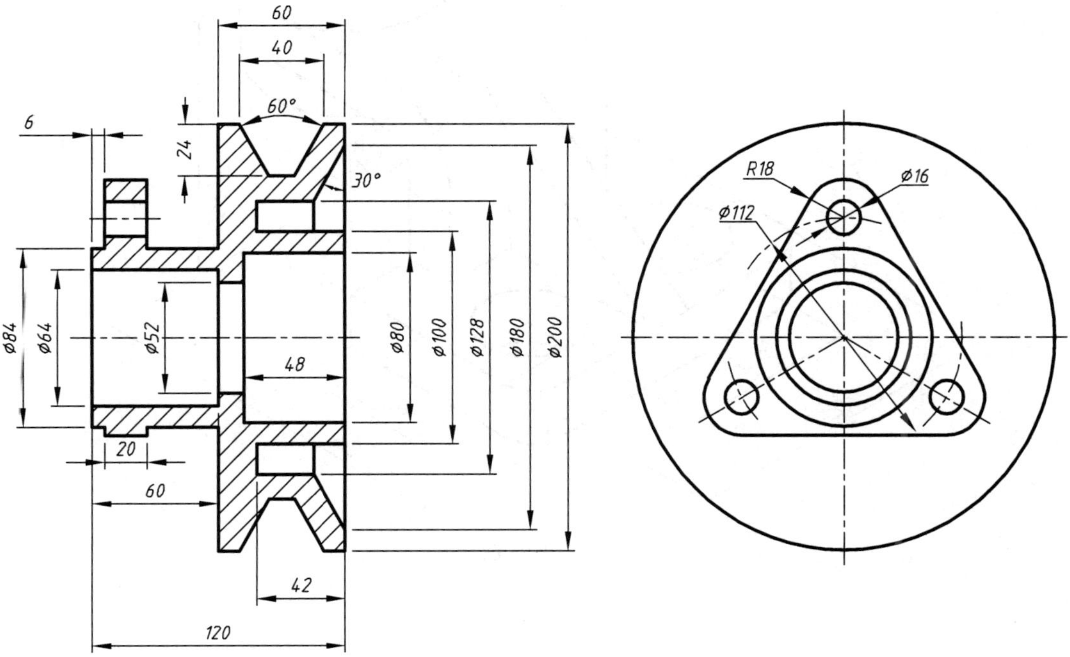

图 5-20　轮

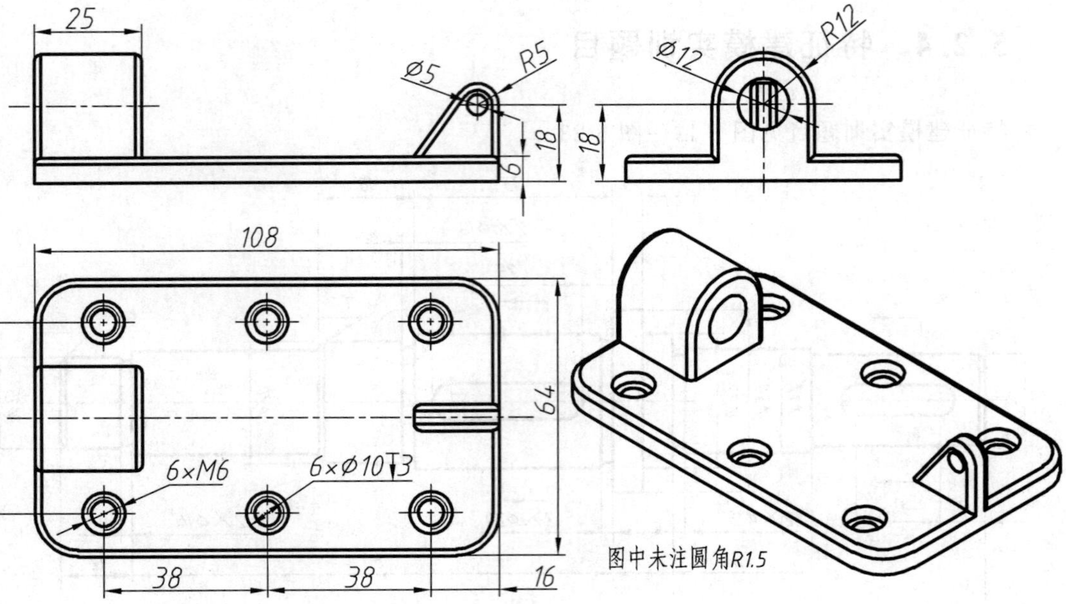

图 5-21 底板

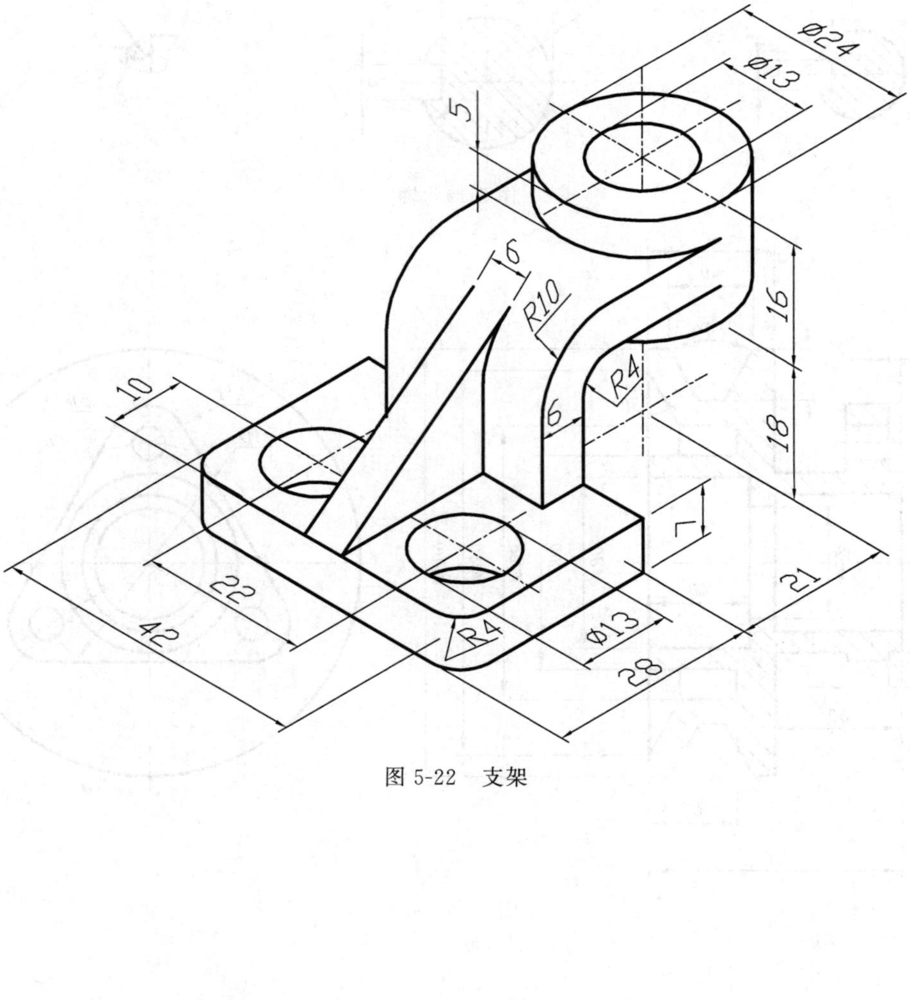

图 5-22 支架

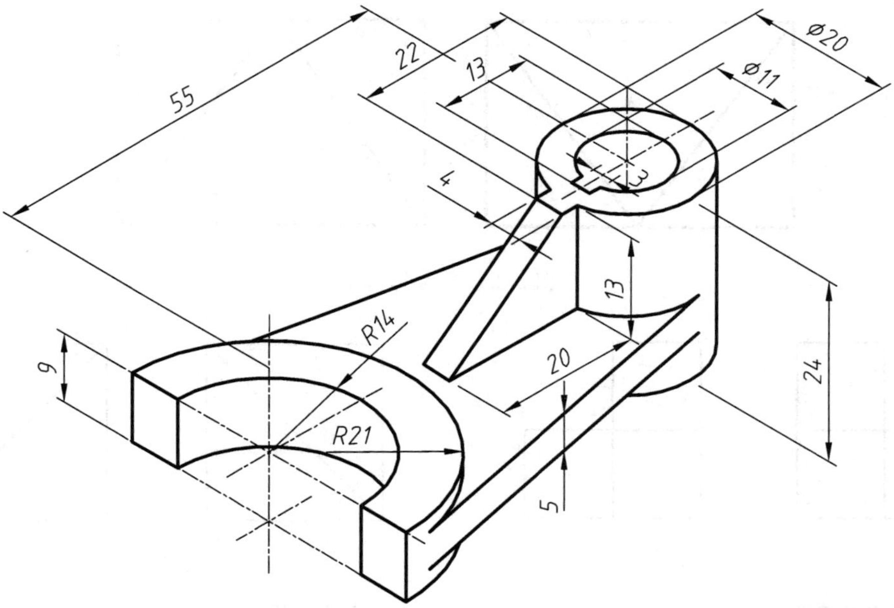

图 5-23　拨叉

5.2.5　构型练习题目

根据所给视图,完成形体的三维建模。构型练习题目见图 5-24～图 5-27。

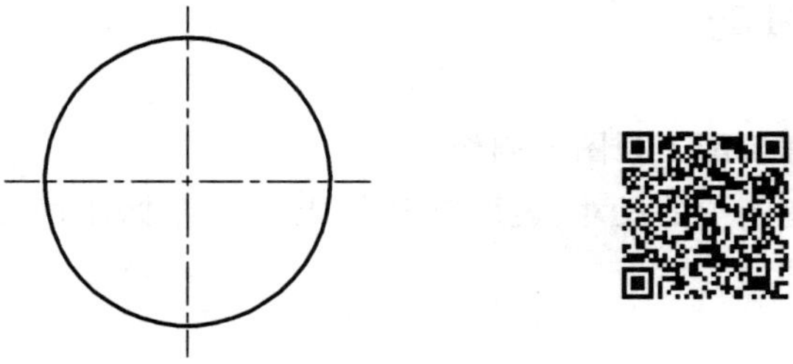

图 5-24　构型练习 1

图 5-25　构型练习 2

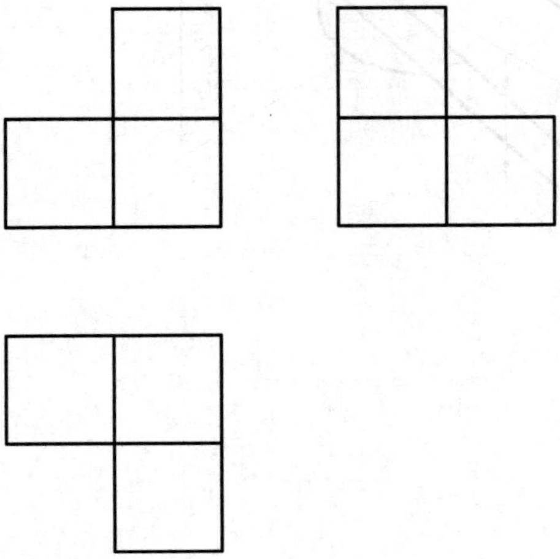

图 5-26　构型练习 3

图 5-27　构型练习 4

5.3　零件建模与导工程图训练

5.3.1　实训目的

(1)熟练掌握零件和装配工程图的制作。

(2)熟悉并巩固工程图中的尺寸、表面粗糙度、形位公差标注,零件编号,填写明细栏、技术要求等。

5.3.2 实训内容及要求

(1)创建零件工程图。

(2)制作工程图模板。

(3)标注尺寸、表面粗糙度、形位公差、加零件编号、填写明细栏、技术要求。

5.3.3 实训步骤及指导

(1)以绘制拨叉零件详细工程图为例。先建立拨叉三维模型,选择"文件"→"新建"→"工程图",在图纸属性中设置好图纸格式。单击视图工具栏中的"模型视图",通过浏览找到"拨叉.sldprt"文件,在图纸上生成主视图、俯视图和适当的轴测图,显示样式中选择消除隐藏线模式,如图 5-28 所示。

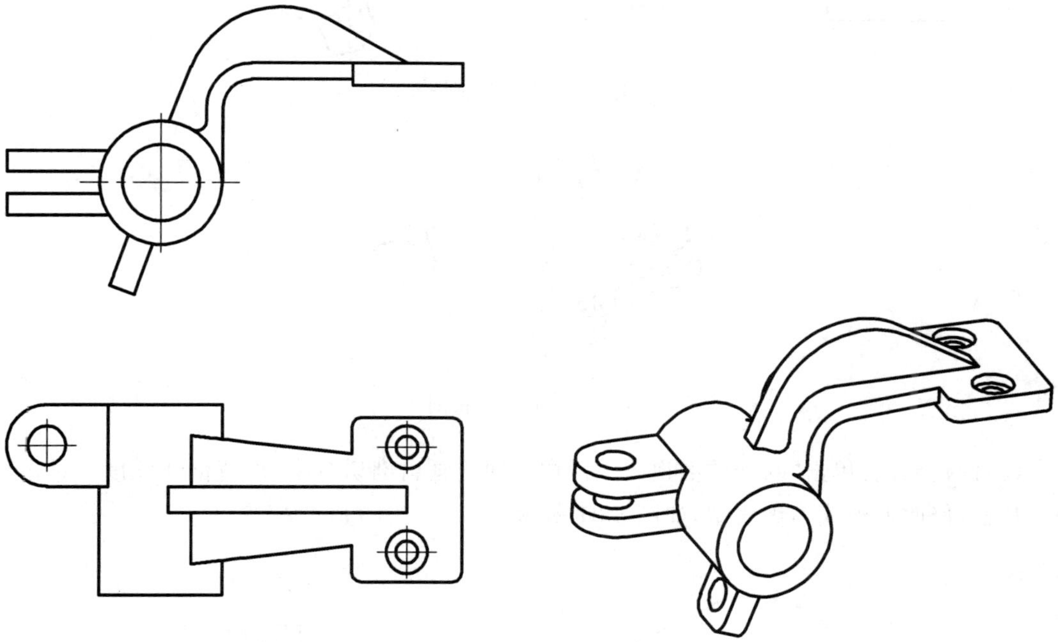

图 5-28　创建主俯视图和轴测图

(2)创建斜视图:单击"视图布局"工具栏中的"辅助视图"按钮,选择主视图中斜板的轮廓边线,生成辅助斜视图,右击快捷菜单解除视图对齐关系,如图 5-29 所示。裁剪辅助视图,如图 5-30 所示。

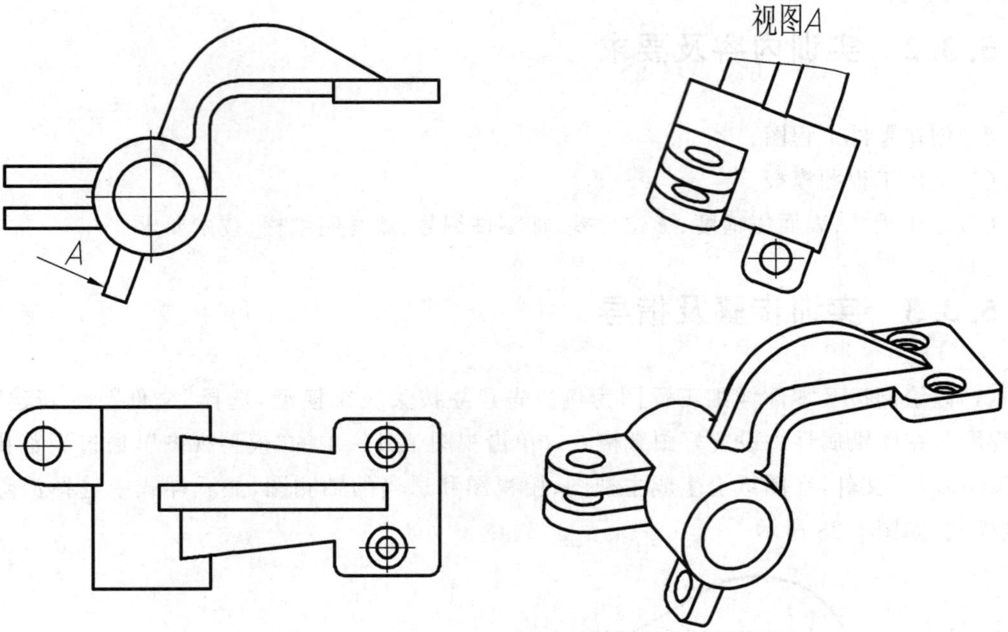

图 5-29 创建斜视图

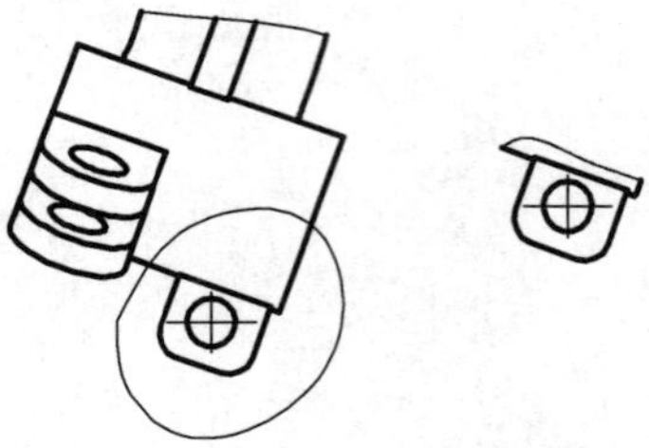

图 5-30 裁剪斜视图

(3)创建局剖：单击“断开的剖视图”，用样条曲线画出剖切范围，设置剖切深度。单击线型工具栏，修改波浪线为细线型，如图 5-31 所示。

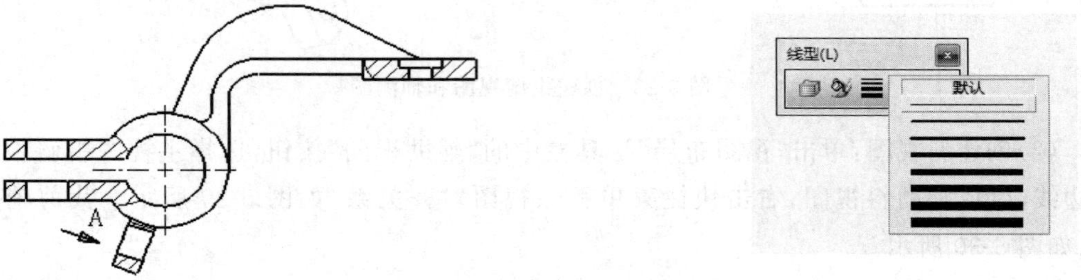

图 5-31 绘制局部剖视图

(4)创建断面图：单击“剖面视图”，在连接板的适当位置画出剖切线，在设计树中选择“只显示切面”，拖动鼠标生成断面图，如图 5-32 所示。

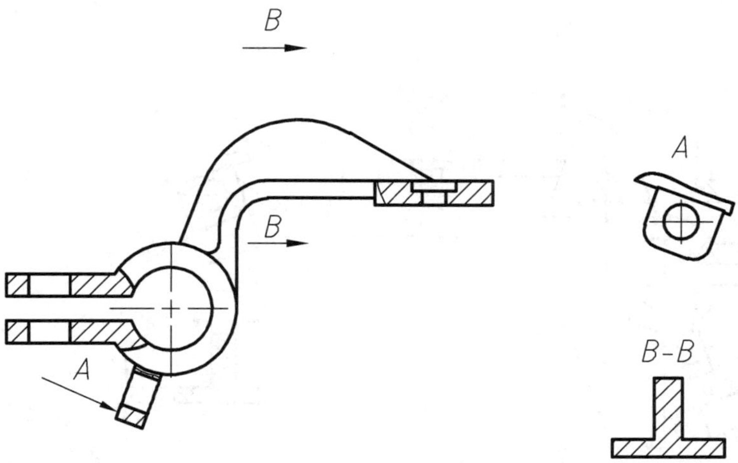

图 5-32 创建断面图

(5)添加中心线：单击注解工具栏中“中心线”和“中心符号线”，在适当位置添加，如图 5-33 所示。

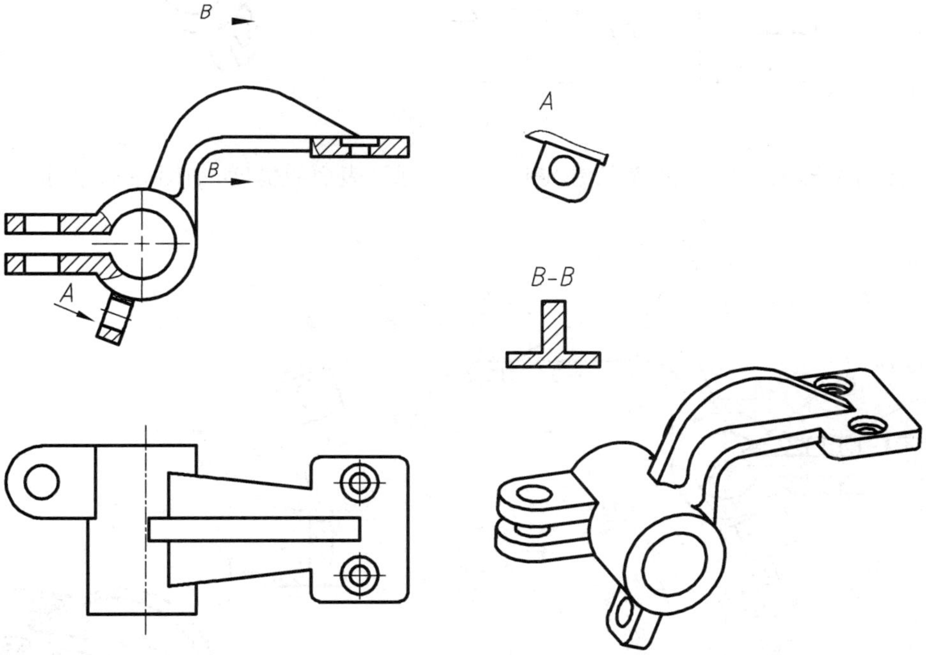

图 5-33 添加中心线

(6)标注尺寸，如图 5-34 所示。

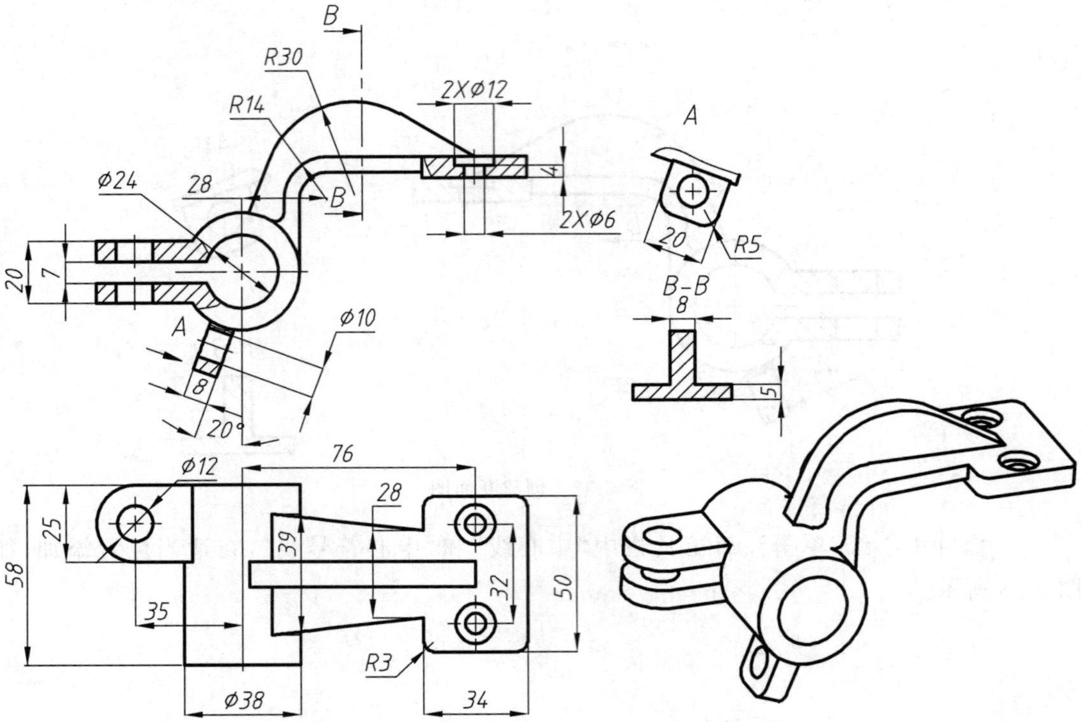

图 5-34 标注尺寸

(7)使用注解工具栏中的“表面粗糙度符号”,标注表面粗糙度,如图 5-35 所示。

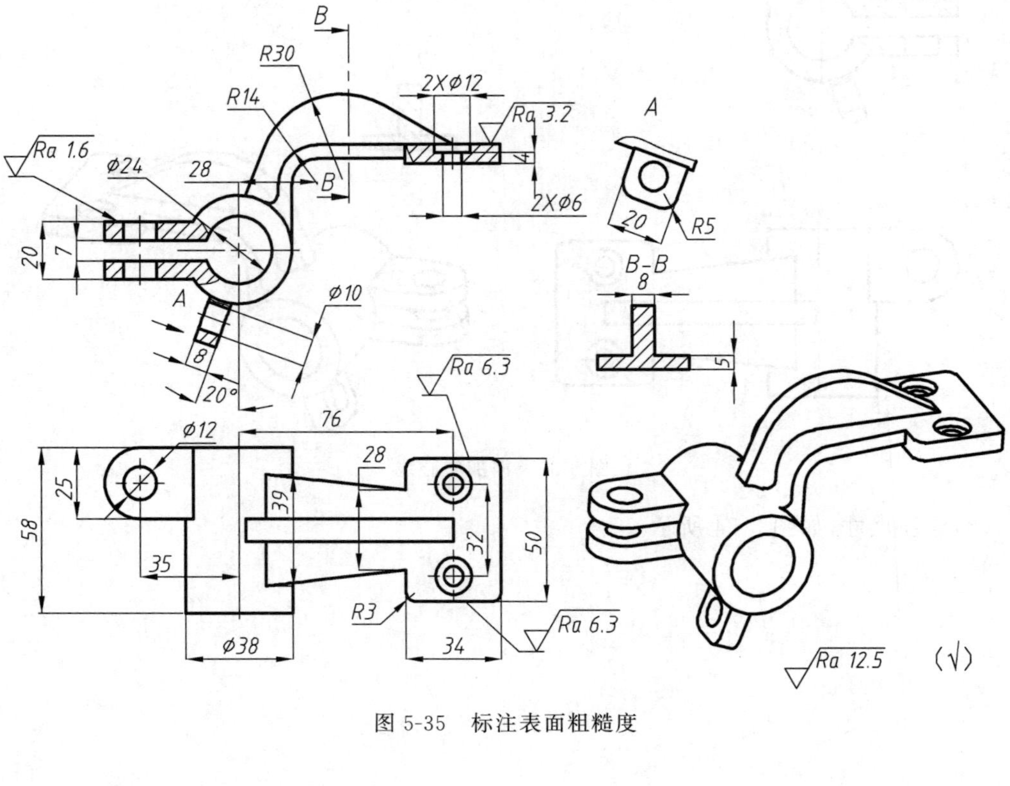

图 5-35 标注表面粗糙度

(8)输入技术要求,调整布局,保存,如图 5-36 所示。

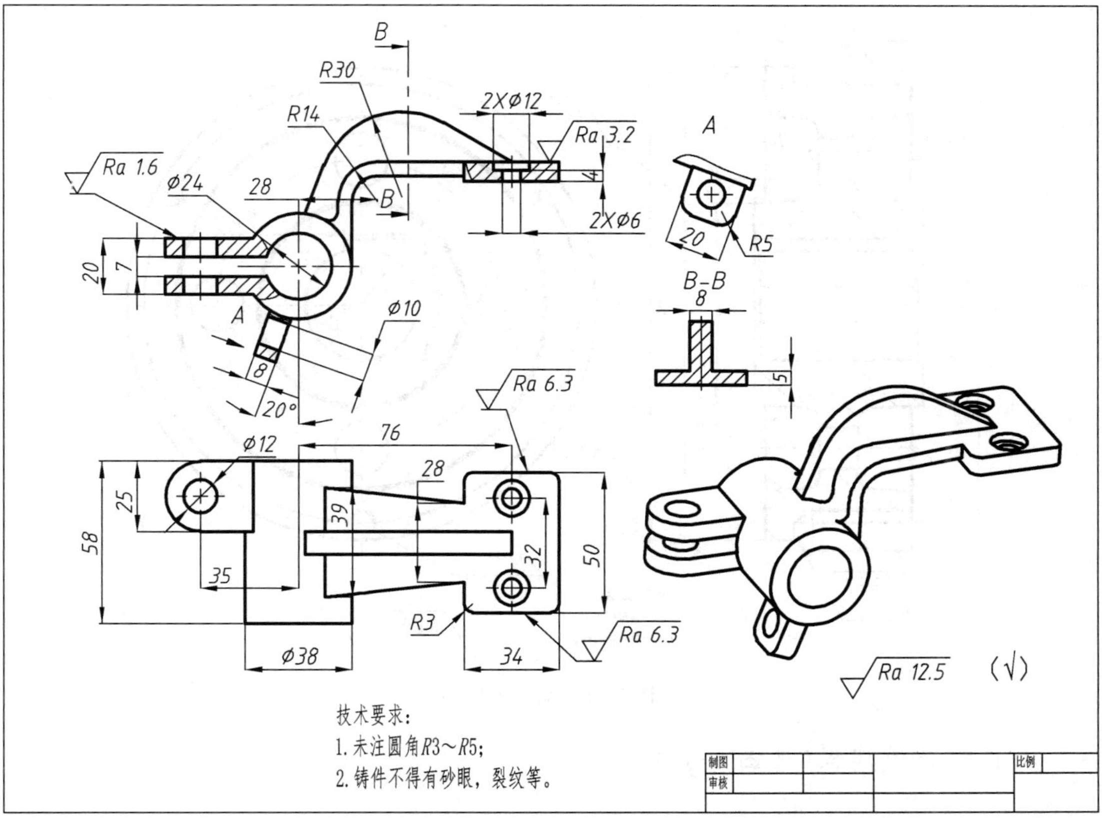

图 5-36　输入技术要求

5.3.4　实训题目

根据下列零件图建模并生成零件工程图。

1.轴三维建模(见图 5-37)

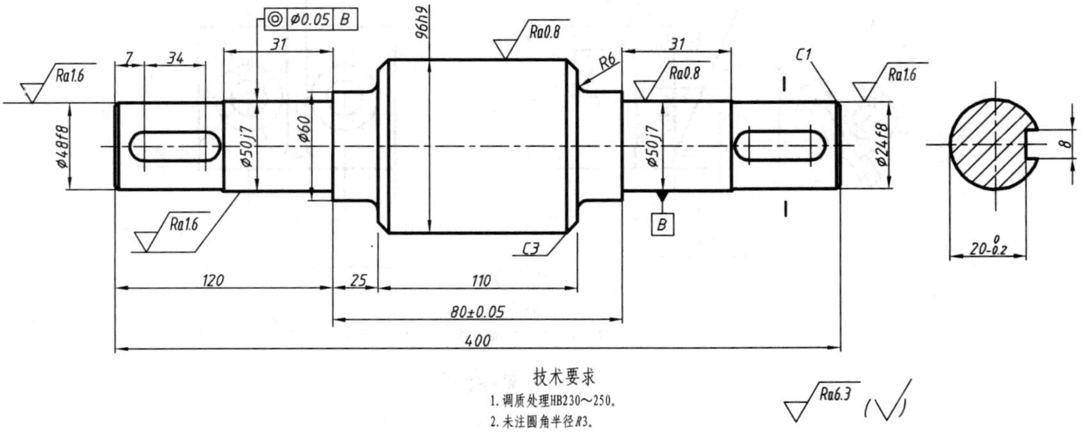

图 5-37　轴零件图

2. 阀盖三维建模(见图 5-38)

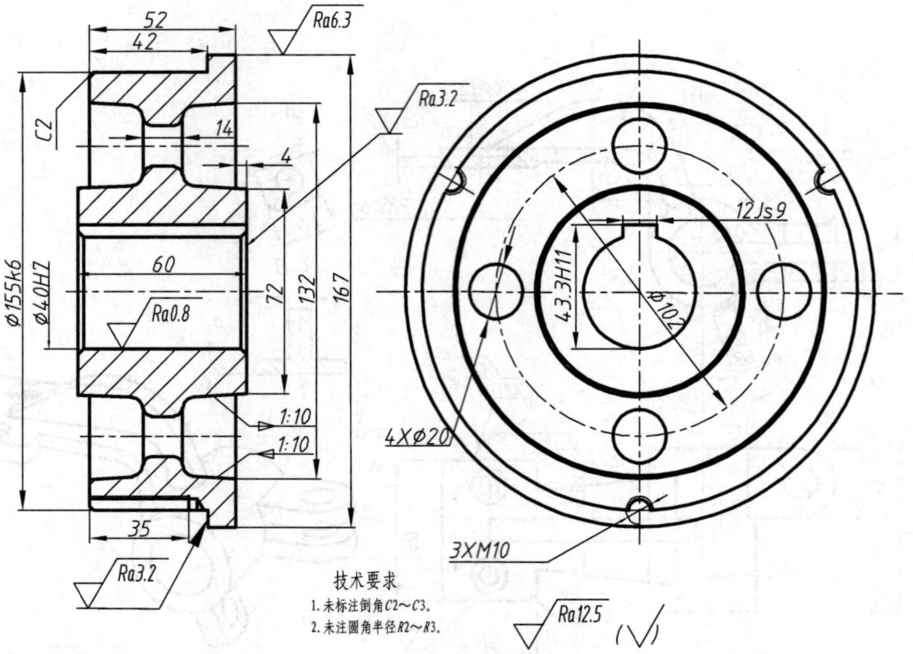

图 5-38 端盖零件图

3. 托架三维建模(见图 5-39)

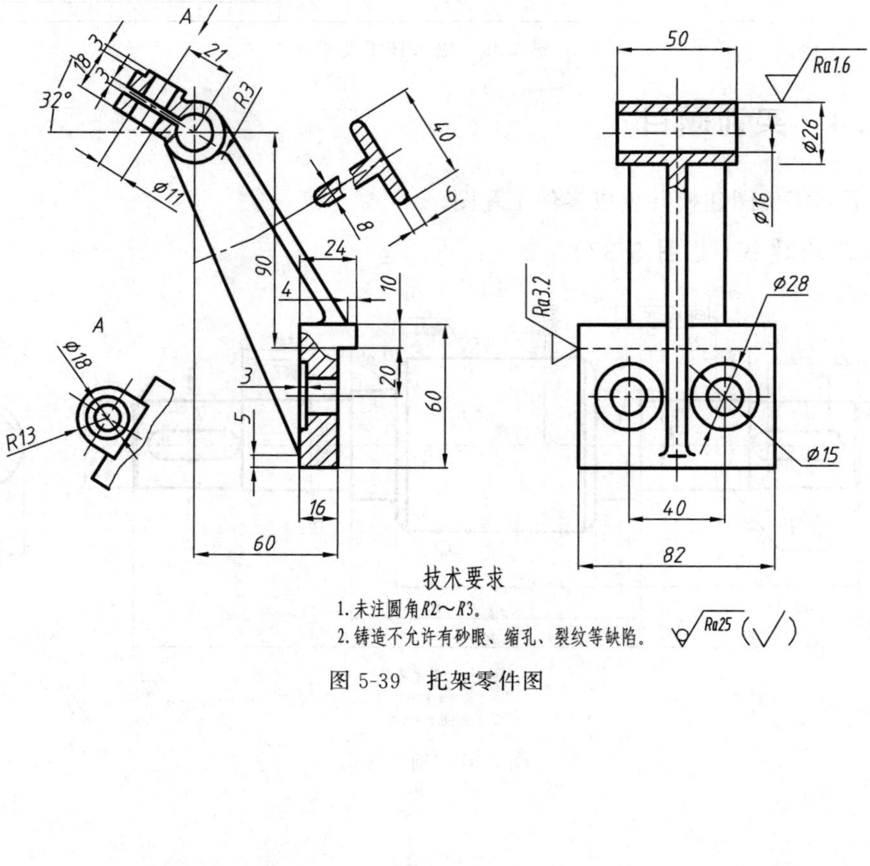

图 5-39 托架零件图

4. 阀体三维建模(见图 5-40)

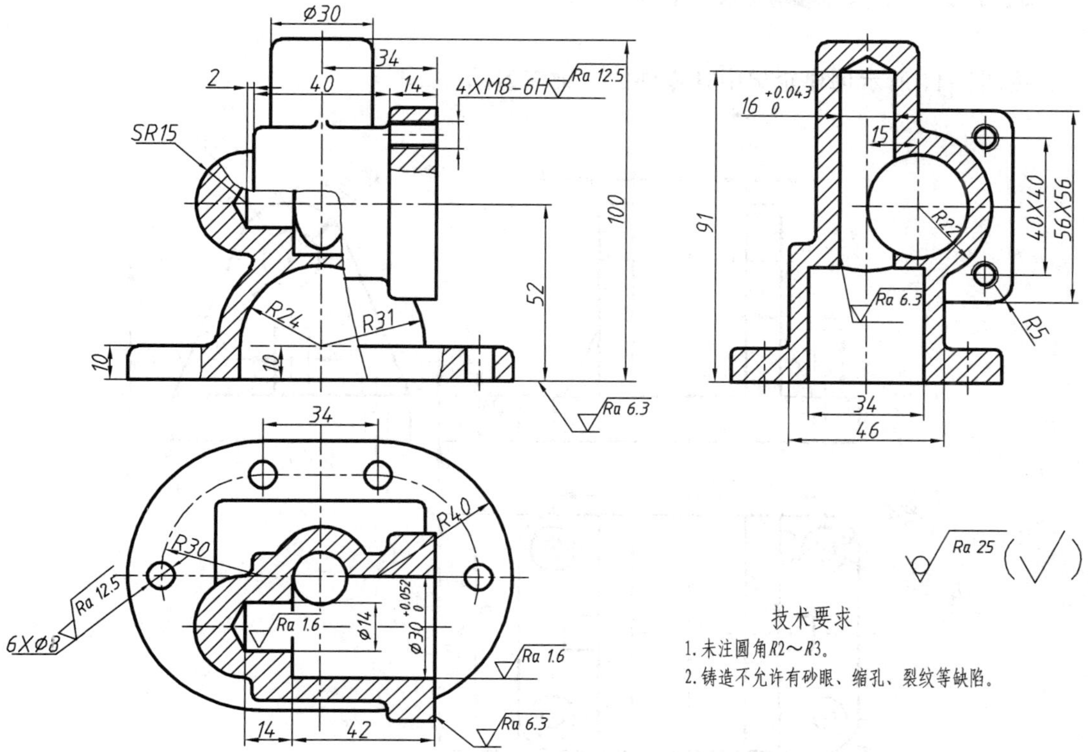

图 5-40　阀体零件图

5.4　虚拟装配训练

5.4.1　实训目的

(1)熟练掌握三维装配的方法。

(2)熟练掌握创建装配体爆炸图的方法。

(3)熟练掌握由三维装配体导出装配工程图的方法。

5.4.2　实训内容及要求

(1)看懂零件图,根据所给零件图创建各零件的三维模型,把零件按顺序装配好。

(2)由装配体创建装配体爆炸图,创建装配体工程图。

5.4.3 实训步骤及指导

按图 5-41 所示创建轮架中各零件的三维模型。

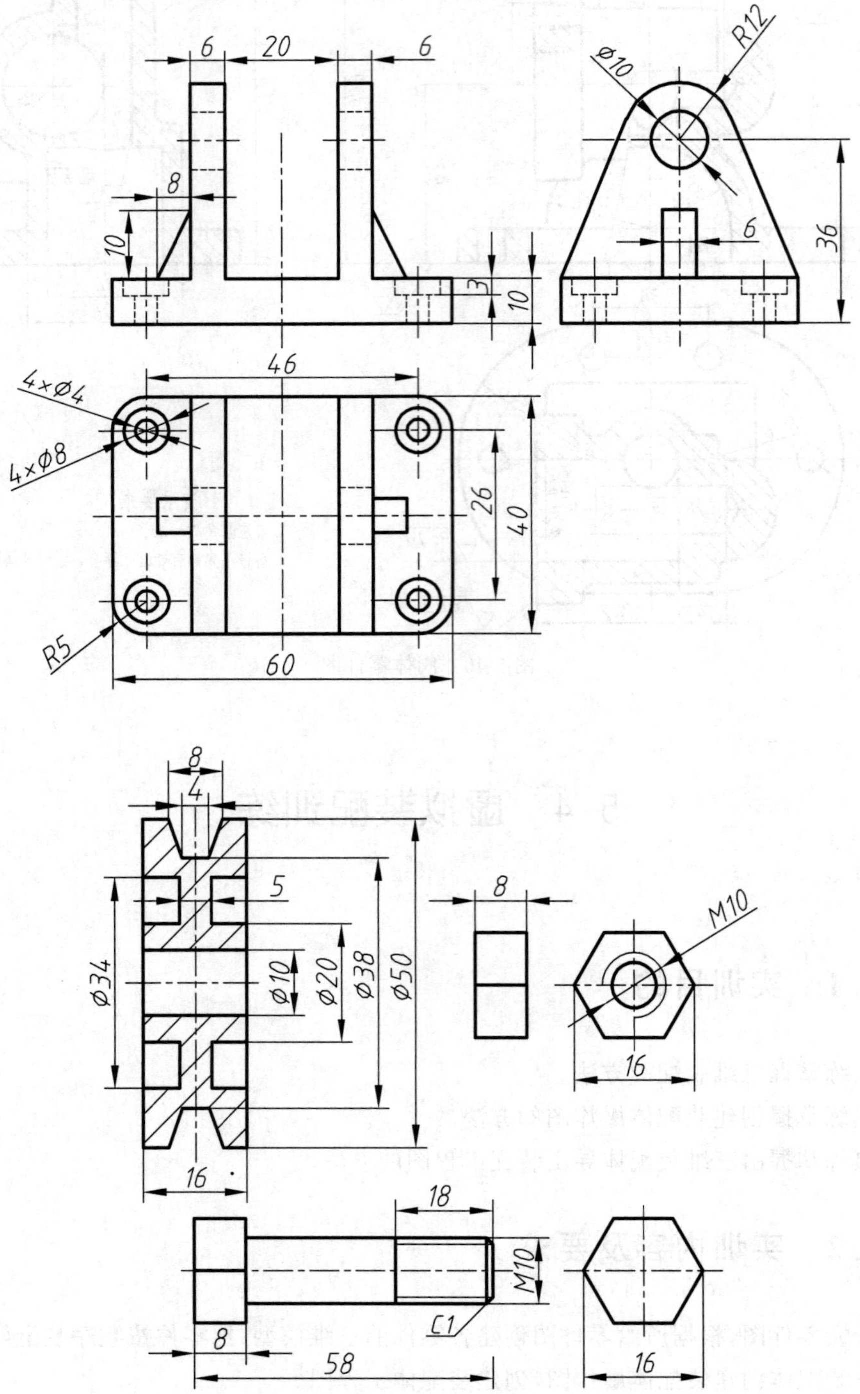

图 5-41　轮架零件图

(1)启动 SolidWorks 后，单击“文件”→“新建”→“装配体”，进入装配体工作模式。

(2)自下而上设计，先创建好各零件的三维模型。单击“要插入的零件/装配体”，浏览找到要插入的零件支架并插入。分析第一个应该插入哪个零件，一般应为主要零件。根据装配关系，第一个零件插入后位置为固定，如图 5-42 所示。

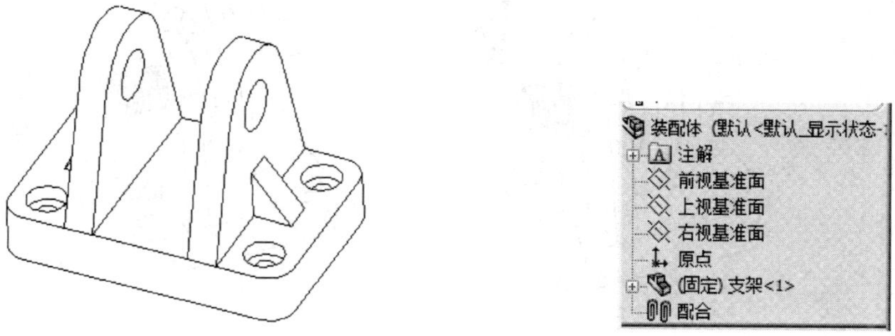

图 5-42　插入第 1 个零件——支架

(3)单击“装配体”工具栏中的“插入零部件”按钮，依次插入轴和轮，在设计库里选 Toolbox→GB→键和销→开口销，插入开口销，销设置尺寸大小为 2.5。单击“配合”添加配合关系，支架与轴之间添加同轴和重合配合关系；轮与轴添加同轴心、距离配合关系；添加销与销孔间配合关系，如图 5-43 所示。

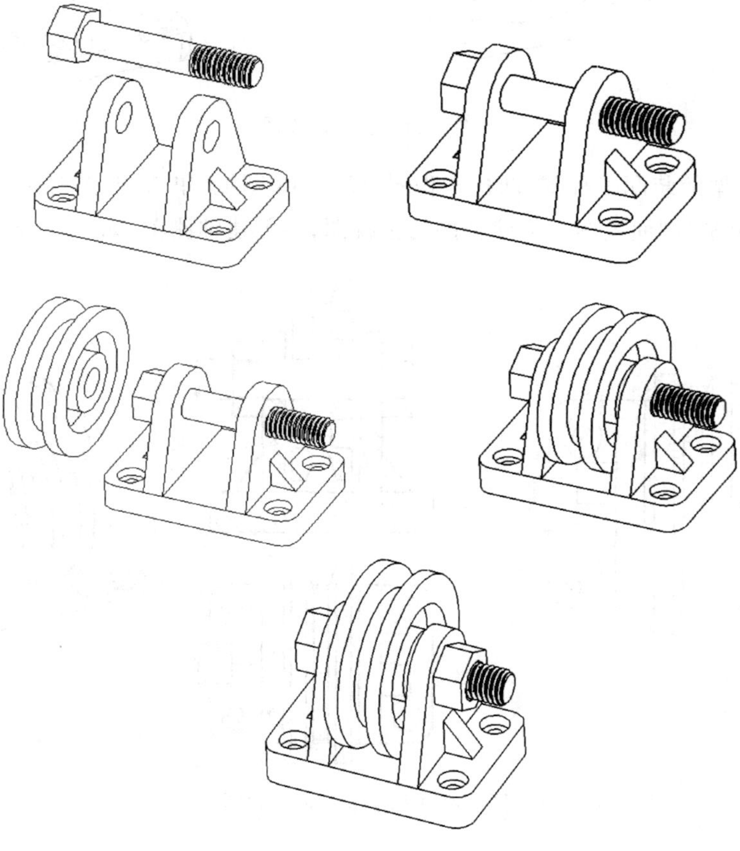

图 5-43　装配过程

(4)创建装配爆炸图：单击"装配体"工具栏中的"爆炸视图"，根据装拆顺序在图形区选中要爆炸的零部件，选中后零件高亮显示，同时参考三重轴出现。单击三箭头之一选择爆炸方向，拖动箭头确定爆炸距离大小。重复以上步骤完成各零件爆炸，如图 5-44 所示。

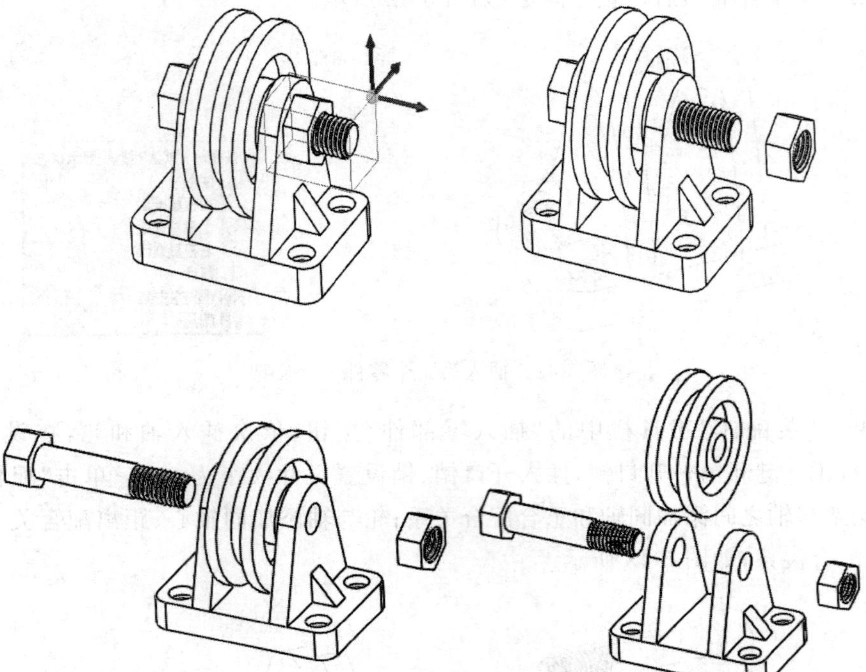

图 5-44　创建爆炸图

(5)创建轮架的装配工程图：新建工程图，设置 A3 图纸，单击"模型视图"创建好俯视图，比例为 2∶1；单击"剖面视图"，创建全剖的主视图；再创建轴测图，如图 5-45 所示。

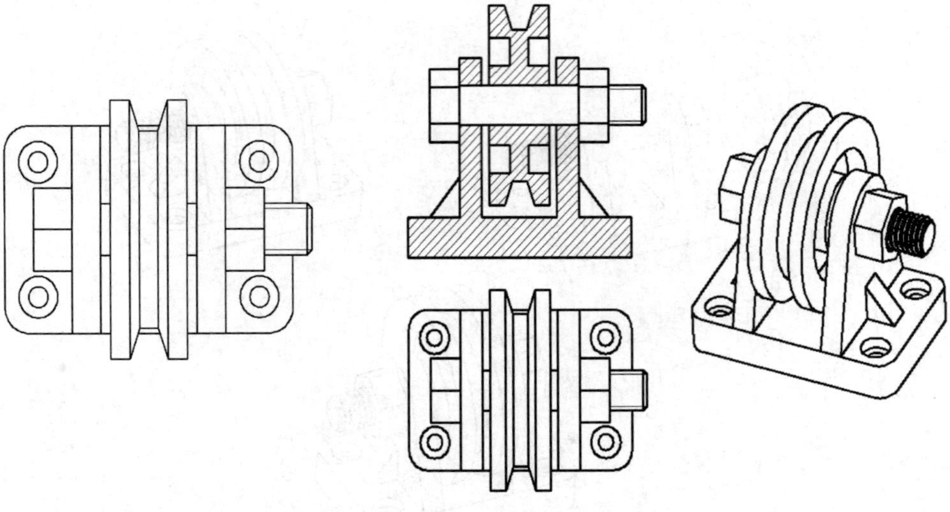

图 5-45　创建装配体工程图

(6)单击注解工具栏中的“中心线”,添加中心线;单击“自动零件序号”添加零件序号,调整序号位置;单击“材料明细表”,添加材料明细栏并编辑材料明细栏,如图 5-46 所示。

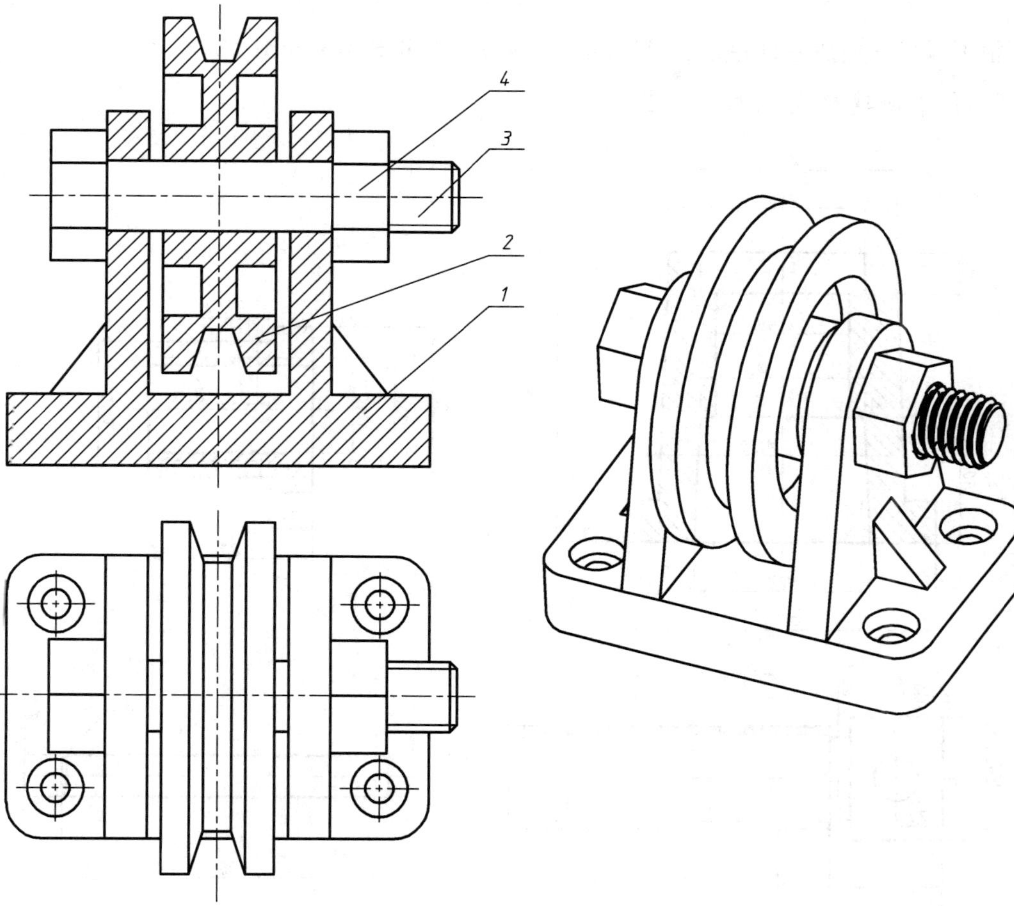

项目号	零件号	说明	数量
1	支架		1
2	转轴		1
3	皮带轮		1
4	六角螺母		1

图 5-46　添加序号填写明细栏

(7)保存图形。

5.4.4 实训题目

根据零件图完成零件建模、三维装配、生成爆炸图并导出装配图。

1. 千斤顶建模与装配(见图 5-47)

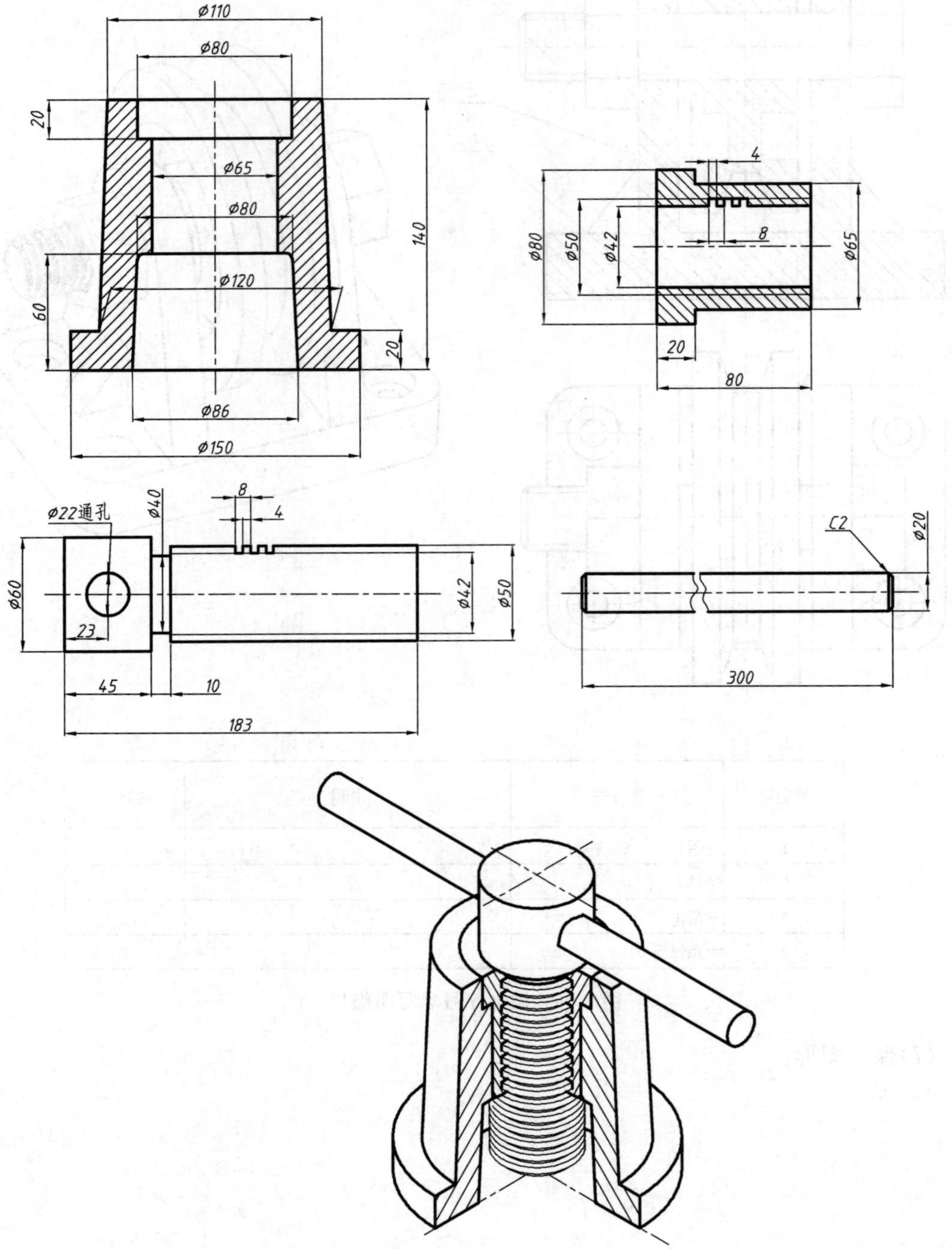

图 5-47 千斤顶建模与装配

2. 旋塞阀建模与装配(见图 5-48)

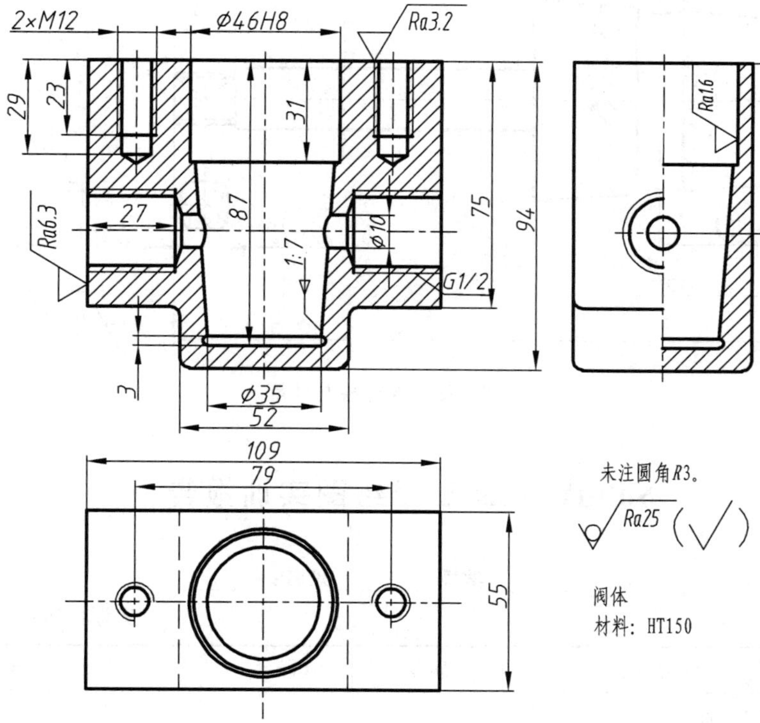

未注圆角R3。

Ra25 (√)

阀体
材料: HT150

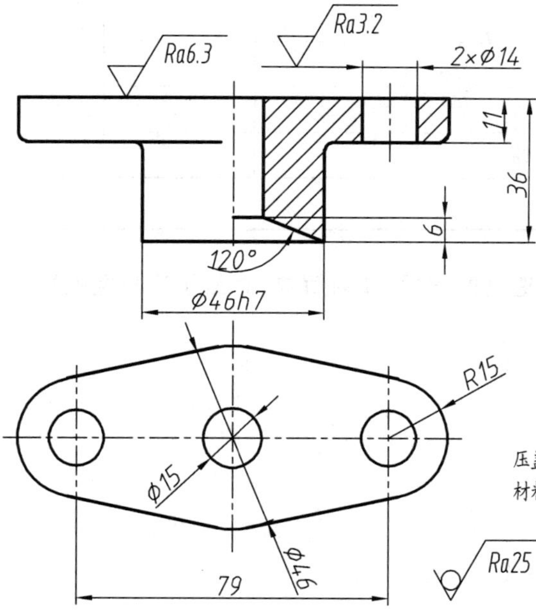

压盖
材料:HT150

Ra25 (√)

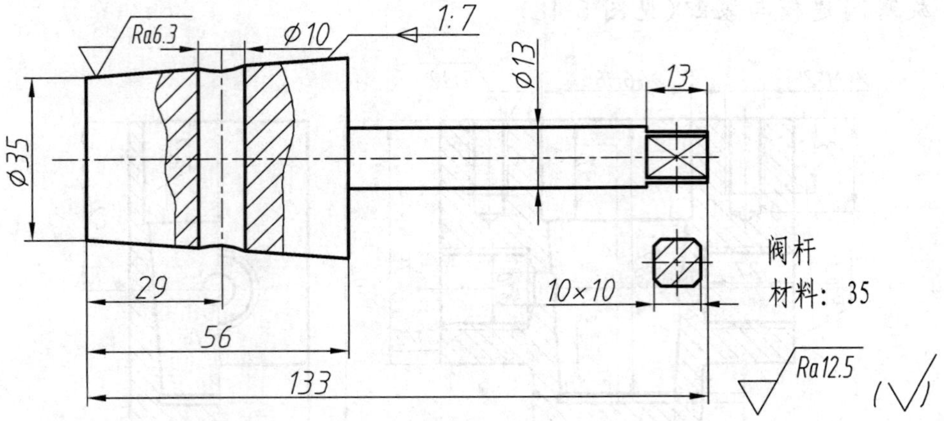

图 5-48 旋塞阀建模与装配

SolidWorks 三维绘图实训报告

班号：________学号：________姓名：________

实训项目名称： **实训日期： 年 月 日**

序号	评分项目	满分	得分	评语
1	环境设置	2		
2	完成度	4		
3	正确性、准确性	2		
4	实训总结	2		
成　　绩				

实训总结（记录建模过程中遇到的问题，如何解决，总结技巧与经验）

第 6 章　拓展与综合训练题

本章提供有典型的汽车零部件图纸以及近年来学生参加“全国大学生先进成图技术与产品信息建模创新大赛”的真题，以满足部分读者进一步提高深入训练之需。其训练内容或要求既可遵循题目，也可自我拓展，同时还需了解汽车产品的真实结构和历年制图竞赛的具体要求。

6.1　汽车零部件二、三维绘图训练题

1. 汽车空压机——连杆总成(见图 6-1)

训练内容：零件三维建模、装配。(注：连杆总成尺寸不全，结构细节不详，需自行设计)

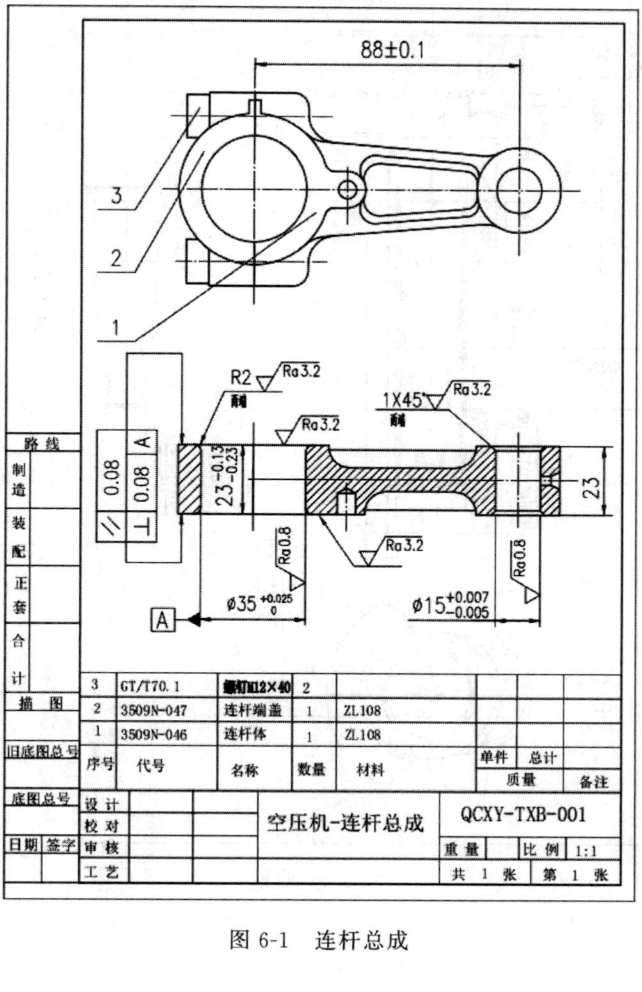

图 6-1　连杆总成

2. 汽车空压机——曲轴(见图 6-2)

训练内容:零件三维建模并转工程图及完整标注。(要求通过 AutoCAD 进行编辑处理)

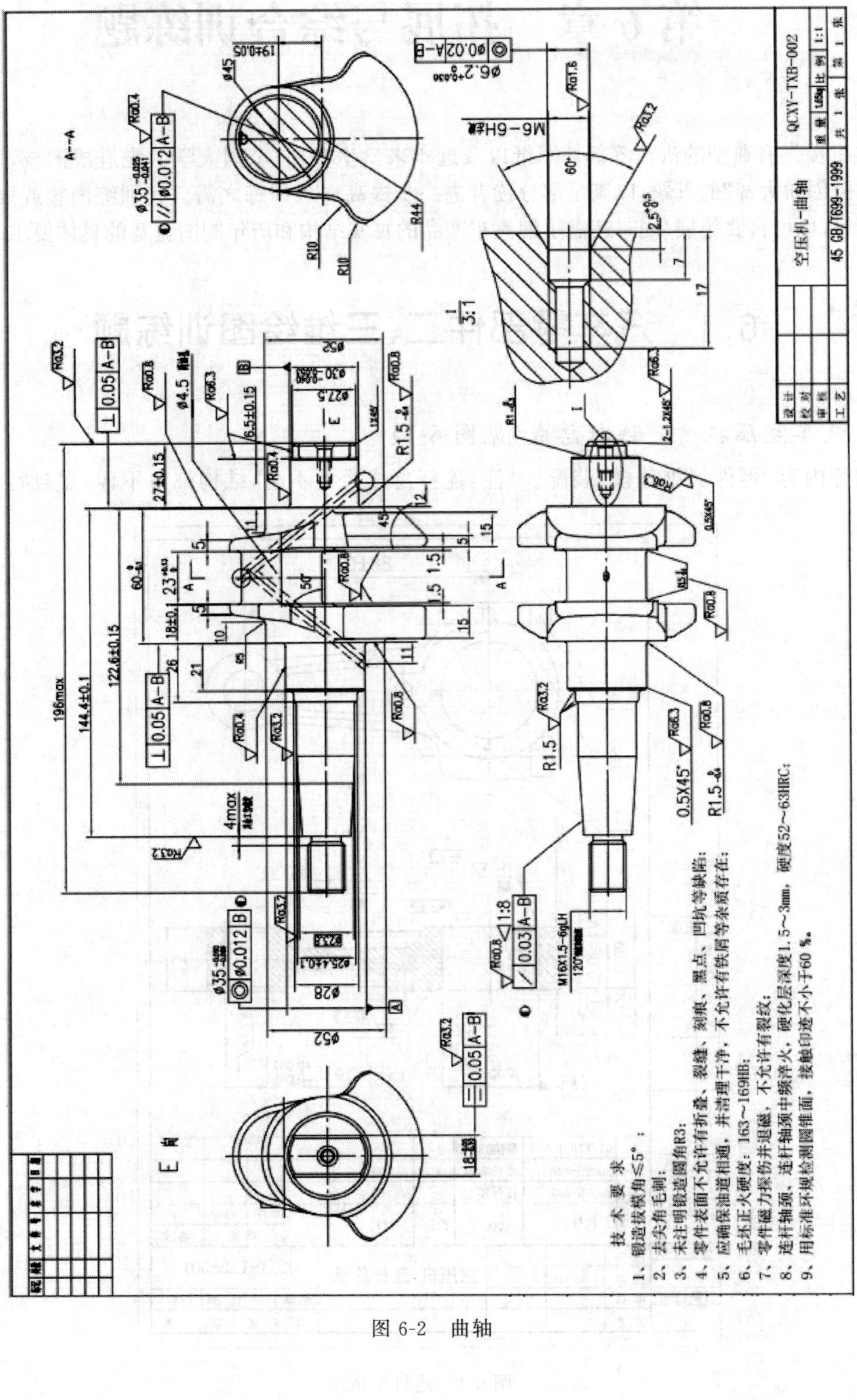

图 6-2 曲轴

3. 活塞——油环总成(见图 6-3)

训练内容:根据给定油环本体、螺旋撑簧(见图 6-4、图 6-5)零件图三维建模,并根据油环总成图设计连接销(要求了解油环的实际结构);完成油环总成虚拟装配。

标记	处数	文件号	签字	日期

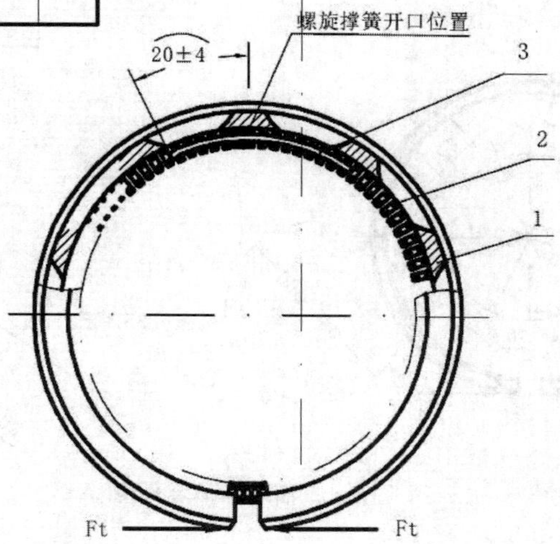

技术要求
1. 装配时，撑簧接口应放在环体开口对面。
2. 连接销固定端旋入撑簧的长度为20 ±4。
3. 当闭口间隙为0.20～0.40时，组合切向弹力为41～57N。
4. 其余按 EQC-140
EQC-142
EQC-146

序号	代号	名称	数量	材料	单件质量	总计质量	备注
3	3509N-039	连接销	1	弹簧钢丝0.9/65Mn			
2	3509N-038	螺旋撑簧	1	弹簧钢丝0.8/65Mn			
1	3509N-037	油环环体	1	标准铸铁			

设计		油环总成	QCXY-TXB-201512
校对			
审核			重量 　 比例 1:1
工艺			共 1 张　第 1 张

图 6-3　油环总成

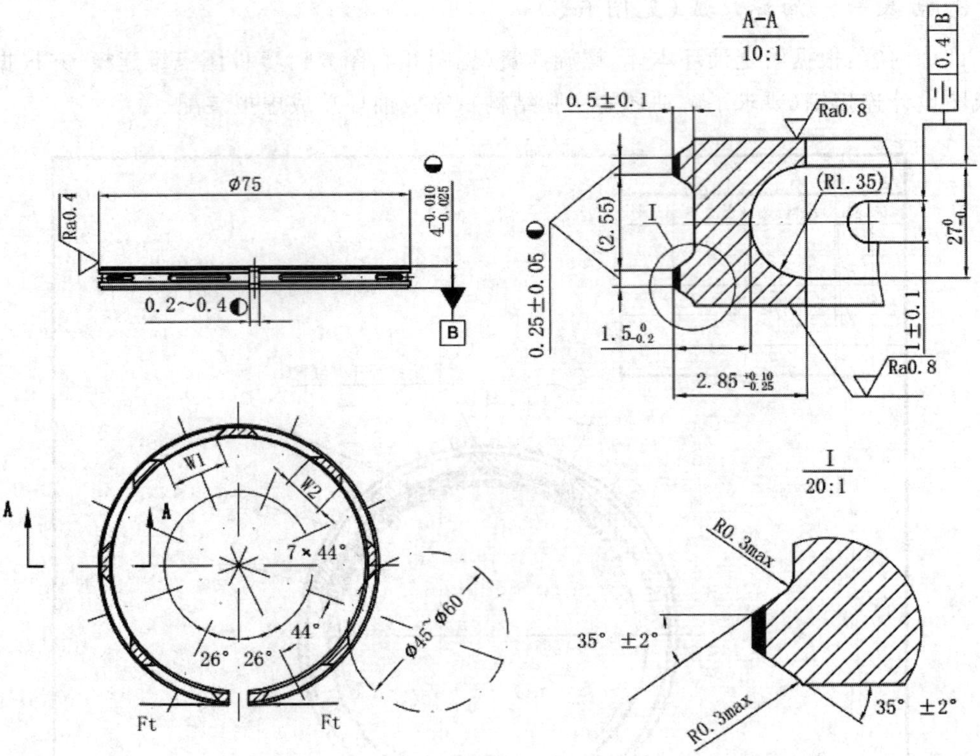

图 6-4 油环本体零件图

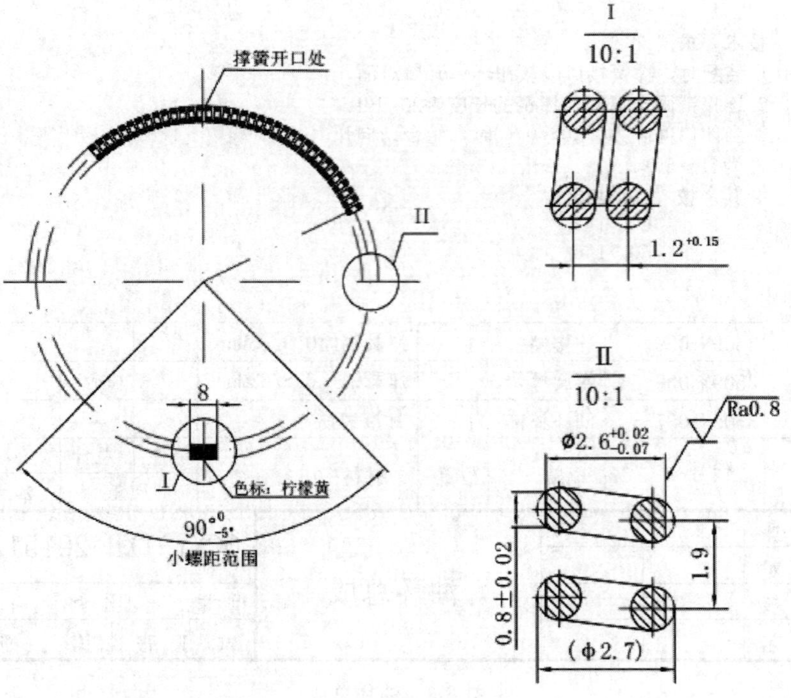

图 6-5 螺旋撑簧零件图

4. 活塞零件图(见图 6-6)

训练内容:看懂活塞零件图,进行零件三维建模。

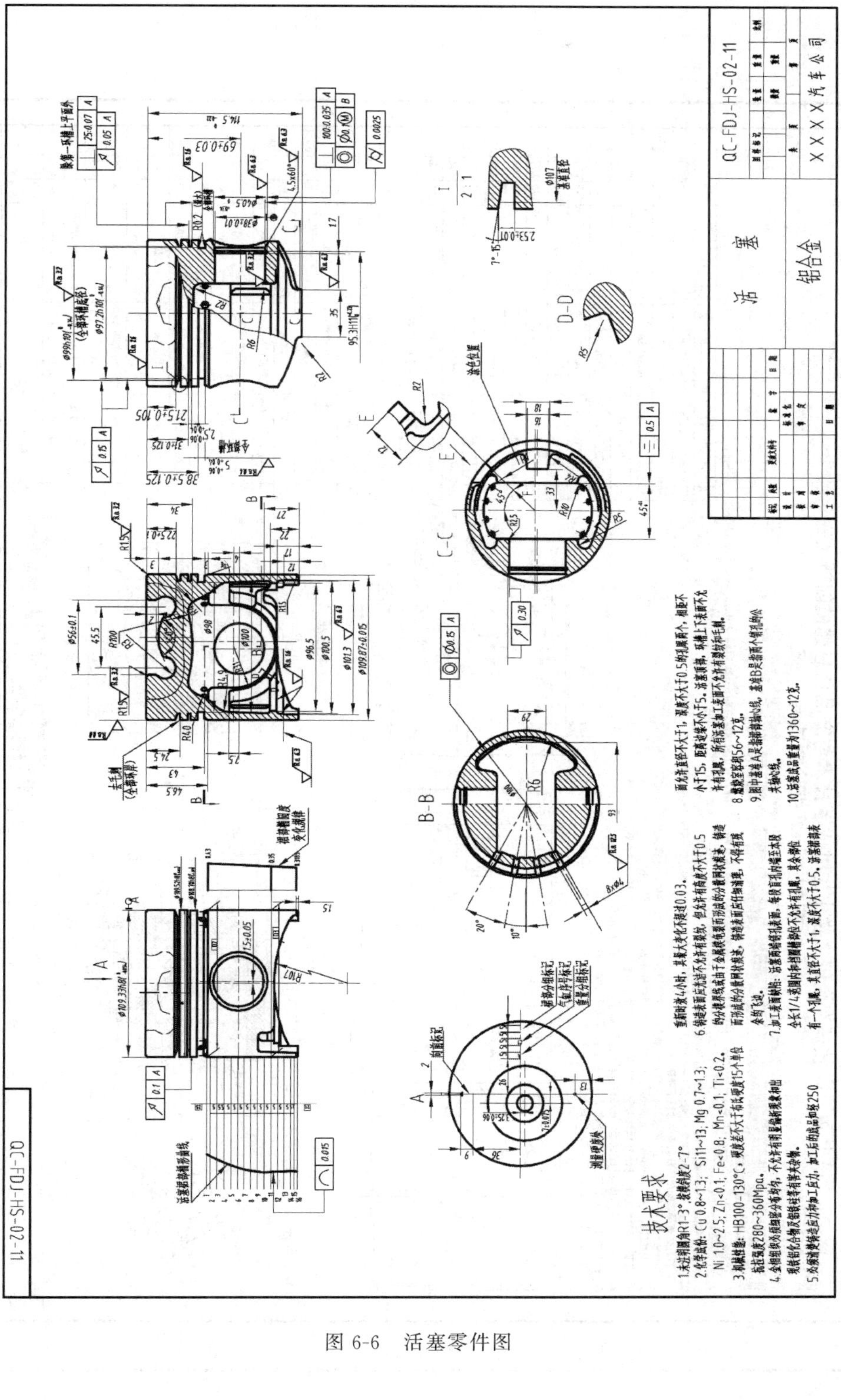

图 6-6 活塞零件图

6.2 全国大学生制图大赛机械类试题

第七届“高教杯”全国大学生先进成图技术与产品信息建模创新大赛机械类计算机绘图试卷

第七届“高教杯”全国大学生先进成图技术与产品信息建模创新大赛 机械类计算机绘图试卷

时间：180分钟，共计150分。以考号为名称建立文件夹，标题栏中右下角填写考号（不能填写学校和姓名）。完成后，压缩上传到指定位置。

各个零件、零件图、装配体及装配图分值为：1、建立各零件的三维模型共计：60分；2、将零件组装成行星减速器20分。3、生产爆炸图10分；4、绘制两副零件图及一副装配图30分。

第一题：按“行星减速器”各零件图的尺寸创建零件三维模型，将零件组装成装配体，并绘制出行星减速器的装配图。

一：行星减速器建模及组装要求：

1、行星减速器共32种零部件，除按要求需建模的9个零件之外，其余零部件已给定三维模型或DWG图纸，行星减速器的装配示意图如下图所示，请按你认为正确的方式组装。
2、给定的三维模型中，零件1“连接法兰轴”有5处需按照装配图及其他零件的尺寸进行修改得到正确的三维模型，并绘制出尺寸形状正确的零件图。
3、需根据给定的DWG图纸进行二三维转换，将DWG格式的文件转换成三维模型，并绘制出正确的零件图。
4、爆炸图按零件拆、装顺序摆放，爆炸图中齿轮及齿条应该有齿形，可采用相似画法创建（圆弧、样条曲线等）。

二：行星减速器装配图的绘制请注意以下问题

1、图纸幅面自定；比例自定；图线：粗实线0.5，细实线0.25；字体（仿宋）：字号3.5；箭头宽1，长3.3。
2、装配图绘制包括一组视图，必要的尺寸，技术要求，标题栏和明细表。
3、标题栏填写零部件名称、比例等内容，考号填写在右下角；明细栏填写内容参阅右边的表格。
4、行星减速器中斜齿轮和斜齿板的画法应符合2011年以后颁发的新国标的规定。
5、标准件包括轴承、螺纹的画法应符合2011年以后颁发的新国标的规定。
6、角接触球轴承和圆锥滚子轴承安装、绘制时，注意方向。

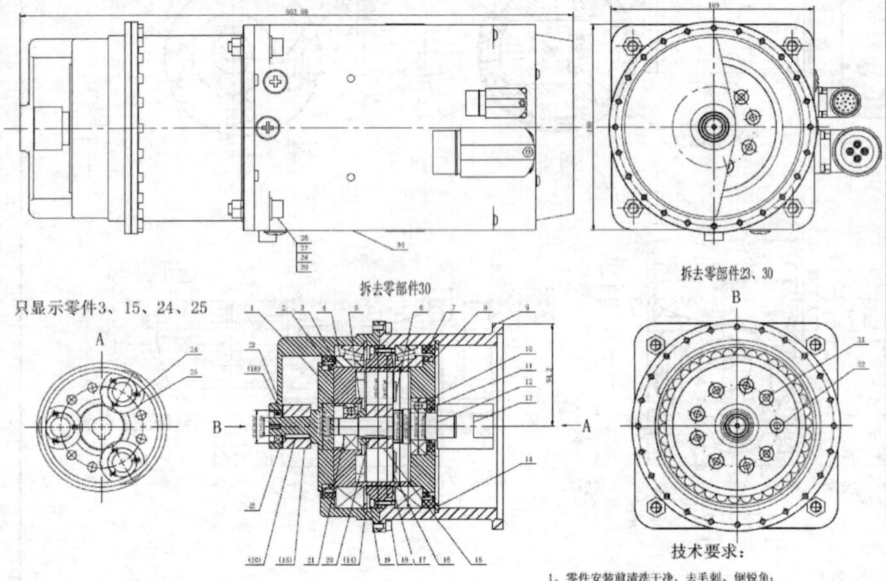

技术要求：

1、零件安装前清洗干净，去毛刺、倒锐角；
2、组装的行星减速器应转动灵活，不能有卡死或者爬行现象；
3、组装完成后加注润滑脂；
4、合格产品涂防锈油并包装塑料袋。

序号	代号	名称	数量	材料	单重	总重	备注
32	GB/T70-1985	内六角圆柱头螺钉M8x25	3	35	0.017	0.051	
31	GB/T70-1985	内六角圆柱头螺钉M8x80	6	35	0.039	0.233	
30		电机1500RPM	1		34.012	34.012	外购件
29	GB/T 70.2-2000	六角螺母M10	4	35	0.011	0.043	
28	GB/T93-1987	弹簧垫圈10	4	35	0.002	0.009	
27	GB/T97.1-2002	平垫圈10.par	4	35	0.004	0.014	
26	GB/T70-1985	内六角圆柱头螺钉M10x40	4	35	0.038	0.152	
25	XXJSQ-011	齿轮（无键槽）	3	40Gr	0.161	0.482	
24	GB/T70-1985	内六角圆柱头螺钉M3x16	9	35	0.001	0.012	
23	XXJSQ-010	上盖	1	HT300	1.396	1.396	
22	GB/T276-1994	深沟球轴承61903-2LS	1	Gcr15	0.020	0.020	
21	GB/T292-1994	角接触球轴承7302	1	Gcr15	0.083	0.083	
20	GB/T1567-2003	键6x4x22	2	35	0.004	0.008	
19	GB/T70-1985	内六角圆柱头螺钉M4x16	24	35	0.003	0.064	
18	GB/T70-1985	内六角圆柱头螺钉M5x12	24	35	0.004	0.091	
17	XXJSQ-009	齿条	1	40Gr	1.042	1.042	
16	GB/T894.1-1986	轴用弹性挡圈18	4	35	0.001	0.004	
15	XXJSQ-008	齿轮	2	40Gr	0.159	0.317	
14	GB/T893.1-1986	孔用弹性挡圈150	2	35	0.090	0.179	
13		联轴器	1		0.145	0.145	外购件
12	XXJSQ-007	传动轴	1	45钢	0.300	0.300	
11	GB/T9877.2-1988	唇形密封圈25x47	1	耐油橡胶	0.007	0.007	
10	GB/T292-1994	角接触球轴承7205	1	Gcr15	0.127	0.127	
9	XXJSQ-006	下盖	1	HT300	1.971	1.971	
8	XXJSQ-005	挡板	1	HT200	0.486	0.486	
7	GB/T9877.2-1988	唇形密封圈120x150	1	耐油橡胶	0.055	0.055	
6	XXJSQ-004	固定轴	3	45钢	0.046	0.139	
5	XXJSQ-003	垫块	1	45钢	0.028	0.028	
4	GB/T297-1994	圆锥滚子轴承32922	2	Gcr15	1.190	2.380	
3	XXJSQ-002	旋转套	1	HT200	1.497	1.497	
2	GB/T9877.2-1988	唇形密封圈105x130	1	耐油橡胶	0.036	0.036	
1	XXJSQ-001	连接法兰轴	1	45钢	1.070	1.070	
序号	代号	名称	数量	材料	质量(Kg) 单重	质量(Kg) 总重	备注

共 8 页　　第 1 页

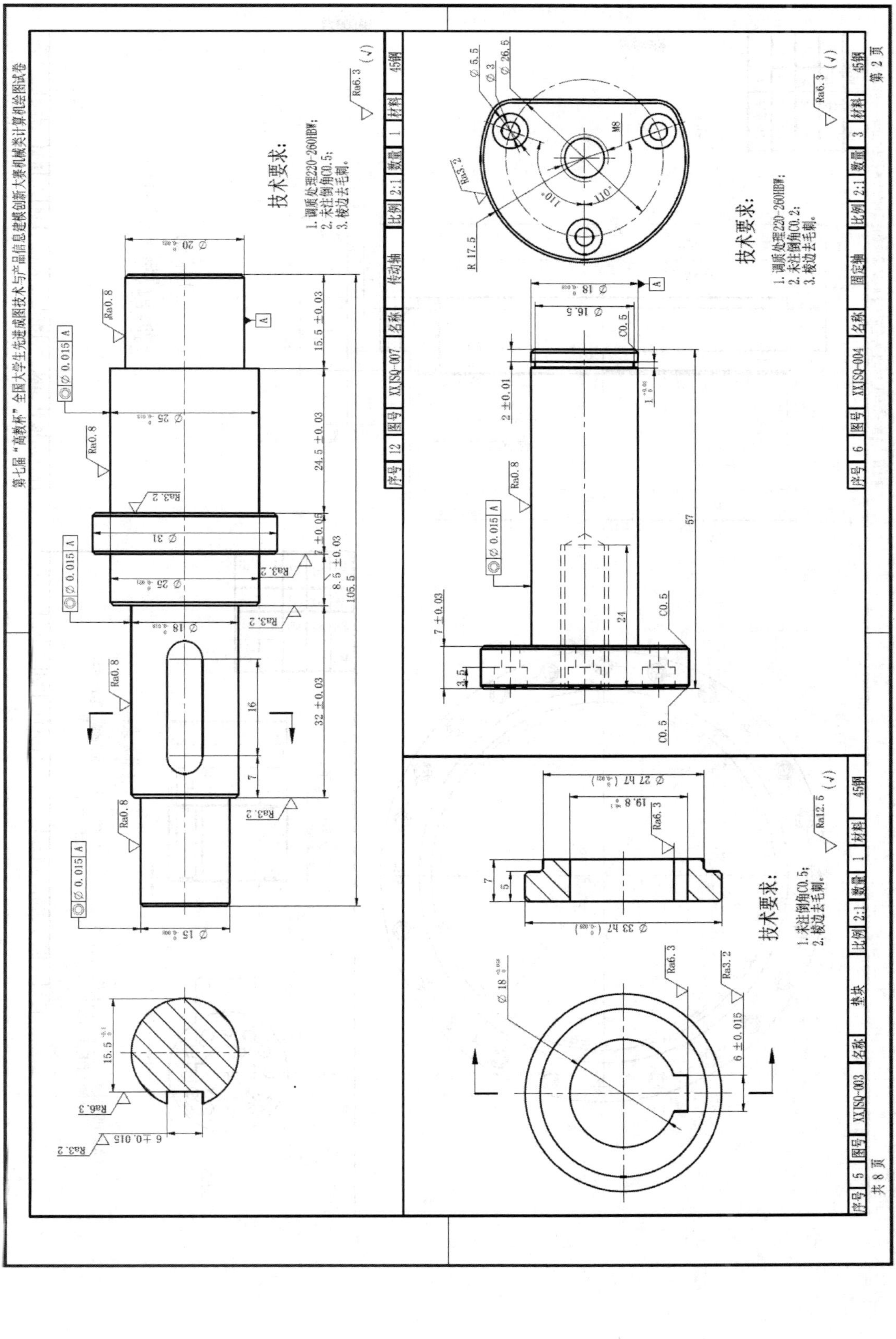
第七届“高教杯”全国大学生先进成图技术与产品信息建模创新大赛机械类计算机绘图试卷
技术要求：
1. 调质处理220-260HBW;
2. 未注倒角C0.5;
3. 棱边去毛刺。
序号 12 图号 XXJSQ-007 名称 传动轴 比例 2:1 数量 1 材料 45钢
技术要求：
1. 调质处理220-260HBW;
2. 未注倒角C0.2;
3. 棱边去毛刺。
序号 6 图号 XXJSQ-004 名称 固定轴 比例 2:1 数量 3 材料 45钢
第 2 页
技术要求：
1. 未注倒角C0.5;
2. 棱边去毛刺。
序号 5 图号 XXJSQ-003 名称 垫块 比例 2:1 数量 1 材料 45钢
共 8 页

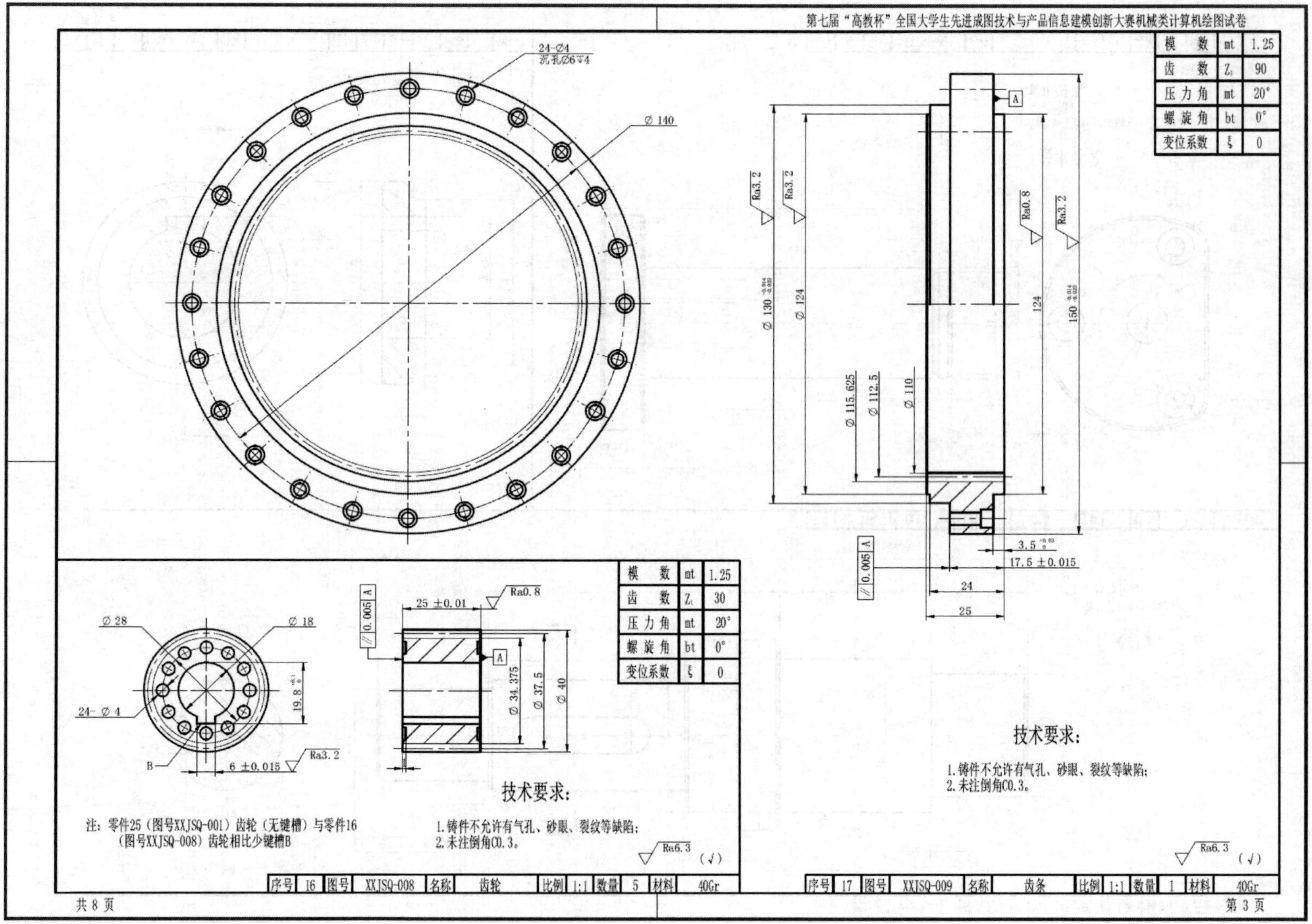
第七届“高教杯”全国大学生先进成图技术与产品信息建模创新大赛机械类计算机绘图试卷
模数 mt 1.25
齿数 Z₁ 90
压力角 mt 20°
螺旋角 bt 0°
变位系数 ξ 0
24-Ø4
沉孔Ø6▽4
Ø 140
Ra3.2
Ra0.8
Ø 130
Ø 124
124
150
Ø 115.625
Ø 112.5
Ø 110
A
0.005 A
3.5
17.5 ±0.015
24
25
技术要求:
1. 铸件不允许有气孔、砂眼、裂纹等缺陷;
2. 未注倒角C0.3。
Ra6.3
(√)
序号 17 图号 XXJSQ-009 名称 齿条 比例 1:1 数量 1 材料 40Gr
第 3 页
模数 mt 1.25
齿数 Z₁ 30
压力角 mt 20°
螺旋角 bt 0°
变位系数 ξ 0
Ø 28
Ø 18
19.8
24- Ø 4
B
6 ±0.015
25 ±0.01
Ø 34.375
Ø 37.5
Ø 40
注: 零件25（图号XXJSQ-001）齿轮（无键槽）与零件16
（图号XXJSQ-008）齿轮相比少键槽B
技术要求:
1. 铸件不允许有气孔、砂眼、裂纹等缺陷;
2. 未注倒角C0.3。
序号 16 图号 XXJSQ-008 名称 齿轮 比例 1:1 数量 5 材料 40Gr
共 8 页

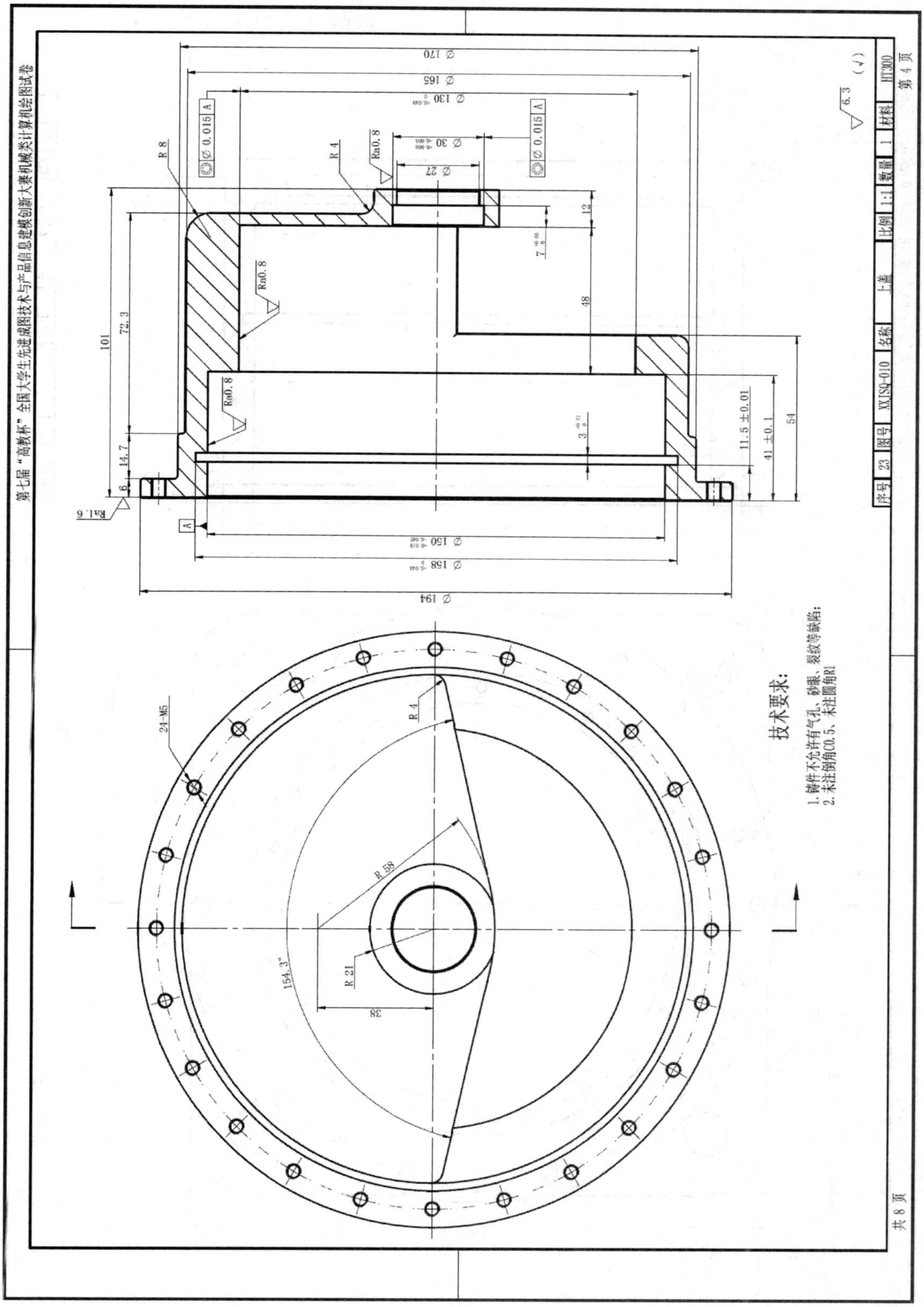
第七届“高教杯”全国大学生先进成图技术与产品信息建模创新大赛机械类计算机绘图试卷
技术要求：
1.铸件不允许有气孔、砂眼、裂纹等缺陷；
2.未注倒角C0.5、未注圆角R1
序号 23 图号 XXJSQ-010 名称 上盖 比例 1:1 数量 1 材料 HT300 第 4 页
共 8 页
24-M5
R 58
R 21
R 4
R 8
154.3°
38
Ø 170
Ø 165
Ø 130
Ø 30
Ø 27
Ø 150
Ø 158
Ø 194
Ø 0.015 A
Ra0.8
Ra1.6
6.3
101
72.3
14.7
48
54
12
11.5 ±0.01
41 ±0.1

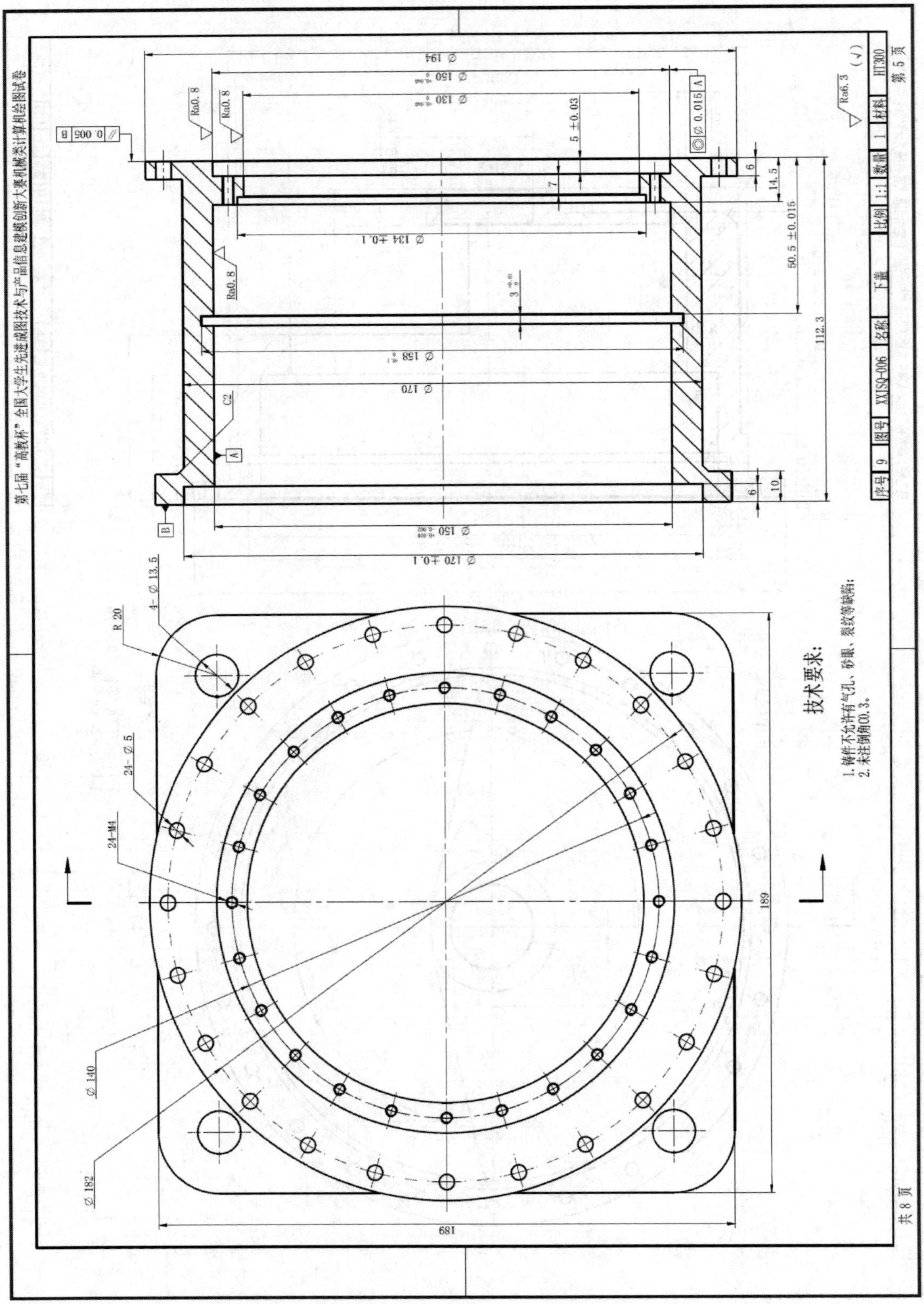
第七届"高教杯"全国大学生先进成图技术与产品信息建模创新大赛机械类计算机绘图试卷
技术要求:
1.铸件不允许有气孔、砂眼、裂纹等缺陷;
2.未注倒角C0.3。
序号 9
图号 XXTSQ-006
名称 下盖
比例 1:1
数量 1
材料 HT300
第 5 页
共 8 页
Ra6.3
Ra0.8
C2
Ø 194
Ø 170
Ø 170 ±0.1
Ø 134 ±0.1
112.3
50.5 ±0.015
5 ±0.03
14.5
189
R 20
4- Ø 13.5
24- Ø 5
24-M4
Ø 140
Ø 182

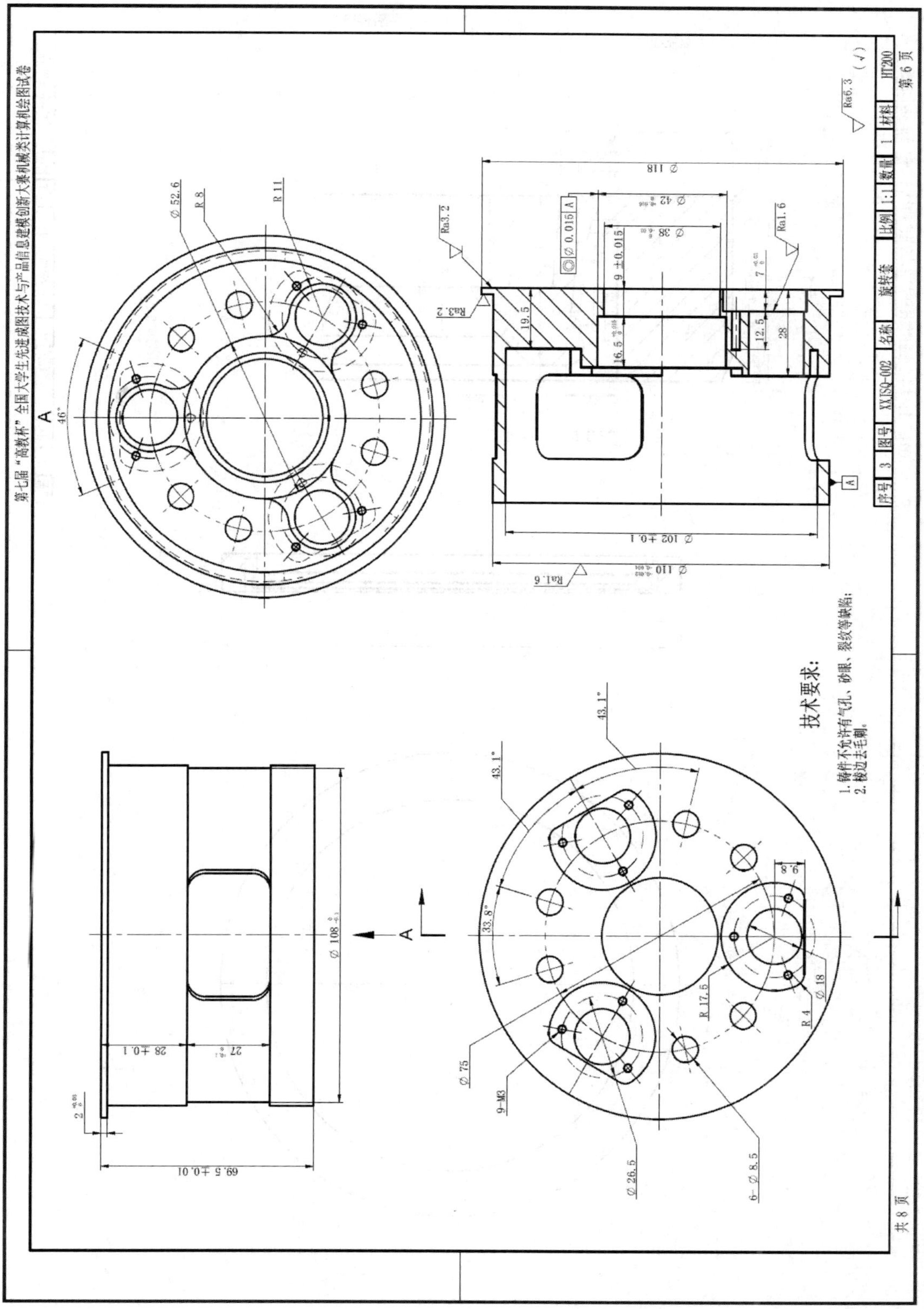

第七届“高教杯”全国大学生先进成图技术与产品信息建模创新大赛机械类计算机绘图试卷
技术要求:
1.铸件不允许有气孔、砂眼、裂纹等缺陷;
2.棱边去毛刺。
序号 3 图号 XXJSQ-002 名称 旋转套 比例 1:1 数量 1 材料 HT200
第 6 页
共 8 页

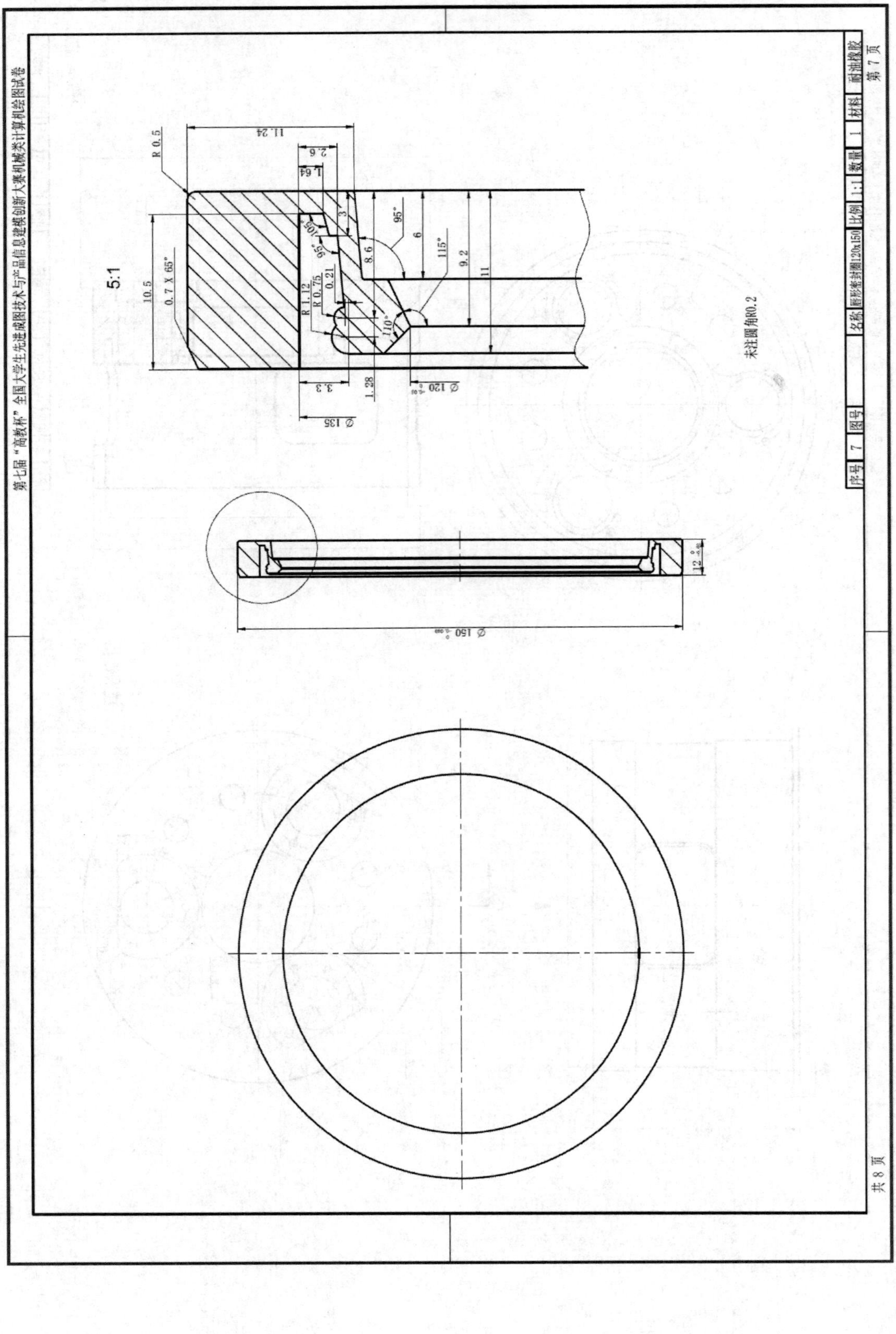
第七届"高教杯"全国大学生先进成图技术与产品信息建模创新大赛机械类计算机绘图试卷
5:1
R 0.5
11.24
2.6
1.64
3
95°
8.6
6
115°
9.2
11
10.5
0.7 X 65°
105°
95°
0.21
R 0.75
R 1.12
110°
3.3
1.28
Ø 120
Ø 135
Ø 150
12
未注圆角R0.2
序号 7 图号
名称 唇形密封圈120x150 比例 1:1 数量 1 材料 耐油橡胶
第 7 页
共 8 页

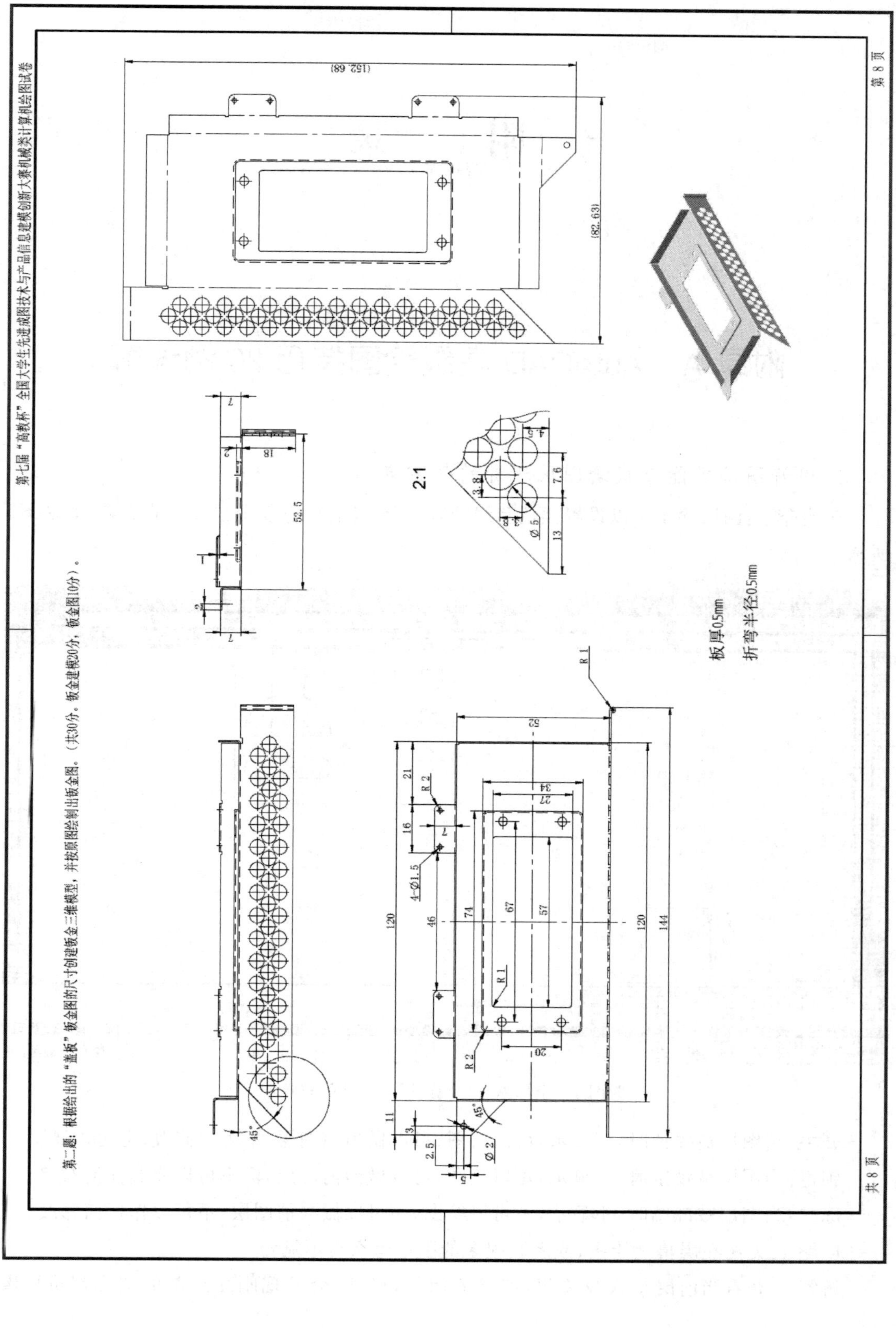
第七届"高教杯"全国大学生先进成图技术与产品信息建模创新大赛机械类计算机绘图试卷
第 8 页
第二题：根据给出的"盖板"钣金图的尺寸创建钣金三维模型，并按原图绘制出钣金图。（共30分，钣金建模20分，钣金图10分）。
2:1
板厚0.5mm
折弯半径0.5mm
共 8 页

附　　录

附录 A　AutoCAD 高级绘图技巧 20 例详解

1. 用好图层功能查找绘图区域外的异常点

功能介绍：图层除了可以设置颜色和线型来区分，还有以下 3 个很好用的工具，如附图 1 所示。

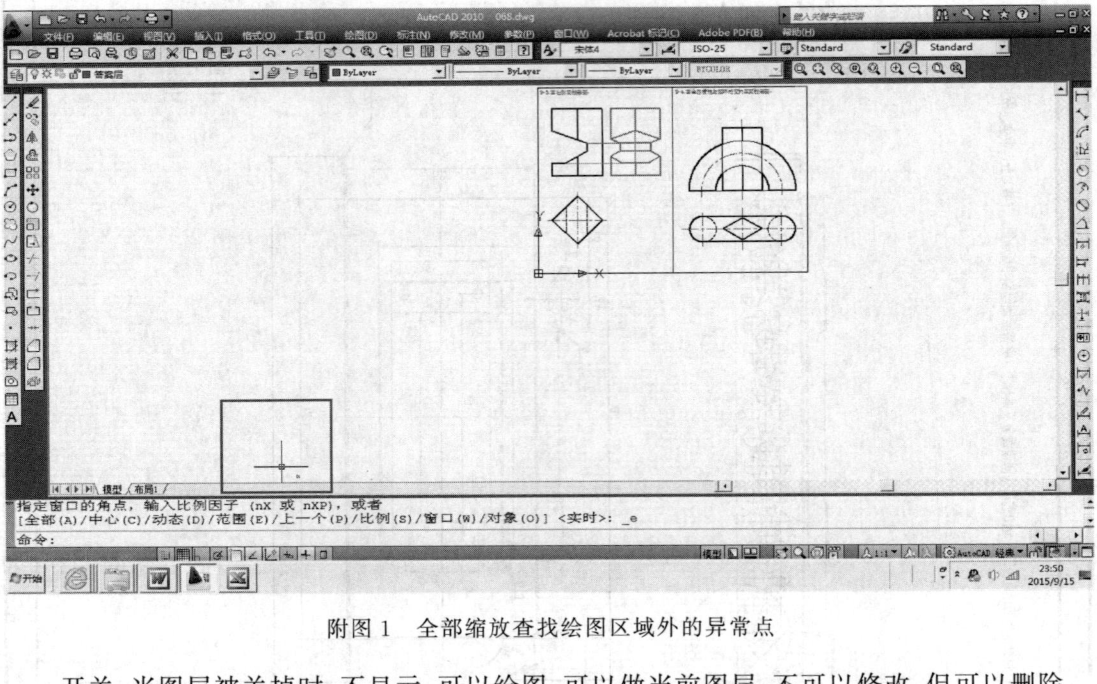

附图 1　全部缩放查找绘图区域外的异常点

开关：当图层被关掉时，不显示，可以绘图，可以做当前图层，不可以修改，但可以删除。

锁定：当图层被锁定时，可显示，可以绘图，可以做当前图层，但不可以修改任何对象。

冻结：当图层被冻结时，不显示，不可以绘图，不可以做当前图层，不可以作任何修改。

问题 1：无法在屏幕上绘图，或者画很多的图形怎么看不见？

解答 1：查看当前层是否被关闭，如果关闭了，打开，会发现刚才绘制的图形都可以看见了。

问题 2:使用“范围缩放”或者“全部缩放”命令无法将图形铺满屏幕。

解答 2:在绘图区域以外较远的地方有一个图形或者点太小了,肉眼发现不了,如果这个很小的点正好在被关闭或者冻结的图层上,也是无法被选中的,故而无法将图形铺满屏幕,把有内容的图层全部关闭,把其他的图层全部打开,查找这个很细小的点(见附图 1 左下角方框鼠标附近的小黑点),然后删除掉,再把图层恢复,就可以用“全部缩放”命令将图形铺满屏幕。

2. 删除顽固图层的四种方法

方法 1:使用“文件”→“图形实用工具”→“清理”命令,把无用的图层、线型和文字样式都清理掉,如附图 2 所示。

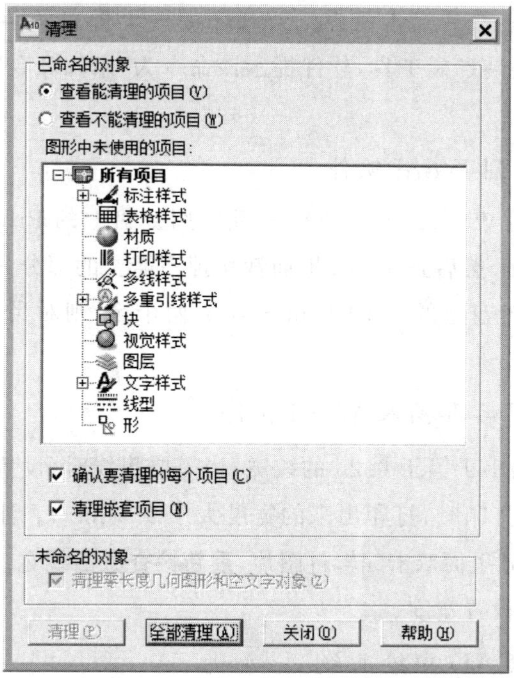

附图 2　清理顽固图层

方法 2:将无用的图层关闭,全选,复制粘贴至一新文件中,那些无用的图层就不会贴过来。如果曾经在这个不要的图层中定义过块,又在另一图层中插入了这个块,那么这个不要的图层是不能用这种方法删除的。

方法 3:选择需要留下的图形,然后选择“文件”→“输出”→“块文件”,这样的块文件就是选中部分的图形了,如果这些图形中没有指定的层,这些层也不会被保存在新的图块图形中。

方法 4:把要删的层先关闭,在图面上只留下需要的可见图形,选择“文件”→“另存为”,确定文件名,在文件类型栏中选 *.DXF 格式,在弹出的对话窗口选择“工具”→“选项”→“DXF”选项,再在选择对象处打钩,单击“确定”按钮,接着单击“保存”按钮,就可选择保存对象了，把可见或要用的图形选上就可以确定保存了，完成后退出这个刚保存的文件，再打开来看看，会发现不想要的图层不见了。

3. 替换找不到的原文件字体

复制要替换的字库为将被替换的字库名，如打开一幅图，提示未找到字体 jd. shx，想用 hztxt. shx 替换它，那么可以去找 AutoCAD 字体文件夹（font）把里面的 hztxt. shx 复制一份，重新命名为 jd. shx，然后再把这个字体放到 font 里面，再重新打开此图就可以了。以后如果打开的图包含 jd. shx 字体，就再也不会不停地要找字体替换了。这个办法是“偷梁换柱”，最好的办法还是找到这个真的 jd. shx 字体放回到字体文件夹，一劳永逸。

4. 炸开文字拉伸成实体字或者空心字

答案是肯定的，输入文字或汉字后，用 txtexp 命令来炸开文字或汉字，再稍微修改一下，用 EXT 命令来拉伸，就能看到实体字了。（txtexp 是一个将文字炸开成线条的命令，如果在安装 CAD 的时候没有安装扩展工具，软件提示该命令为“未知命令”，新安装一下 EXPRESS 扩展工具即可）

5. CAD 软件抓图到 Word 软件

如何把 CAD 图放到 Word 或别的软件去呢？用键盘上的 PrintScreen 键可把 CAD 图复制到 Word、Excel 里面，然后到 Word 里面裁切掉不需要的部分，但需注意 CAD 绘图背景改成白色。若同时按下键盘上的 Alt＋PrintScreen 两个键，则对当前的对话框实施拷屏，而不是整个屏幕了。

6. 激活 CAD 线宽后再插入 Word 软件

当需要细线时，使用小于等于 0.25 的线宽；当需要粗线时，设置大于 0.25 的线宽（大于 0.25 的线在 Word 里面打印时，打印出来的宽度大于 0.5 mm）。注意：必须在 CAD 里面激活线宽显示，如果从 Word 里面双击编辑过图片，重新检查激活线宽。当需要的线宽在 0.25～0.5 之间时，使用多段线设置宽度。

7. 巧借 Excel 在 CAD 中绘曲线

在工程计算时，经常要用 AutoCAD 画出一条曲线，而这条曲线如果是由多个坐标点连接成的，输入起来就麻烦，而且容易出错。如果利用 Excel 应用程序来保存数据，并与 CAD 巧妙地结合起来，就能很容易地画出该曲线。

具体方法和步骤如下。

(1)在 Excel 中输入坐标值。将 x 坐标值放入 A 列，y 坐标值放入到 B 列，再将 A 列和 B 列合并成 C 列。合并方法：在 C1 单元格中直接输入：＝A2&","&B2，合并时中间加入了了逗号，是因为 AutoCAD 中二维坐标点之间是用逗号隔开的，因此 C1 中就出现了一对坐标值。我们用鼠标拖动的方法将 C2 的公式进行复制，就可以得到一组坐标值。

(2)选出所需画线的点的坐标值，如上例中 C 列数据，将其复制到剪贴板上，即按 Excel 中的复制按钮来完成此工作。

(3)打开 AutoCAD,在命令行处输入 spline (画曲线命令),出现提示:“Object/:”,再在此位置处单击鼠标右键,弹出菜单,在菜单中选择 Paste 命令,这样在 Excel 中的坐标值就传送到了 AutoCAD 中,并自动连接成曲线,单击鼠标右键,取消继续画线状态,曲线就画好了。

通过上面的方法,可以很方便地绘制各种曲线或折线,并且在 Excel 中很容易地修改并保存坐标值,如附图 3 所示。

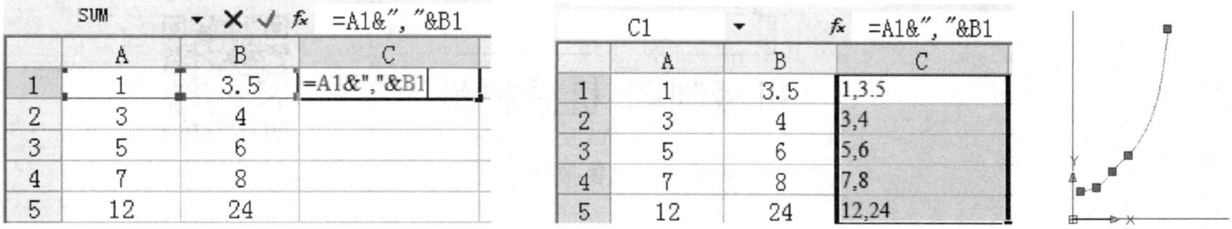

附图 3　输入数值的方法和结果

8. 利用 Word 或者 Excel 的优势在 CAD 中制作表格

AutoCAD 尽管有强大的图形功能,但表格处理功能相对较弱,而在实际工作中,往往需要在 AutoCAD 中制作各种表格,如工程数量表等,如何高效制作表格,是一个很实用的问题。

在 AutoCAD 环境下用手工画线方法绘制表格,然后再在表格中填写文字,不但效率低下,而且很难精确控制文字的书写位置,文字排版也很成问题。尽管 AutoCAD 支持对象链接与嵌入,可以插入 Word 或 Excel 表格,但是一方面修改起来不是很方便,一点小小的修改就得进入 Word 或 Excel,修改完成后,又得退回到 AutoCAD;另一方面,一些特殊符号在 Word 或 Excel 中很难输入,两全其美的方法如下。

(1)先在 Word 或者 Excel 中制完表格,复制到剪贴板,为了利用 Word 或者 Excel 的指标的方便性,最好在 Word 或者 Excel 中把格式调整得比较完美。

(2)然后再在 AutoCAD 环境下选择“编辑”菜单中的“选择性粘贴”,选择作为“AutoCAD 图元”,确定以后,表格即转化成 AutoCAD 实体,如附图 4 所示。

(3)用 explode 命令炸开后以编辑线条及汉字。

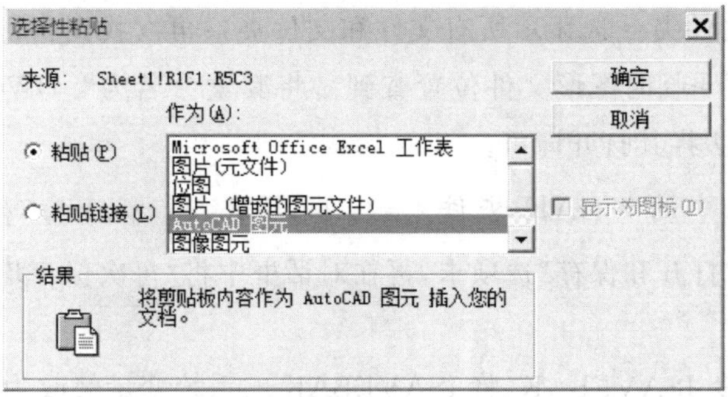

附图 4　插入 CAD 图元文件

9. 只镜像图形，不镜像文字

MI(mirror)命令，当镜像图形的时候，图形会反过来，当镜像文字的时候，文字会反过来吗？这时候该用 mirrtext 命令了，它就是用来修改文字镜像属性的。试试看，文字会不会反过来。不过，到了 AutoCAD 2010 版本以后，镜像命令可以自动识别文字，不会形成文字镜像效果的，如附图 5 所示。

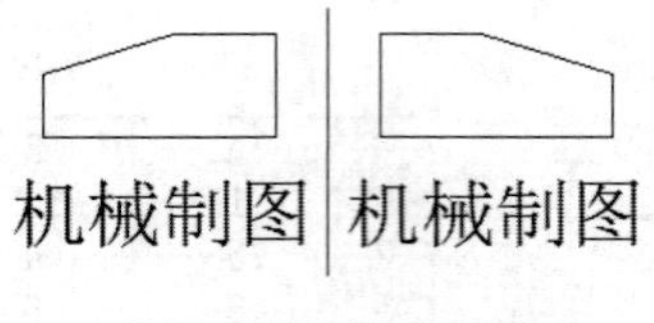

附图 5　只镜像图形

10. 图形的显示精度控制

将 AutoCAD 中的图形插入 Word 中有时会发现圆变成了正多边形，原因是显示精度不够，方法有两个：其一重新在 CAD 中重生成(刷新)，然后抓图到 Word 里面；其二可以利用选项命令修改显示精度，如附图 6 所示。

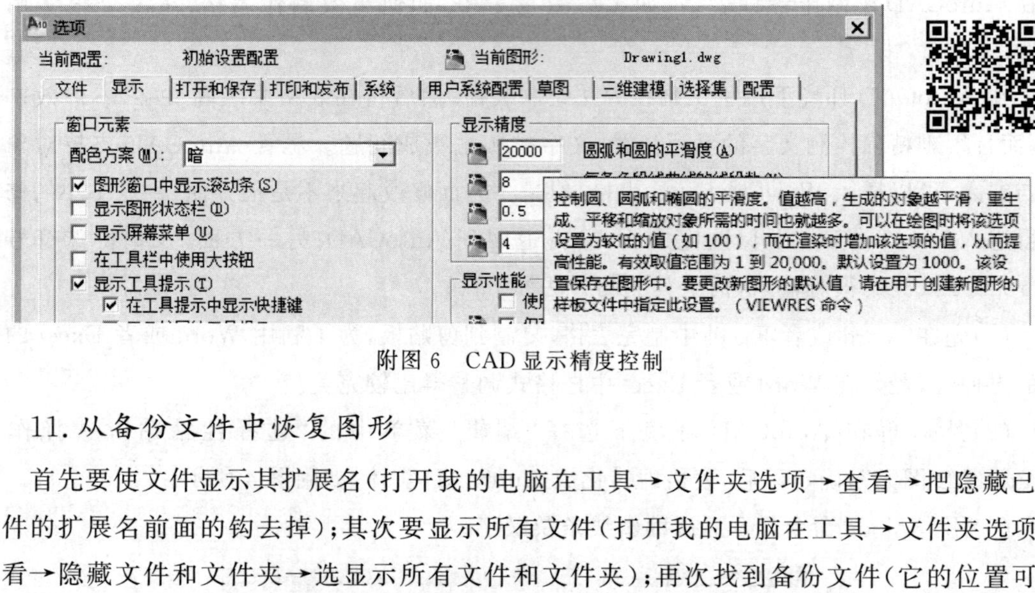

附图 6　CAD 显示精度控制

11. 从备份文件中恢复图形

首先要使文件显示其扩展名(打开我的电脑在工具→文件夹选项→查看→把隐藏已知文件的扩展名前面的钩去掉)；其次要显示所有文件(打开我的电脑在工具→文件夹选项→查看→隐藏文件和文件夹→选显示所有文件和文件夹)；再次找到备份文件(它的位置可以在工具→选项→文件→临时图形文件位置查到)，将其重命名为“. DWG”格式；然后用打开其他 CAD 文件的方法将其打开即可。

12. 关闭 CAD 中的 * BAK 文件

(1)工具/选项，“打开和保存”选项卡，再在对话框中将“每次保存均创建备份”前的对钩去掉。

(2)也可以用命令 ISAVEBAK，将 ISAVEBAK 的系统变量修改为 0，系统变量为 1 时，每次保存都会创建“*.BAK”备份文件。

13. 给 CAD 工具栏添加命令及图标

CAD 的工具栏并没有显示所有可用命令，在需要时用户要自己添加。例如，绘图工具栏中默认没有多线命令(mline)，就要自己添加。做法如下：视图→工具栏→命令选项卡，选中绘图右侧窗口显示相应命令，这时找到“多线”，单击把它拖出，若不放到任何已有工具栏中，则它以单独工具栏出现；否则成为已有工具栏一员。这时又发现刚拖出的“多线”命令没有图标，就要为它添加图标。做法如下(见附图 7)：把命令拖出后，不要关闭自定义窗口，单击“多线”命令，在弹出的面板的右下角，给它选择相应的图标。这时，我们还可以发现，CAD 允许我们给每个命令自定义图标。这样做个个性化工具栏就变得容易了。不用了要删除命令，重复以上操作，把要删除命令拖回，然后在确认要求中选“是”就行了。

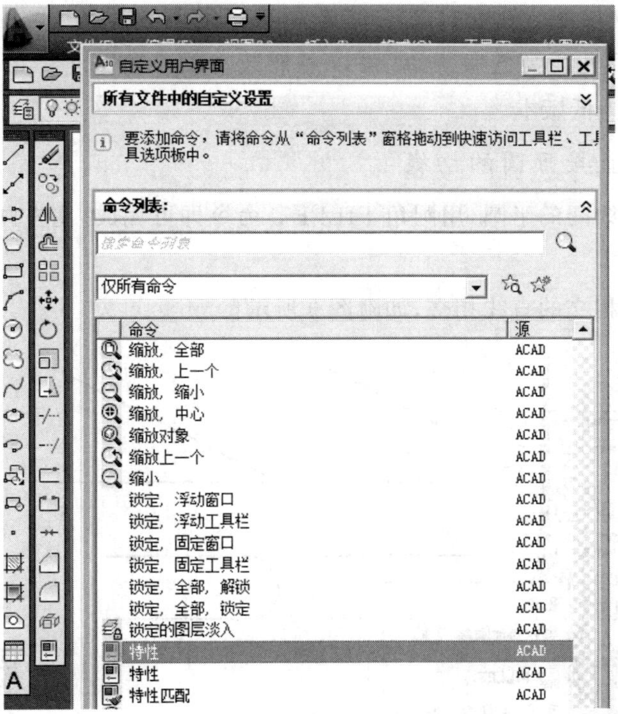

附图 7　添加 CAD 命令

14. 标注上下标的方法

使用多行文字编辑命令：上标：输入 2^，然后选中 2^，单击“a/b”按钮即可。下标：输入^2，然后选中^2，单击“a/b”按钮即可。上下标：输入 2^2，然后选中 2^2，单击“a/b”按钮即可，输入$\phi 90^{+0.03}_{-0.02}$，如附图 8 所示。符号 ^ 在数字键 6 上面，使用上挡键即可输入。

15. 用 break 命令逆时针打断对象

执行 break 命令，在提示输入第二点时，可以输入@再回车，这样即可在第一点打断选定对象，而不用选择另外一个点，接下来就可以把直线的一段设置为其他线型了。

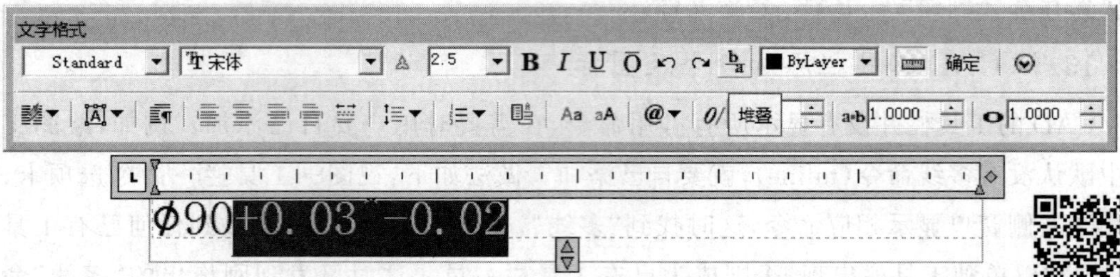

附图 8　标注上下标的方法

方向：AutoCAD 会沿逆时针方向将圆上从第一断点到第二断点之间的那段圆弧删除，若变成了顺时针，则会删除掉应该保留的一部分，撤销后重新按照逆时针反复操作一次即可。

16. 借助 CADsee 软件转换高版本 CAD 图形

图形软件只能向前期的低版本兼容，一般不兼容更高的版本。可用 CADsee plus 浏览器打开高版本，然后另存为低版本，就可以用低版本软件打开了。最好在文件交流时把 CAD 的高版本另存为低版本。

17. 圆角命令直接画圆的切线

(1)绘制两平行线间的半圆，用圆角 FILLET 命令即可完成，比先画相切圆然后再剪切的做法快得多。

(2)让两条没有相交的直线相交，如附图 9 所示。

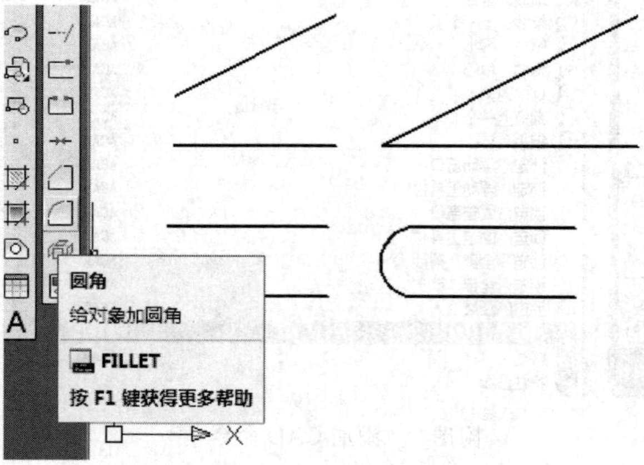

附图 9　圆角命令妙用

18. 用鼠标右键代替回车键

CAD 结束命令有两个确定键：一个是回车；另一个则是空格键，喜欢单手操作的人可以用鼠标右键代替确认键，方法：选择选项→用户系统配置→绘图区域中使用快捷菜单(打上勾)自定义右键，单击“重复上一个命令”单选按钮，如附图 10 所示。

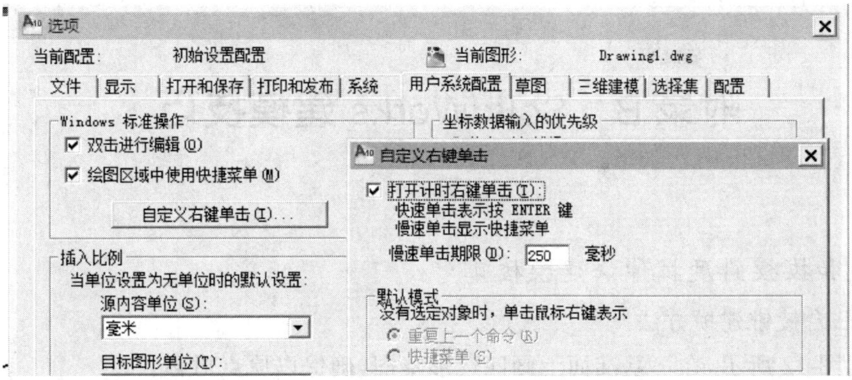

附图 10　设定右键代替鼠标键

高手都是双手操作软件的,建议用左手敲击空格键来确认或者结束命令。

19. 局部放大图形而使标注大小不变的三种方法

想把图形放大两倍,那样标注也会随之变大,有初级法、高级法和智慧法 3 个方法。

初级法:把要放大的图形连同标注创建成块,然后在原图旁边插入,将插入的块按想要的比例整体放大后打散即可。它的标注没有发生变化,还是原标注,但是这是初级选手的做法,因为打散后给后续编辑带来麻烦。

高级法:局部图形放大两倍后,将尺寸标注中的测量单位的比例修改为 0.5 即可,但这也许会引起其他的尺寸也缩小了一半,因此最好新建一个标注样式,在这个标注样式中设定 0.5 的测量比例。如果仅为了标注两个尺寸,这样会带来较大的工作量,10 个尺寸以上该方法显现优势,可以有更智慧的方法。

智慧法:局部放大后,直接双击尺寸,在特性“工具栏→文字→替代”的空格内修改为想要的尺寸即可,或者删掉该尺寸,重新标注时手工输入想要的尺寸。

20. 空心箭头和无法显示剖面线

如附图 11(a)所示,原因是填充模式被关闭了,用 fill 命令打开该模式,然后刷新图形即可,方法是在命令栏中输入:fill [开(ON)/关(OFF)] <关>:on,即可得附图 11(b)所示的结果。

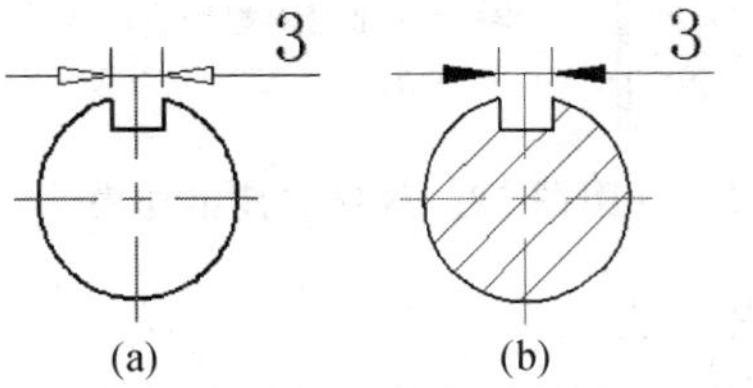

附图 11　打开填充即可显示剖面线和箭头

高手是勤奋学习和训练才产生的,尊重知识及其产权。

附录B SolidWorks 建模技巧

1. 放样和拔模斜度拉伸法建模棱锥

1)放样凸台棱锥建模方法

(1)如附图 12 所示,在一基准面上画四边形草图,确保以原点对称。

(2)以上面的基准面为准等距新建一基准面,在此基准面上画一个点,注意观察坐标点为(0,0),确保在四边形的上方,且对称。

(3)单击放样特征,选择四边形平面和点,系统自动建立放样形成棱锥,该方法**可精确控制高度尺寸。**

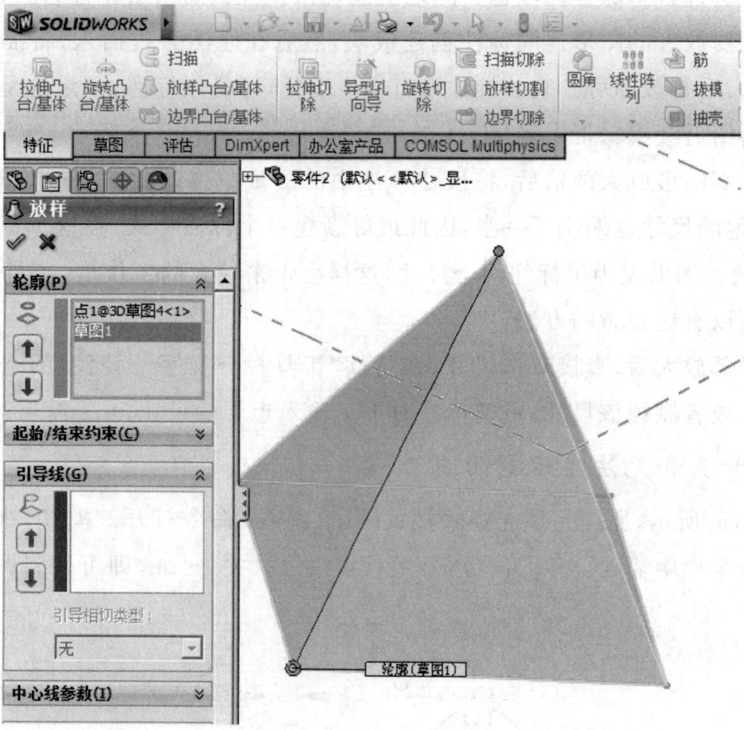

附图 12 放样法棱锥建模

2)拔模斜度拉伸棱锥建模方法

草绘方法同上,单击拉伸凸台,选择拔模,设置角度使其顶端变成锥顶,该方法**不易精确控制高度**,如附图 13 所示。

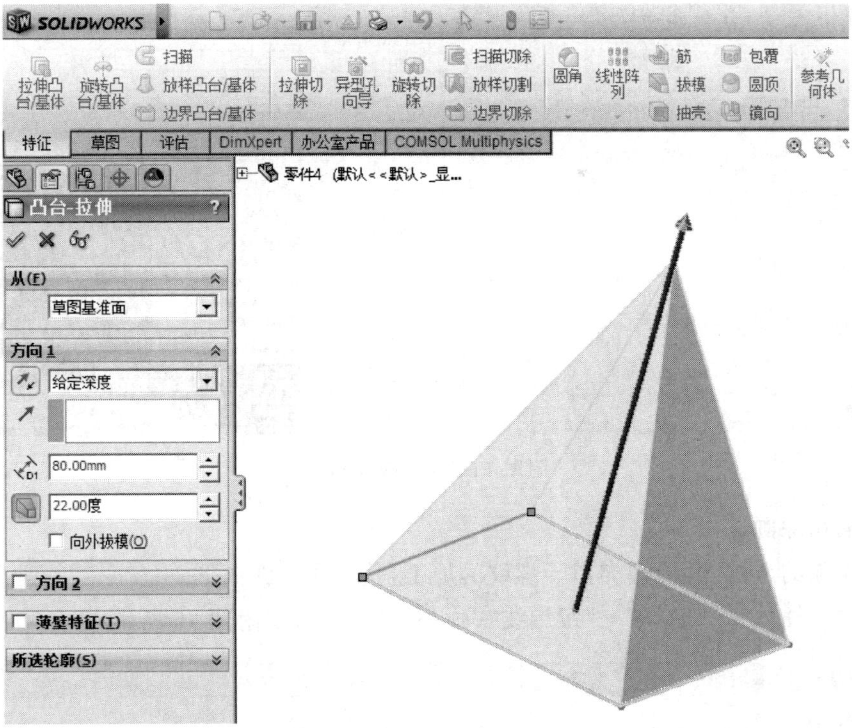

附图 13　拔模斜度拉伸法棱锥建模

2. 螺纹的三种绘制方法

在 SolidWorks 中有三种螺纹的画法，分别是：①装饰螺纹画法，无论是外螺纹，还是内螺纹都可以用“装饰螺纹线”这个命令来完成；②扫描切除画法；③插入特征－异形孔画内螺纹。

这三种方法的优缺点如下：装饰螺纹画法的优点是省时省力，显示速度快，占用内存小，该螺纹的工程图符合国标的螺纹画法；它的缺点是螺纹只显示外观，没有详细的螺纹特征。扫描切除螺纹画法的优点是其螺纹特征真实具体，可以用于 CAE 分析计算螺纹的强度等；其缺点是过程比较复杂，显示时比较占用内存，并且该画法螺纹的工程图不符合国标螺纹画法。因此，为了出工程图方便，一般推荐装饰螺纹画法，如附图 14 所示。

1)装饰螺纹线的画法

插入→注解→装饰螺纹线。

(1)比如要画 M10 的螺纹，那先画一个直径为 10 的圆柱，然后选择“插入”→“注释”→“装饰螺纹线”，然后把参数填上就可以了。

(2)比如要画 M10×1.25 的外螺纹，长度为 15 mm。先画一个直径为 10 mm 的轴，然后单击“装饰螺纹线”命令就会提示输入螺纹长度及螺纹底径，这时输入长度为 15 mm，次要直径(10－1.25)＝8.75 就可以了。这样外螺纹就画好了。内螺纹也可以如此画，只不过底孔应该是 8.75，次要直径是 10 罢了。

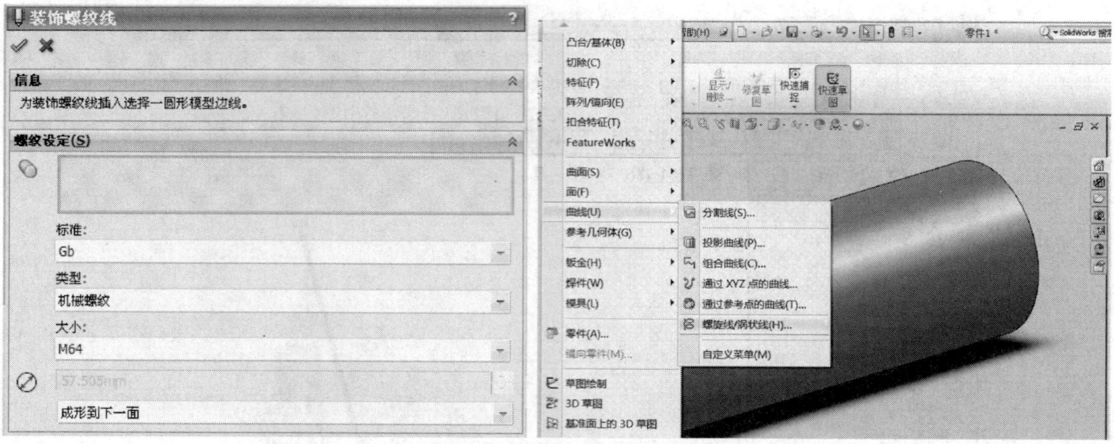

附图 14　装饰螺纹画法

2)扫描切除画法

扫描切除的方法,其原理类似于螺纹的加工,其具体步骤如下。

(1)选择“插入”→“曲线”→“螺旋线”,画一个螺旋线,如附图 15 所示。

附图 15　扫描切除螺纹画法

(2)选择“插入”→“参考体”→“参考面”,建立一个参考面,要求其按照垂直于螺纹线起点的方式建立。

(3)在参考面上画出螺纹的牙型。

(4)进行切除一扫描特征,切除曲线选择参考面上的牙型;切除线选择螺旋线。

注意:不要将牙型图的尺寸画得比螺距还大。

例如,如何在 SolidWorks 2010 中画螺纹:

(1)文件→新建→零件;

(2)拉伸凸台→ϕ30×80 的零件;

(3)对零件进行倒角 $C1$;

(4)在草图里绘制一个ϕ30 的圆;

(5)插入→曲线→螺旋线/涡状线;

(6)螺距 3.0→反向→圈数 15;

(7)单击“确定”按钮,选择上视基准面→正视于;

(8)绘制一个正三角形→边长为 4;

(9)特征→扫描切除;

(10)选择正三角形,后选择螺旋线,完成螺纹。

3)插入异形孔绘制螺纹孔

以 SolidWorks 2012 为例,异型孔→选择螺纹孔→选择 GB→选择螺纹孔直径→默认或者调整孔的深度→指定空的位置,确认即可形成螺纹孔,如附图 16 所示。

附图 16　异型螺纹孔画法

3. SolidWorks 常用快捷键 30 个

1)模型旋转或移动

(1)水平或竖直:键盘方向键;

(2)水平或竖直 90°:Shift+方向键;

(3)顺时针或逆时针:Alt+左或右方向键;

(4)平移模型:Ctrl+方向键;

(5)放大:Shift+Z;

(6)缩小:单独 Z 键;

(7)整屏显示全图:单独 F 键;

(8)上一视图:Ctrl+Shift+Z;

2)视图定向

(9)视图定向菜单:空格键;

(10)前视 Ctrl+1,后视 Ctrl+2,左视 Ctrl+3,右视 Ctrl+4;

(11)上视 Ctrl+5,下视 Ctrl+6,等轴测 Ctrl+7;

3)选择过滤器

(12)过滤边线 e,过滤顶点 v,过滤面 x;

(13)切换选择过滤器工具栏 F5 键;

(14)切换选择过滤器(开/关)F6 键;

4)文件菜单项目

(15)新建 SolidWorks 文件 Ctrl+N 组合键;

(16)打开文件 Ctrl+O 组合键;

(17)保存文件 Ctrl+S 组合键;

(18)打印 Ctrl+P 组合键;

(19)从 WEB 文件夹打开 Ctrl+W 组合键;

5)额外快捷键

(20)在 PropertyManager 或对话框中访问在线帮助 F1 键;

(21)在设计树中重新命名一项目(对大部分项目适用)F2 键;

(22)重建模型 Ctrl+B 组合键;

(23)强使重建模型及重建其所有特征 Ctrl+Q 组合键;

(24)重绘屏幕 Ctrl+R 组合键;

(25)在打开的 SolidWorks 文件之间循环 Ctrl+Tab 组合键;

(26)下一窗口 Ctrl+F6 组合键;

(27)关闭窗口 Ctrl+F4 组合键;

(28)直线到圆弧/圆弧到直线(草图绘制模式)A;

(29)通用撤销命令:Ctrl+Z 组合键;

(30)通用粘贴命令:Ctrl+V 组合键。

4. SolidWorks 常规技巧 65 例

(1)打开多个文件:将文件由资源管理器拖动和放置到 SolidWorks 的窗口中即可。

(2)移植到装配图:在设计树中选择,将某零件上特定的设置拖动放置到一个装配体中。

(3)增加图标:选择菜单上的工具→自定义→命令,增加或消除工具栏的图标按钮。

(4)干涉检查:选择菜单上的工具→干涉检查来确保装配体中的零部件之间不发生交叉干涉。

(5)透明效果:在工具→选项→文件属性→颜色,选择上色,然后单击“高级”按钮使生成透明度的效果。

(6)剖面视图:使用菜单上的视图→显示→剖面视图,在模型上生成一个剖面视图。

(7)参考零件:当打开工程图或装配体时,借助对话框中的参考文件按钮来改变被参考的零件。

(8)精准显示:使用工具→选项→文件属性→图像质量→线架图质量,以调整隐藏线视图精准显示质量。

(9)退回特征:用拖动设计树上的退回控制棒来退回其零件中的特征。

(10)疯狂复制:按住 Ctrl 键并从设计树上拖动特征图标到想要修改的边线或面上,在许多边线和面上生成圆角、倒角及孔的复制。

(11)穿越实体:右键菜单选择“选择其他”,可在该光标所在位置上作穿越实体的循环选择操作。

(12)模型颜色:单击菜单上的工具→选项→文件属性→颜色,对选择的特征类型指定颜色。

(13)文件循环:使用 Ctrl+Tab 键循环进入在 SolidWorks 中打开的文件。

(14)用方向键:使用方向键可以旋转模型,按 Ctrl 键加上方向键可以移动模型,按 Alt 键加上方向键可以将模型沿顺时针或逆时针方向旋转。

(15)Z 键妙用:使用 Z 来缩小模型或使用 Shift+Z 组合键来放大模型。

(16)多视口:使用工作窗口底边和侧边的窗口分隔条,同时观看多个同一个模型的不同视角。

(17)过定义:单击工具栏中的“显示/删除几何关系”的图标找出草图中过定义或悬空的几何关系,当对话框出现时,单击准则并从其下拉列表上选择过定义或悬空。

(18)生成视图:在设计树上拖动零件或装配体的图标,放置到工程图纸上自动生成标准三视图。

(19)生成镜向线:用绘制一条中心线并且选择镜向图标,然后生成一条“镜向线”。

(20)等距基准面:按住 Ctrl 键并且拖动一个基准面来复制出一个等距基准面。

(21)改变剖面线:将光标移至视图的剖面线上,单击右键并选择其属性选项来改变剖面线。

(22)特征数组:在零件上或者装配图上生成特征的数组。

(23)显示按钮功能:将光标移到工具栏上的图标按钮上停留,工具提示即会显示按钮的功能。

(24)完全定义:完全定义的草图将会以黑色显示所有的实体,若有欠定义的实体则以蓝色显示。

(25)欠定义:草图欠定义在设计树上草图名称前面出现一个负号,过定义则前面会出现一个正号。

(26)零件族表格:使用零件族表格时,将尺寸名称复制和粘贴到表格中能够确保尺寸名称相吻合。

(27)工程图名称:在工程视图上单击右键,选择属性,单击"显示视图箭头",并且指定一个名称。

(28)特征控点:使用旋转特征控点时,用移动远离模型的光标来得到较精确的旋转控制。

(29)延迟求解:选择延迟配合的选项定义许多配合方式,然后再一次求出其解。

(30)复制爆炸图:复制爆炸视图到其他地方,在设计树上表格中拖动和放置爆炸视图的图标。

(31)尺寸移动:在工程图中按住 Shift 键选择尺寸文字,将尺寸从一个视图中移动到另一个视图上。

(32)隐藏特征:隐藏特征看不见,压缩是从激活的装配体中将其功能性地移除,但并未删除它。

(33)只读方式:在零件打开时选择"只读"选项,用以防止对零件的写入操作。

(34)默认固定:装配体中所放入的第一个零部件会默认成固定,单击右键可选择浮动选项。

(35)默认对其:如果将一个零件拖动放置到装配体的设计树之中,它将以重合零件和装配体的原点方式放置,并且零件的各默认基准面将与装配体默认的各基准面对齐。

(36)圆弧长度:在选择这个弧线及其两个端点后,来标注一个弧线的实际长度。

(37)添加钣金:简单地从其中一个可以支持的文件格式中输入适当的实体(一个具有单一的厚度),然后选择一个平坦的面,并且从特征工具栏图标上单击插入折弯的工具图标。

(38)钣金折弯系数表:使用文字编辑器编辑该实例的折弯系数表,找到 lang\english\sample.btl 之后,以新的名称保存其表格,并且以 *.btl 作为扩展名,保存在相同的目录下。

(39)自动中心线:当生成或更新一个新的剖面视图,自动地对每一个孔或旋转的特征生成中心线,选择菜单上的工具→选项→出详图选项卡,并指定中心线的延伸距离。

(40)公差符号位置:选择边线,此引线会以垂直于边线放置,如选择尺寸则会附着在尺寸线上。

(41)附着点:如果变更一细节项目的附着点,根据附着在面、边线或顶点时的箭头样式,该箭头的样式会自动更改,选择菜单上的工具→选项→出详图选项卡,用箭头按钮指定选择。

(42)子装配体:如果只想将零部件重组顺序到子装配体以下,当放置零部件时按住 Alt 键。

(43)激活窗口:用 Tab 或 F6 键激活下一个窗口,Shift+Tab 或 Shift+F6 组合键激活上一个窗口。

(44)虚拟交叉点:线段上生成一个草图绘制点,按住 Ctrl 键后选择实体,并且选择草图绘制点的工具栏图标,若要改变绘制点的显示,在工具→选项→出详图卷标上单击虚拟交角。

(45)透视效果:使模型以透视图显示,选择视图→修改→透视图,选择一个大于或小于1的观察位置,要使透视图逼真,小于1的数值会产生所需效果。

(46)插入 Tiff 文件:可将 Tiff 文件作为图片添加到 SolidWorks 模型的图形区中。

(47)输入曲面:可将 Parasolid、IGES、ACIS、VRML、VDAFS 等格式曲面输入 SolidWorks 模型中。

(48)生成 BOM 表:每个次装配体被列为一个项目,其下列有零部件,并以缩排的方式。

(49)输入诊断:找出文件中任何坏的面或边线,输入诊断经常能够修复这些错误或将它们清除。

(50)碰撞检查:在装配体中有碰撞检查以决定零部件干涉,还可使用此功能来显示两个零部件之间的最小范围或当零部件处于相互间指定距离以内时使移动终止。

(51)材料明细表:可通过右键单击材料明细表,选择属性,然后选择内容标签来将材料明细表中的项目分类。单击任何显示在标签上的列以此标签分类,再次单击将使用反序。

(52)消除选择材料明细表内容标签上的绿色复选符号将隐藏零部件,同时保留编号结构不变。

(53)自动推理线:草图为打开状态时,选择工具→草图绘制工具,然后消除选择自动推理线。

(54)唤醒特征:为提高性能,SolidWorks 在非激活内存中储存几何关系,当指针移到适当的边线或实体上时,指针变为橙色以"唤醒"适当的几何关系。

(55)钣金曲率:当为钣金生成自己的成形工具时,曲率的最小半径应大于钣金厚度。

(56)配合参考:可在零件文件中生成一配合参考,这可使用户为指定的实体找出可能的配合搭档,在拖动零部件进装配体时推理可能的配合搭档,此选项位于工具→配合参考。

(57)钣金释放槽:若钣金件包含自动切释放槽,选择"撕裂形"或"矩圆形",而不选矩形释放槽。

(58)外部引用:可使用鼠标右键菜单来中断或锁定特征中的外部参考引用,中断将永远废除参考引用,而锁住将冻结参考引用(不会更新),而且新参考引用不能添加到零部件。右键单击任何带外部参考引用的零部件,然后选择"显示外部参考引用"。

(59)螺旋线干扰:螺旋线能引起性能干扰,通过 DXF/DWG 输出并输入带螺旋线的工程图,然后保存输入的简单 2D 线为一个块,将块插入到工程图中需要的地方。

(60)删除子装配体:可在不处于编辑子装配体模式时删除配合和子装配体层特征,但必须编辑子装配体来删除子装配体中的零部件。

(61)圆形显示:如果使用非圆形轮廓来生成局部视图,可使视图默认显示圆形。在工具→选项→系统选项→工程图中复选"显示新的局部视图图标为圆"。

(62)四个优质插件:PhotoWorks(图片逼真渲染)、FeatureWorks(自动从输入的实体识别 SolidWorks 特征)、Animator(零件/装配体的动态移动)及 Pipin-g(使用自定义或标准管道设计硬件生成的管道快速布局)。

(63)智能装配:只有在零件中设置配合参考,才可以在 FeaturePalette 窗口、零件的设计树中建立零件名称或在资源管理器中拖动零件到装配中实现零件的智能装配。

(64)隐藏装配更新夹:在装配中建立零件或特征的外部参考信息,在设计树的底部,有时会使设计树显得非常长,可以右击装配体文件名称选择右键菜单"隐藏更新夹"隐藏所有的更新内容。

(65)建立剖视图:为模型文件建立一个新配置,利用切除特征在剖面位置切除模型一部分,在工程图中利用指定的配置建立视图,使用"插入"→"区域剖面线"为切除部分绘制剖面线。

参考文献

[1] 朱辉,曹桃,唐保宁,等.画法几何及工程制图.6版.上海:上海科学技术出版社,2012.

[2] 大连理工大学工程图学教研室.画法几何学.7版.北京:高等教育出版社,2011.

[3] 大连理工大学工程图学教研室.画法几何习题集.5版.北京:高等教育出版社,2011.

[4] 大连理工大学工程图学教研室.机械制图.6版.北京:高等教育出版社,2007.

[5] 大连理工大学工程图学教研室.机械制图习题集.5版.北京:高等教育出版社,2007.

[6] 何铭新,钱可强,徐祖茂.机械制图.6版.北京:高等教育出版社,2010.

[7] 姜勇.AutoCAD机械制图习题精解.北京:人民邮电出版社,2002.

[8] 全国大学生先进成图技术与产品信息建模创新大赛竞赛题.